高职高专"十三五"规划教材

机械加工技术

主　编　万苏文　干建松
副主编　尹昭辉　张月平
参　编　刘如松　钟　毅
主　审　许朝山

机械工业出版社

为适应高职高专"工学结合"教学体系改革的需要，本书借鉴近年来高职教育教学改革的经验，以"教、学、做、思一体化"为原则进行编写，涵盖了工程材料与热成形工艺、金属切削原理与刀具、金属切削机床、机械制造工艺学等内容。全书主要内容包括金属材料与钢的热处理、刀具、金属切削加工、金属切削机床等基础知识，围绕典型轴类、箱体类、套筒类零件的工艺编制，介绍了工艺分析、刀具选用、机床选用、机械加工质量、典型零件加工工艺与工装等内容。本书在介绍机械制造基础知识和基本技能的基础上，强调知识的实用性和综合性，具有职业教育的鲜明特色。每章设有学习目标与要求、小结以及复习思考题，可供学生学习和练习。

本书共七章，内容设置由浅入深，由基础到综合，实用性较强。本书可作为高职高专院校、中等职业技术学校以及成人高校机械、机电、数控、模具等专业的教学用书，也可供从事相关专业的工程技术人员参考。

本书配有电子课件，凡使用本书作为教材的教师可登录机械工业出版社教育服务网（http://www.cmpedu.com），注册后免费下载，咨询电话：010-88379375。

图书在版编目（CIP）数据

机械加工技术/万苏文，干建松主编. —北京：机械工业出版社，2019.4

高职高专"十三五"规划教材

ISBN 978-7-111-63075-3

Ⅰ.①机… Ⅱ.①万… ②干… Ⅲ.①金属切削-高等职业教育-教材 Ⅳ.①TG506

中国版本图书馆 CIP 数据核字（2019）第 126046 号

机械工业出版社（北京市百万庄大街 22 号　邮政编码 100037）
策划编辑：王　丹　责任编辑：王　丹
责任校对：郑　婕　封面设计：鞠　杨
责任印制：郜　敏
北京中兴印刷有限公司印刷
2019 年 8 月第 1 版第 1 次印刷
184mm×260mm・16.25 印张・401 千字
0001—1900 册
标准书号：ISBN 978-7-111-63075-3
定价：40.00 元

电话服务　　　　　　　　　　网络服务
客服电话：010-88361066　　机 工 官 网：www.cmpbook.com
　　　　　010-88379833　　机 工 官 博：weibo.com/cmp1952
　　　　　010-68326294　　金 书 网：www.golden-book.com
封底无防伪标均为盗版　　　　机工教育服务网：www.cmpedu.com

前言

制造业是国家经济发展的基石，机械制造又是制造业的核心和基础。目前，制造企业对高素质技能型人才的需求很大，高职院校作为高素质技能型人才的主要培养基地，加强机械加工技术的知识学习和技能训练对促进机械制造业发展具有十分重要的意义。本书借鉴近年来高职教育教学改革的经验，以"教、学、做、思一体化"为原则进行编写，涵盖了工程材料与热成形工艺、金属切削原理与刀具、金属切削机床、机械制造工艺学等内容。具体包括金属材料与钢的热处理、金属切削加工基础知识、金属切削机床、机械加工工艺规程、机械加工质量、典型零件加工工艺与工装六个部分。围绕典型轴类、箱体类、套筒类零件的工艺编制，介绍了工艺分析、刀具选用、机床选用、机械加工质量、典型零件加工工艺与工装等内容。

本书突出了职业教育的特点，结合高职高专学生培养目标，瞄准"提高学生实践能力"这一中心任务，对理论知识的广度和深度进行合理控制，增加生产实用知识的比例，删除过旧、过深的内容。本书采用国家现行标准，反映了《中国制造2025》对机械加工提出的要求，在内容编排上以机械制造中的工艺系统为主线，将制造所需的工件材料、刀具、机床、夹具、工艺等知识按生产实践的应用顺序编排，使理论知识与生产实际更加贴近，有利于提高学生综合应用专业知识的能力。

本书由淮安信息职业技术学院万苏文老师和江苏财经职业技术学院干建松老师担任主编，常州机电职业技术学院许朝山教授担任主审。具体编写分工如下：第2章由干建松老师和江苏省洪泽中等专业学校刘如松老师编写；第5章由淮安信息职业技术学院张月平老师编写；第6章由淮安信息职业技术学院尹昭辉老师和江苏清江拖拉机集团公司科技部钟毅部长编写；其他内容由万苏文老师编写。在本书编写过程中，江苏省奔航齿轮有限公司庞建华总工程师，淮安信息职业技术学院喻步贤副教授、何时剑副教授、陈玮副教授，以及富士康科技集团富盟电子科技有限公司、江苏省金象减速机有限公司的领导对书稿提出了宝贵意见，在此一并表示诚挚的谢意。

由于编者水平有限，书中难免有疏漏之处，恳切希望广大读者和同仁批评指正。主编邮箱：99099106@qq.com，欢迎交流。

编　者

目 录

前言
绪论 ··· 1
  0.1 机械加工技术概论 ····················· 1
  0.2 我国机械加工技术的发展现状 ······· 1
  0.3 先进制造技术的发展现状 ············· 2
  0.4 机械加工技术课程的研究对象 ······· 3
  0.5 机械加工技术课程的主要内容和基本
      要求 ······································· 3

第1章 金属材料与钢的热处理 ··········· 5
  1.1 金属材料 ································· 5
  1.2 金属材料的力学性能 ················· 13
  1.3 钢的热处理 ···························· 19
  本章小结 ·· 23
  复习思考题 ···································· 23

第2章 金属切削加工基础知识 ········· 24
  2.1 金属切削的基本概念 ················· 24
  2.2 切削变形、切削力与切削温度 ····· 28
  2.3 刀具磨损与刀具寿命 ················· 35
  2.4 材料的切削加工性和切削液 ········ 39
  2.5 刀具材料 ································ 44
  2.6 刀具的组成及其主要角度 ·········· 51
  2.7 车刀角度标注和典型车刀设计 ····· 59
  2.8 刀具几何参数的选择 ················· 61
  本章小结 ·· 66
  复习思考题 ···································· 66

第3章 金属切削机床 ····················· 68
  3.1 金属切削机床概述 ··················· 68
  3.2 机床分类及型号编制 ················· 71
  3.3 CA6140型卧式车床 ················· 76
  3.4 铣床 ····································· 97
  3.5 磨床 ··································· 101
  3.6 其他机床 ····························· 108
  本章小结 ······································ 116
  复习思考题 ·································· 116

第4章 机械加工工艺规程 ············· 118
  4.1 机械加工工艺规程概述 ············ 118
  4.2 零件的工艺分析及毛坯的选择 ··· 127
  4.3 基准与工件定位 ····················· 130
  4.4 工艺路线的拟订 ····················· 140
  4.5 确定加工余量、工序尺寸及其公差 ·· 145
  4.6 工艺尺寸链 ··························· 149
  4.7 工艺方案的技术经济分析 ········· 157
  本章小结 ····································· 162
  复习思考题 ·································· 163

第5章 机械加工质量 ··················· 166
  5.1 机械加工精度 ······················· 166
  5.2 机械加工表面质量及其对零件使用
      性能的影响 ··························· 169
  5.3 机械加工后的表面粗糙度 ········· 171
  本章小结 ····································· 177
  复习思考题 ·································· 177

第6章 轴类零件加工工艺与工装 ···· 179
  6.1 轴类零件概述 ······················· 179
  6.2 轴类零件外圆表面的车削加工 ··· 181
  6.3 轴类零件外圆表面的磨削加工 ··· 197
  6.4 外圆表面的加工方法和加工方案 ·· 203
  6.5 典型轴类零件加工工艺分析 ······ 206
  本章小结 ····································· 210
  复习思考题 ·································· 210

**第7章 箱体类、套筒类零件加工
        工艺与工装** ························ 212
  7.1 箱体类零件概述 ···················· 212
  7.2 平面加工方法 ······················· 215
  7.3 箱体零件孔系加工 ················· 228
  7.4 典型箱体类零件加工工艺分析 ··· 241
  本章小结 ····································· 248
  复习思考题 ·································· 249

**附录 常用金属切削机床类别和组、
     系划分** ································ 251

参考文献 ·································· 255

绪 论

0.1 机械加工技术概论

当今世界经济发展的趋势表明，制造业是国家经济发展的基石，而机械加工技术是制造业发展的重要保障。据调查，工业化国家60%~80%的社会财富和45%的国民收入都是由制造业创造的，约有1/4的人口从事各种形式的制造活动，高度发达的制造业和先进的制造技术已经成为衡量一个国家综合经济实力和科学技术水平的重要指标，成为一个国家在竞争激烈的国际市场上获胜的关键因素。

机械制造工业的发展和进步主要取决于机械加工技术的发展与进步。制造技术是完成制造活动所施行的一切手段的总和，这些手段包括运用一定的知识、技能，操纵可以利用的物质、工具，采取各种有效的方法等。在科学技术飞速发展的今天，现代工业对机械加工技术的要求也越来越高，推动了机械加工技术不断向前发展。制造技术作为当代科学技术发展最为重要的领域之一，发达国家纷纷把先进制造技术列为国家的高新关键技术和优先发展项目，给予了高度关注。美国国防部根据国会的要求委托里海大学于1991年编写了《21世纪制造企业战略》报告，其核心思想是要使美国的制造业处于世界领先地位；而日本自20世纪50年代以来经济的高速发展，在很大程度上也得益于制造技术领域研究成果的支持。

"中国制造2025"是在新的国际国内环境下，中国政府立足于国际产业变革大势，作出的全面提升中国制造业发展质量和水平的重大战略部署。其根本目的在于改变中国制造业"大而不强"的局面，通过三步走实现制造强国的战略目标。

0.2 我国机械加工技术的发展现状

我国的机械制造工业已取得了很大的成就，在新中国成立初期几乎空白的工业基础上初步建立起了完善的制造业体系，生产出我国的第一辆汽车、第一艘轮船、第一台机车、第一架飞机、第一颗人造地球卫星等，为我国的国民经济建设和科技进步提供了有力的基础支持。目前，我国的机床产业也有了长足的进步，为航空航天等国防尖端领域，造船、大型发电设备制造、机车车辆制造等重要行业提供了高质量的数控机床和柔性制造单元；为汽车、摩托车等大批量生产行业提供了可靠性高、精度保持性好的柔性生产线；已经可以供应实现网络制造的设备；五轴联动数控技术更加成熟；高速数控机床、高精度精密数控机床、并联机床等已走向实用化；国内自主开发的基于PC的第六代数控系统已逐步成熟，数控机床的整机性能、精度、加工效率等都有很大的提高，在技术上已经克服了长期困扰我们的可靠性问题。

我国机械制造业面临着国际市场竞争日益激烈的严峻挑战。当今，制造业的世界格局已经发生了重大的变化，世界经济重心向亚洲转移。在经济全球化的进程中，随着劳动和资源密集型产业向发展中国家的转移，我国已成为世界的重要制造基地。但是，由于我国工业化发展起步较晚，与国际先进水平相比，制造业和制造技术还存在着阶段性差距，主要表现为产品质量和水平不高，技术开发能力不强，基础元器件和基础工艺不过关，生产率低下，资金不足、资源短缺，以及管理体制和周围环境还存在许多问题尚待改进等。例如，我国机械制造业拥有数百万台机床和数千万职工，堪称世界之最。但由于产品结构和生产技术相对落后，我国许多高精尖设备和成套设备仍需大量进口，机械制造业人均产值仅为发达国家的几十分之一。因此，必须加强对制造技术领域的投入和研究，大胆进行技术创新，同时积极引进和消化国外的先进制造技术和理念，尽快形成我国自主创新和跨越式发展的先进制造技术体系，使我国制造业在国际市场竞争中立于不败之地。

0.3　先进制造技术的发展现状

先进制造技术是顺应制造业的需求而发展起来的，是面向工业应用的技术，侧重于对传统制造技术的更新和改造，旨在提高企业在多变的市场环境下的适应能力和竞争能力，且注重技术在工业企业中的推广应用，并使其产生最好的实效。先进制造技术打破了传统制造系统中生产过程的分割和"各自为政"的局面，目标从提高各个部门的局部效益转变到整体适应市场需求和提高整体的综合效益。

随着现代制造技术的发展，出现了各种先进制造模式，如并行工程、敏捷制造、现代集成制造、网络化制造、虚拟制造、绿色制造等。这些先进制造模式有如下特征：具有以提高企业综合效益为目标的系统性；覆盖从产品市场研究到终结处理等制造活动的全过程性；设计与制造技术的集成、多种技术的有机集成、制造技术与管理的集成等多学科集成特性；先进制造技术应用的继承性。

应用先进制造技术可以实现设计、制造、管理和经营的一体化。例如，美国通用汽车公司应用现代集成制造系统技术，将轿车的开发周期由原来的48个月缩短到了24个月，碰撞试验的次数由原来的几百次降到几十次，应用电子商务技术降低销售成本10%；美国埃克森美孚石油公司应用先进的综合自动化技术，使企业的效益提高5%~8%，劳动生产率提高10%~15%。可见，先进制造技术已经成为制造业发展的重要推动力。

中国制造2025，是中国政府实施制造强国战略第一个十年的行动纲领。《中国制造2025》提出，坚持"创新驱动、质量为先、绿色发展、结构优化、人才为本"的基本方针，坚持"市场主导、政府引导、立足当前、着眼长远、整体推进、重点突破，自主发展、开放合作"的基本原则，通过"三步走"实现制造强国的战略目标：第一步，到2025年迈入制造强国行列；第二步，到2035年中国制造业整体达到世界制造强国阵营中等水平；第三步，到新中国成立一百年时，综合实力进入世界制造强国前列。其中，在高档数控机床领域要开发一批精密、高速、高效、柔性数控机床与基础制造装备及集成制造系统。加快高档数控机床、增材制造等前沿技术和装备的研发。以提升可靠性、精度保持性为重点，开发高档数控系统、伺服电动机、轴承、光栅等主要功能部件及关键应用软件,加快实现产业化,加强用户工艺验证能力建设。

0.4 机械加工技术课程的研究对象

任何一台机械产品都由许多机械零件组成,这些零件(如轴、套、箱体、齿轮、活塞等)可由不同材料经成形工艺制成毛坯或零件,而后对毛坯进行机械加工,经过组件、部件和整机装配,最后得到满足性能要求的产品。机械加工的全过程示意图如图0-1所示。

图 0-1 机械加工的全过程示意图

本课程主要研究零件机械加工涉及的问题,在机械加工中,零件的尺寸、几何形状和表面相对位置的形成,完全取决于工件和刀具在切削运动过程中的相互位置关系和相对运动轨迹。工件安装在夹具上,夹具和刀具又安装在机床上,图0-2所示为在车床上加工零件的示意图。

如图0-2所示,在机床4上,应用刀具1对夹具3装夹的工件2进行切削加工,这样就由刀具、工件、夹具、机床构成了一个完整的切削加工系统,这是一个零件的加工过程中所必需的环节;而机械制造就是由各种各样类似的机械加工系统和装配过程组成。零件的加工精度、表面质量等与机械加工系统密切相关。所以,我们有必要对机械加工系统做深入细致地分析与研究,分析系统内各因素的联系,了解其内部规律,从而利用规律、创造条件,加工出我们所需要的合格零件。

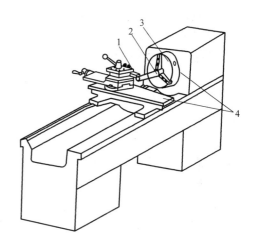

图 0-2 车床加工零件示意图
1—刀具 2—工件 3—夹具 4—机床

0.5 机械加工技术课程的主要内容和基本要求

1. 机械加工技术课程的主要内容

机械加工技术课程是一门紧密结合机械制造企业工艺技术实践的专业课程。其主要内容包含以下四部分:

(1)金属切削原理与刀具 主要介绍金属切削过程中的切削规律,如切削过程中刀具与工件之间的切削力、切削热、切削用量、切削角度、切削液与刀具寿命、加工质量等因素之间的联系与规律,同时介绍一些实验研究方法等。

(2)金属切削机床 主要介绍有关机床的基本概念和常用金属切削机床的工作原理、

组成、工艺范围、典型结构以及使用、维护等方面的知识。

（3）机械加工工艺　主要包括机械加工工艺规程的制订及工艺尺寸链计算、典型零件的加工工艺、机械加工精度与表面质量等基本内容。

（4）机床夹具　讲述夹具的设计基础、典型机床夹具应用及设计方法等内容。

以上四部分内容构成了机械加工关键技术的基本环节，它们之间是相辅相成的，不但不能相互替代，而且也不能缺省，形成了一个有机的整体。它们在金属切削加工过程中，都是围绕被加工零件进行的，也就是说，在机械加工过程中，各部分研究的内容有所不同，作为机械加工系统中不同的环节而相互联系、互相渗透。例如，表面粗糙度就与刀具、工件、夹具、机床这一系统密切相关。

可以说，机床为切削加工提供了必要的条件，并可作为创造一个良好环境的硬件支撑。如果没有机床，将无法完成刀具与工件之间的相对运动，加工不可能进行。没有合适的机床，就加工不出合格的零件。夹具为零件的切削加工过程提供合理可靠的定位与夹紧。机械制造工艺中工序、基准、加工精度等内容专门研究切削过程中诸因素的关系与规律，这与零件的加工质量、生产效率及经济效益等密切相关。

机械加工系统是一个有机的整体，只有掌握系统的内在联系与规律，用科学的、全面的分析方法对待机械加工系统中的各个方面，客观地分析问题与解决问题，才能使得加工过程经济合理。需要指出的是，限于篇幅，本书对机床夹具未能展开分析研究，敬请谅解。

2. 机械加工技术课程的基本要求

通过学习本课程，学生应掌握机械加工技术的基本加工技术和基本理论，再通过学习后续课程，进一步掌握先进制造技术的有关知识，从而为将来胜任不同岗位的专业技术工作、掌握先进制造技术手段的应用、具备突出的工程实践能力奠定良好的基础。为了适应《中国制造2025》对机械加工方面提出的要求，本书以机械加工工艺系统为主线，将机械制造所需的工件材料、刀具、机床、夹具、工艺等知识按实际机械加工生产过程中的应用顺序编排，使课程知识与生产实际更加贴近，有利于提高学生专业知识的综合应用能力。为实现这一目的，本课程的基本要求主要包括以下几方面：

1) 掌握切削加工的基本理论和工艺特点，具有选择毛坯和零件加工方法的基本知识和能力。

2) 掌握常用加工方法的综合应用和机械加工工艺制订，掌握工艺装备选用与设计的方法。

3) 掌握工艺分析，初步具备编制中等复杂零件机械加工工艺规程的能力。

4) 初步具备解决机械制造过程中工艺技术问题的能力和产品质量控制的能力。

机械加工技术是通过长期生产实践总结而形成的，它来源于生产实践，服务于生产实践。因此，本课程的学习必须密切联系生产实践，在实践中加深对课程内容的理解，在实践中强化对所学知识的应用。

第1章 金属材料与钢的热处理

学习目标与要求

熟悉常用金属材料的牌号和性能；熟悉常用金属材料的力学性能；了解常用热处理的种类。具有正确选用常用金属材料的能力；具有正确选用热处理方式来改善材料切削加工性能的能力。

1.1 金属材料

工程材料包括金属材料和非金属材料。金属材料具有良好的力学性能、物理性能、化学性能和工艺性能，成为制造机器零件最常用的材料。本节主要介绍常用金属材料的成分、组织和性能之间的关系，为合理选材和制订加工工艺打下基础。

金属材料的性能分为使用性能和工艺性能。使用性能是指金属材料在使用过程中反映出来的特性，它决定金属材料的应用范围、安全可靠性和使用寿命。使用性能又分为力学性能、物理性能和化学性能。工艺性能是指金属材料在制造加工过程中反映出来的各种特性，它决定金属材料是否易于加工或如何进行加工等。

1.1.1 黑色金属

(1) 铸铁 铸铁是含碳量（质量分数 w_c）大于 2.11% 的铁碳合金。工业上常用铸铁的含碳量一般为 2.5%～4.0%。铸铁由于具有良好的铸造性、抗振性、切削加工性以及一定的力学性能，并且价格低廉、生产设备简单，所以在机器零件材料中占有很大的比重，广泛地用于制造各种机架、底座、箱体、缸套等形状复杂的零件。

根据碳在铸铁中存在形态的不同，铸铁可分为下列几种：

1) 白口铸铁。白口铸铁中碳几乎全部以渗碳体（Fe_3C）的形式存在，它的断口呈亮白色，故称为白口铸铁。Fe_3C 具有硬而脆的特性，这使得白口铸铁非常脆硬，切削加工困难。工业上很少直接使用白口铸铁来制造机器零件，而主要作为炼钢的原料使用。

2) 灰铸铁。灰铸铁中的碳大部分或全部以片状石墨的形式存在，断口呈灰色，故称为灰铸铁。灰铸铁具有良好的铸造性、耐磨性、抗振性和切削加工性，是目前工业生产中使用最多的一种铸铁。灰铸铁的牌号用基本代号拼音字母和一组力学性能数值来表示。灰铸铁共分 HT100、HT150、HT200、HT225、HT250、HT275、HT300 和 HT350 八个牌号，牌号中

"HT"是"灰铁"两字汉语拼音的第一个字母组合,其后的数字表示其最低的抗拉强度值。常用灰铸铁的牌号、力学性能及应用见表1-1。

表1-1 常用灰铸铁的牌号、力学性能及应用(GB/T 9439—2010)

牌号	铸件壁厚 /mm	最小抗拉强度 R_m/MPa	铸件本体预期抗拉强度 R_m/MPa	用途举例
HT100	5~40	100	—	用于制造低载荷和不重要的零件,如盖、外罩、手轮、支架、底板、手柄等
HT150	5~10 10~20 20~40 40~80 80~150 150~300	150	155 130 110 95 80 —	用于制造承受中等应力的铸件,如普通机床的支柱、底座、齿轮箱、刀架、床身、轴承座、工作台、带轮、泵壳、阀体、法兰、管路及一般工作条件中的零件
HT200	5~10 10~20 20~40 40~80 80~150 150~300	200	205 180 155 130 115 —	用于制造承受较大应力和有一定气密性或耐蚀性要求的较重要铸件,如气缸、齿轮、机座、机床床身、立柱、活塞、制动轮、泵体、阀体、化工容器等
HT250	5~10 10~20 20~40 40~80 80~150 150~300	250	250 225 195 170 155 —	
HT300	10~20 20~40 40~80 80~150 150~300	300	270 240 210 195 —	用于制造承受高的应力,要求耐磨,具有高气密性的重要铸件,如剪床、压力机、自动机床和重型机床床身、机座、机架、齿轮、凸轮、衬套、大型发动机曲轴、气缸体、缸套、高压油缸、水缸、泵体、阀体等
HT350	10~20 20~40 40~80 80~150 150~300	350	315 280 250 225 —	

3)球墨铸铁。球墨铸铁中的碳以自由状态的球状石墨形式存在。它是在熔化的铸铁中加入一定量的球化剂(稀土镁合金)和孕育剂(硅铁或硅钙合金)获得的。

球墨铸铁是一种性能优良的铸铁,其强度、塑性和韧性等力学性能远远超过灰铸铁而接近于普通碳素钢,同时它又具有灰铸铁的一系列优良性能,如良好的铸造性、耐磨性、切削加工性和较低的缺口敏感性等。因此,球墨铸铁常用于制造承受冲击载荷的零件,如传递动力的齿轮、曲轴、连杆等。

球墨铸铁的牌号用基本代号拼音字母和两组力学性能数值来表示。例如QT400-18,牌号中"QT"是"球铁"两字汉语拼音的第一个字母组合,其后两组数字,分别表示最低抗拉强度为 400 MPa，最低伸长率为 18%。

常用球墨铸铁的牌号、力学性能及应用见表 1-2。

表 1-2 常用球墨铸铁的牌号、力学性能及应用

主要基体组织	牌号	力学性能				用途举例
		抗拉强度 R_m /MPa	屈服强度 $R_{p0.2}$ /MPa	断后伸长率 A (%)	硬度 (HBW)	
		不小于				
铁素体	QT400-18	400	250	18	120~175	农机具犁铧、犁柱，汽车拖拉机轮毂、离合器壳、差速器壳、拨叉、阀体、阀盖、气缸、铁路垫板、电动机壳、飞轮壳等
	QT400-15	400	250	15	120~180	
	QT450-10	450	310	10	160~210	
铁素体+珠光体	QT500-7	500	320	7	170~230	内燃机油泵齿轮、铁路机车轴瓦、机器座架、传动轴、飞轮、电动机机架等
	QT600-3	600	370	3	190~270	柴油机、汽油机曲轴、凸轮轴、气缸套、连杆、部分磨床、铣床、车床主轴，农机具脱粒机齿条、负荷齿轮、起重机滚轮、小型水轮机主轴等
珠光体	QT700-2	700	420	2	225~305	
珠光体或索氏体	QT800-2	800	480	2	245~335	
回火马氏体或屈氏体+索氏体	QT900-2	900	600	2	280~360	内燃机曲轴、凸轮轴，汽车螺旋锥齿轮、转向轴，拖拉机减速齿轮，农机犁铧等

4）可锻铸铁。可锻铸铁中的石墨呈团絮状，它是由白口铸铁经长时间高温石墨化退火而得到的一种铸铁。可锻铸铁实际上并不能锻造，"可锻"仅表示它具有一定的塑性，其强度比灰铸铁高，但铸造性能比灰铸铁差，由于它生产周期长、工艺复杂、成本高，已逐渐被球墨铸铁所取代。

可锻铸铁的牌号用基本代号拼音字母和两组力学性能数值来表示，"KTH"表示黑心可锻铸铁，"KTZ"表示珠光体可锻铸铁。例如 KTH350-10 表示黑心可锻铸铁，最低抗拉强度为 350 MPa，最低伸长率为 10%。

（2）碳素结构钢 通常把含碳量（质量分数）在 2.11% 以下的铁碳合金称为钢。实际应用的碳素结构钢含有少量的杂质，如硅（Si）、锰（Mn）、硫（S）、磷（P）等。碳素结构钢可以轧制成板材和型材，也可以锻造成各种形状的锻件。碳素结构钢一般可按含碳量、质量和用途三种标准来分类。

根据含碳量，碳素钢分为低碳钢（$w_C \leq 0.25\%$）、中碳钢（$0.25\% < w_C \leq 0.6$）、高碳钢（$w_C > 0.6\%$）。

根据钢中有害杂质（硫、磷）的含量，碳素钢可分为普通碳素钢（$w_S \leq 0.055\%$，$w_P \leq 0.045\%$）、优质碳素钢（$w_S \leq 0.045\%$，$w_P \leq 0.040\%$）、高级优质碳素钢（$w_S \leq 0.03\%$，$w_P \leq 0.035\%$）。

按用途分为碳素结构钢和碳素工具钢。碳素结构钢主要用于制造各种工程构件（如桥梁、船舶、建筑）和机器零件（如齿轮、轴、连杆、螺栓、螺钉等）。这类钢一般属于低、中碳钢。碳素工具钢主要用于制造各种刃具、量具、模具。这类钢一般属于高碳钢。

下面简要介绍几种常用的碳素钢。

1) 碳素结构钢。这类钢通常用于制造热轧钢板、型钢、棒钢等，可制造焊接、铆接、螺栓联接的一般工程构件，大多不需进行热处理，可以直接在供应状态下使用。

钢的牌号由代表屈服强度的字母、屈服强度数值、质量等级符号、脱氧方法符号四个部分按顺序组成。如Q235AF，"Q"为钢材屈服强度"屈"字汉语拼音首位字母；"235"表示屈服强度值为235MPa；"A"为质量等级（共A、B、C、D四个等级）；"F"为沸腾钢"沸"字汉语拼音首位字母。"Z"和"TZ"分别表示镇静钢和特殊镇静钢。

碳素结构钢的力学性能和应用举例见表1-3。

表1-3 碳素结构钢的牌号、成分、力学性能及应用举例（GB/T 700—2006）

牌号	等级	化学成分质量分数(%)，不大于			脱氧方法	力学性能			应用举例
		C	S	P		屈服强度 R_{eH}/MPa，不小于 厚度（或直径）≤16mm	抗拉强度 R_m/MPa	断后伸长率 A(%)，不小于 厚度（或直径）≤40mm	
Q195	—	0.12	0.040	0.035	F、Z	195	315~430	33	用于制造受力不大的结构件。如螺钉、螺母、垫圈等；焊接件、冲压件及桥梁建筑等金属结构件
Q215	A	0.15	0.050	0.045	F、Z	215	335~450	31	
	B		0.045						
Q235	A	0.22	0.050	0.045	F、Z	235	375~500	26	用于制造结构件。如钢板、螺纹钢筋、型钢、螺栓、螺母、拉杆、连杆、齿轮、轴等；Q235C、D可用于制造重要的焊接结构件
	B	0.20	0.045						
	C	0.17	0.040	0.040	Z				
	D		0.035	0.035	TZ				
Q275	A	0.24	0.050	0.045	F、Z	275	410~540	22	强度较高，用于制造承受中等载荷的零件。如键、链、链轮、小轴、销子、连杆、农机零件等
	B	0.21	0.045	0.045	Z				
		0.22							
	C	0.20	0.040	0.040	Z				
	D		0.035	0.035	TZ				

2) 优质碳素结构钢。优质碳素结构钢中只含有少量的有害杂质硫和磷，力学性能较好，可用于制造较重要的机械零件。

钢的牌号用两位数字表示，这两位数字表示钢中平均含碳量（质量分数）的万分数，含锰量较高时则在含碳量后面加锰元素符号"Mn"。如08、10、45、65Mn，表示钢中平均含碳量分别为0.08%、0.1%、0.45%、0.65%。

优质碳素结构钢根据含碳量又可分为低碳钢、中碳钢和高碳钢。

低碳钢强度低，塑性、韧性好，易于冲压加工，主要用于制造受力不大的机械零件，如螺钉、螺母、冲压件和焊接件。

中碳钢强度较高，塑性和韧性也较好，广泛用于制造齿轮、丝杠、连杆和各种轴类零件。

高碳钢热处理后具有高强度和良好的弹性，但切削加工性、锻造性和焊接性差，主要用于制造弹簧和易磨损的零件。

优质碳素结构钢的化学成分、力学性能和用途见表1-4。

表1-4 优质碳素结构钢的化学成分、力学性能和用途（GB/T 699—2015）

牌号	化学成分(质量分数)/%					力学性能					应用举例
	C	Si	Mn	P	S	抗拉强度 R_m /MPa	下屈服强度 R_{eL}/MPa	断后伸长率 $A(\%)$	断面收缩率 $Z(\%)$	冲击吸收能量 kU_2/J	
				不大于		不小于					
08	0.05~0.11	0.17~0.37	0.35~0.65	0.035	0.035	325	195	33	60	—	用于制造受力不大但要求高韧性的冲压件、焊接件、紧固件,如螺栓、螺母、垫圈等 渗碳淬火后可制造强度要求不高的耐磨零件,如凸轮、滑块、活塞销等
10	0.07~0.13	0.17~0.37	0.35~0.65	0.035	0.035	335	205	31	55	—	
15	0.12~0.18	0.17~0.37	0.35~0.65	0.035	0.035	375	225	27	55	—	
20	0.17~0.23	0.17~0.37	0.35~0.65	0.035	0.035	410	245	25	55	—	
25	0.22~0.29	0.17~0.37	0.50~0.80	0.035	0.035	450	275	23	50	71	
30	0.27~0.34	0.17~0.37	0.50~0.80	0.035	0.035	490	295	21	50	63	用于制造负载较大的零件,如连杆、曲轴、主轴、活塞销、表面淬火齿轮、凸轮等
35	0.32~0.39	0.17~0.37	0.50~0.80	0.035	0.035	530	315	20	45	55	
40	0.37~0.44	0.17~0.37	0.50~0.80	0.035	0.035	570	335	19	45	47	
45	0.42~0.50	0.17~0.37	0.50~0.80	0.035	0.035	600	355	16	40	39	
50	0.47~0.55	0.17~0.37	0.50~0.80	0.035	0.035	630	375	14	40	31	
55	0.52~0.60	0.17~0.37	0.50~0.80	0.035	0.035	645	380	13	35	—	
60	0.57~0.65	0.17~0.37	0.50~0.80	0.035	0.035	675	400	12	35	—	用于制造弹性极限或强度要求较高的零件,如轧辊、弹簧、钢丝绳、偏心轮等
65	0.62~0.70	0.17~0.37	0.50~0.80	0.035	0.035	695	410	10	30	—	
70	0.67~0.75	0.17~0.37	0.50~0.80	0.035	0.035	715	420	9	30	—	
75	0.72~0.80	0.17~0.37	0.50~0.80	0.035	0.035	1 080	880	7	30	—	
80	0.77~0.85	0.17~0.37	0.50~0.80	0.035	0.035	1 080	930	6	30	—	
85	0.82~0.90	0.17~0.37	0.50~0.80	0.035	0.035	1 130	980	6	30	—	
15Mn	0.12~0.18	0.17~0.37	0.70~1.00	0.035	0.035	410	245	26	55	—	应用范围和普通含锰量的优质碳素结构钢相同
20Mn	0.17~0.23	0.17~0.37	0.70~1.00	0.035	0.035	450	275	24	50	—	
25Mn	0.22~0.29	0.17~0.37	0.70~1.00	0.035	0.035	490	295	22	50	71	
30Mn	0.27~0.34	0.17~0.37	0.70~1.00	0.035	0.035	540	315	20	45	63	
35Mn	0.32~0.39	0.17~0.37	0.70~1.00	0.035	0.035	560	335	18	45	55	
40Mn	0.37~0.44	0.17~0.37	0.70~1.00	0.035	0.035	590	355	17	45	47	
45Mn	0.42~0.50	0.17~0.37	0.70~1.00	0.035	0.035	620	375	15	40	39	
50Mn	0.48~0.56	0.17~0.37	0.70~1.00	0.035	0.035	645	390	13	40	31	
60Mn	0.57~0.65	0.17~0.37	0.70~1.00	0.035	0.035	690	410	11	35	—	
65Mn	0.62~0.70	0.17~0.37	0.90~1.20	0.035	0.035	735	430	9	30	—	
70Mn	0.67~0.75	0.17~0.37	0.90~1.20	0.035	0.035	785	450	8	30	—	

3) 碳素工具钢。碳素工具钢含碳量在0.7%以上,属于高碳钢,适宜制作各种刃具、量具和模具。

碳素工具钢的牌号用基本代号"T"和平均含碳量的千分数表示。例如,T8表示碳质量分数为 0.8% 的碳素工具钢。碳质量分数后面加注"A",表示高级优质钢,如 T10A。

4)铸钢。一般情况下多用碳素铸钢,当有特殊用途和特殊要求时可采用合金铸钢。

铸钢的牌号用基本代号"ZG"和两组力学性能数值来表示。例如 ZG200-400、ZG310-570,第一组数字代表屈服强度最低值(MPa),第二组数字代表抗拉强度最低值(MPa)。铸钢主要用于制造承受重载、强度和韧性要求较高、形状复杂的铸件,如大型齿轮、水压机机座等。

(3)合金钢 为了提高钢的性能,有意识地在碳素结构钢中加入一定量的合金元素(如硅、锰、铬、镍、钼、钒、钛等),即构成合金钢。合金元素的加入,细化了钢的晶粒,提高了钢的综合力学性能和热硬性、淬透性。合金钢按用途一般可分为合金结构钢、合金工具钢和特殊性能合金钢三类。

1)合金结构钢。合金结构钢的牌号组成为"两位数字+合金元素符号+数字"。合金元素符号前面的两位数字表示含碳量的万分数。合金元素符号后的数字表示该合金元素质量分数的百分数,含量小于 1.5% 时,一般不标明含量;当含量在 1.5%~2.5%、2.5%~3.5% 等区间时,则相应地用 2、3…表示。例如 27SiMn 表示平均含碳量为 0.27%,含硅量、含锰量低于 1.5% 的硅锰钢。

合金结构钢根据性能和用途的不同,又可分为低合金钢、合金渗碳钢、合金调质钢、合金弹簧钢和滚动轴承钢等。滚动轴承钢是制造滚动轴承的专用钢,常用的牌号有 Gr9、GCr15、Gr9SiMn,牌号中"G"为"滚"字汉语拼音字首,铬元素符号后的数字表示平均含铬量的千分数。例如 GCr15 中 Cr 的含量为 1.5%。

2)合金工具钢。合金工具钢的牌号表示与合金结构钢相似,平均含碳量超过 1% 时,一般不标出含碳量数值;含碳量小于 1% 时,可用一位数字表示,以千分数计。例如 9SiCr 表示平均含碳量为 0.9%,硅、铬质量分数均小于 1.5% 的铬钢;Cr12MoV 表示平均含碳量大于 1%,铬质量分数为 12%,钼、钒质量分数均小于 1.5% 的铬钼钒钢。

合金工具钢常用来制造各种刃具、量具和模具,因而对应有刃具钢、量具钢和模具钢。

① 刃具钢。用于制造各种刀具,通常分低合金刃具钢和高速工具钢。低合金刃具钢主要是含铬的钢,常用的牌号有 9SiCr,9Cr2 等,主要制造形状较复杂的低速切削工具(如丝锥、板牙、铰刀等)。

高速工具钢是一种含钨、铬、钒等合金元素较多的钢,含碳量在 1% 左右。高速工具钢在空气中冷却也能淬硬,故又称为风钢;由于它可以刃磨得很锋利,很白亮,故又称为锋钢和白钢。高速工具钢有较高的热硬性,足够的强度、韧性和刃磨性,目前是制造钻头、铰刀、铣刀、螺纹刀具和齿轮刀具等复杂形状刀具的主要材料。常用的牌号有 W18Cr4V、W6Mo5Cr4V2 和 W9Mo3Cr4V 等。

② 量具钢。量具钢要求有高的硬度和耐磨性,热处理后不易变形,而且要有良好的加工工艺性。块规可选用变形小的钢,如 CrWMn、GCr15、SiMn 等。简单的量具除用 T10A、T12A 制造外,还可用 9SiCr 等材料制造。

③ 模具钢。模具钢按使用要求可分为热作模具钢和冷作模具钢。热作模具钢用来制作热态下使金属变形的模具(如热锻模、压铸模等),这类模具钢应具有很好的抗热疲劳损坏的能力,高的强度和较好的韧性,常用的牌号有 5CrNiMo 和 5CrMnMo。冷作模具钢用来制作冷态下使金属变形的模具(如冷冲模、冷挤压模和冷模等),这类模具钢应具有高的硬

度、耐磨性和一定的韧性,并要求热处理变形小,常用的牌号有 Cr12、Cr12W、Cr12MoV 等。

3) 特殊性能合金钢。特殊性能合金钢是指具有特殊的物理、化学性能的一种高合金钢。其牌号表示与合金工具钢原则相同。最前面用一位数表示平均含碳量,以千分数计。平均含碳量小于 0.1% 时用 "0" 表示,平均含碳量大于 0.03% 时用 "00" 表示。例如,2Cr13、0Cr13 和 00Cr18Ni10,分别表示其平均含碳量为 0.2%、小于 0.1%、大于 0.03%。特殊性能合金钢主要包括不锈钢、耐热钢、耐磨钢和软磁钢。

① 不锈钢。不锈钢中的主要合金元素是铬和镍。铬与氧化合,在钢表面形成一层致密的氧化膜,可保护钢免受进一步氧化。一般含铬量不低于 12% 的不锈钢才具有良好的耐腐蚀性能,适用于制造化工设备、医疗器械等。常用的牌号有铬不锈钢,如 12Cr13、20Cr13、30Cr13、40Cr13 等;还有铬镍不锈钢。

② 耐热钢。耐热钢是在高温下不发生氧化并具有较高强度的钢。钢中常含有较多铬和硅,以保证钢具有高的抗氧化性和高温下的力学性能,耐热钢适用于制造在高温条件下工作的零件,如内燃机气阀、加热炉管道等。常用的牌号有 42Cr9Si2、40Cr10Si2Mo 等。

③ 耐磨钢。主要指高锰钢。例如,ZGMn13 表示钢含碳量高于 1%,含锰量为 13% 左右。该钢机械加工困难,大多铸造成型。它具有在强烈冲击下抵抗磨损的性能,主要用于制造坦克和拖拉机履带、推土机挡板、挖掘机齿轮等。

④ 软磁钢(又名硅钢片)。是在钢中加入硅并轧制而成的薄片状材料。它杂质含量极少,具有很好的磁性,是制造变压器、电动机、电工仪表等不可缺少的材料。

1.1.2 有色金属

工业生产中通常称钢铁为黑色金属,而称铜、铝、镁、铅等及其合金为有色金属。有色金属具有良好的导热性、导电性及耐蚀性等优良性能,已成为现代工业中不可缺少的重要材料。

1. 铜与铜合金

(1) 纯铜　纯铜呈紫红色,又称紫铜。它具有良好的导电、导热性能,极好的塑性及较好的耐蚀性。但力学性能较差,不宜用来制造结构零件,常用来制造导电材料和耐蚀元件。

(2) 黄铜　黄铜是铜(Cu)与锌(Zn)的合金。它色泽美观,有良好的耐蚀性能及机械加工性能。黄铜中锌的质量分数为 20%~40%,随着锌的含量增加,黄铜强度增加而塑性下降。黄铜可以铸造,也可以锻造。除了铜和锌以外,再加入少量其他元素的铜合金称为特殊黄铜,如锡黄铜、铅黄铜等。黄铜一般用于制造耐蚀和耐磨零件,如阀门、子弹壳、管件等。

黄铜的牌号用"黄"字汉语拼音首位字首"H"加数字表示,该数字表示平均含铜质量分数的百分数。如 H62 表示铜质量分数为 62%、锌质量分数为 38%。特殊黄铜牌号中标有合金元素的含量,如 HPb59-1 表示铜质量分数为 59%、铅质量分数为 1% 的铅黄铜。

(3) 青铜　凡主加元素不是锌,而是锡、铝等其他元素的铜合金统称为青铜,分为锡青铜和无锡青铜。

1) 锡青铜。锡青铜是铜与锡的合金。它有很好的力学性能、铸造性能、耐蚀性和减摩性，是一种很重要的减摩材料。主要用于摩擦零件和耐蚀零件的制造，如蜗轮、轴瓦、衬套等。

2) 无锡青铜。除锡以外的其他合金元素与铜组成的合金，统称为无锡青铜。主要包括铝青铜、硅青铜和铍青铜等。通常作为锡青铜的廉价代用材料使用。

青铜的牌号包含代号"Q"，并在后面标出主要元素的符号和含量。如 QSn4-3，表示锡质量分数为4%、锌质量分数为3%、其余为铜（质量分数为93%）的压力加工青铜。

（4）铸造铜合金　铸造铜合金的牌号包含代号"ZCu"，并在后面标出合金元素符号和含量。如 ZCuSn5Pb5Zn5 表示锡、铅、锌的质量分数各约为5%，其余为铜（质量分数为85%）的铸造锡青铜。

2. 铝与铝合金

（1）纯铝　纯铝是一种密度小（2.72 g/cm³）、熔点低（660℃）、导电、导热性好，塑性好，强度、硬度低的金属。由于铝表面能生成一层极致密的氧化铝膜，能阻止铝继续氧化，故铝在空气中具有良好的耐蚀能力，主要用作导电材料或制造耐蚀零件。

（2）铝合金　铝中加入适量的铜、镁、硅、锰等元素即构成了铝合金。它具有足够的强度、较好的塑性和良好的耐蚀性，且多数可热处理强化，根据铝合金的成分及加工成形特点，可分为变形铝合金和铸造铝合金两大类。

1) 变形铝合金。变形铝合金具有较高的强度和良好的塑性，可进行各种压力加工，可以焊接。主要用于制造各类型材和结构件，如飞机构架、螺旋桨、起落架等。

2) 铸造铝合金。铸造铝合金包括铝镁、铝锌、铝硅、铝铜等合金，应用最广的是硅铝合金。它们有良好的铸造性能，可以铸成各种形状复杂的零件；但塑性差，不宜进行压力加工。各类铸造铝合金的牌号均以"ZL"加三位数字组成，第一位数字表示合金类别，第二、三位数字是顺序号，如 ZL102、ZL201 等。

（3）变形铝和铝合金牌号表示方法　变形铝和铝合金牌号表示方法采用国际四位数字体系牌号。四位字符体系牌号的第一、三、四位为阿拉伯数字，第二位为英文大写字母（C、I、L、N、O、P、Q、Z字母除外）。牌号的第一位数字表示铝及铝合金的组别。除改型合金外，铝合金组别按主要合金元素来确定。牌号的第二位字母表示原始纯铝或铝合金的改型情况，最后两位数字用以标识同一组中不同的铝合金或表示铝的纯度变形铝和铝合金牌号系列见表1-5。

表1-5　变形铝和铝合金牌号系列

组　　别	牌号系列
纯铝（铝含量不小于99.00%）	1×××
以铜为主要合金元素的铝合金	2×××
以锰为主要合金元素的铝合金	3×××
以硅为主要合金元素的铝合金	4×××
以镁为主要合金元素的铝合金	5×××
以镁和硅为主要合金元素并以 Mg_2Si 相为强化相的铝合金	6×××
以锌为主要合金元素的铝合金	7×××
以其他合金为主要合金元素的铝合金	8×××
备用合金组	9×××

常用变形铝和铝合金新旧牌号对照、主要力学性能及应用见表1-6。旧牌号中，LF表示防锈铝、LY表示硬铝、LC表示超硬铝、LD表示锻铝、LT表示特殊铝。

表1-6 常用变形铝和铝合金牌号、力学性能及应用

新牌号	相当于旧代号	主要化学成分（质量分数）(%)				材料状态	力学性能			用途举例
		Cu	Mg	Mn	Zn		R_m/MPa	A(%)	(HBW)	
5A05	LF5	0.10	4.8~5.5	0.3~0.6	0.20	退火强化	220 250	15 8	65 100	焊接油箱、油管、焊条、铆钉及承受中等载荷的零件及制品
3A21	LF21	0.2	0.05	1.0~1.6	0.10	退火强化	125 165	21 3	30 55	焊接油箱、油管、焊条、铆钉及承受轻载荷的零件及制品
2A01	LY1	2.2~3.0	0.2~0.5	0.20	0.10	退火强化	160 300	24 24	38 70	中等强度，工作温度不超过100℃的结构用铆钉
2A11	LY11	3.8~4.8	0.4~0.8	0.4~0.8	0.30	退火强化	250 400	10 13	— 115	中等强度的结构零件，如螺旋桨叶片、螺栓、铆钉、滑轮等
7A04	LC4	1.4~2.0	1.8~2.8	0.2~0.6	5.0~7.0	退火强化	260 600	— 8	— 150	主要受力构件，如飞机大梁、桁条、加强框、接头及起落架等
2A50	LD5	1.8~2.6	0.4~0.8	0.4~0.8	0.3	退火强化	420	— 13	— 105	形状复杂的中等强度锻件、冲压件及模锻件、发动机零件等
2B50	LD6	1.8~2.6	0.4~0.8	0.4~0.8	0.30	退火强化	410	8	95	形状复杂的模锻件、压气机轮和风扇叶轮
2A70	LD7	1.9~2.5	1.4~1.8	0.2	0.30	退火强化	415	13	105	高温下工作的复杂锻件，如活塞、叶轮等

3. 轴承合金

轴承合金是用来制造滑动轴承的特定材料。对轴承合金的要求包括：摩擦系数小、耐磨性好、抗压强度高、导热性好等。常用合金为锡基轴承合金和铅基轴承合金：

（1）锡基轴承合金（锡基巴氏合金） 锡基轴承合金中含有锑和铜等元素。例如ZSnSb11Cu6，"Z"代表铸造，Sb质量分数为11%，Cu质量分数为6%，其余为Sn。

（2）铅基轴承合金（铅基巴氏合金） 铅基轴承合金中含有锑、锡和铜等元素。例如常用合金ZPbSb16Sn16Cu2，Sb质量分数为16%，Sn质量分数为16%，Cu质量分数为2%，其余为Pb。

1.2 金属材料的力学性能

金属材料的性能分为使用性能和工艺性能。使用性能是指金属材料在使用过程中反映出

来的特性，它决定金属材料的应用范围、安全可靠性和使用寿命，使用性能又分为力学性能、物理性能和化学性能。工艺性能是指金属材料在制造加工过程中反映出来的各种特性，它决定材料是否易于加工，及如何进行加工等重要因素。

在选用金属材料和制造机械零件时，主要考虑力学性能和工艺性能。在某些特定条件下工作的零件，还要考虑物理性能和化学性能。

金属材料的力学性能又称机械性能，是金属材料在外力作用下所反映出来的性能。力学性能是零件设计计算、选择材料、工艺评定以及材料检验的主要依据。

不同的金属材料表现出来的力学性能是不一样的。金属材料主要的力学性能指标有强度、弹性、塑性、硬度、冲击韧性和疲劳强度等。

1.2.1 强度、弹性与塑性

金属材料的强度、弹性与塑性一般可通过拉伸试验来测定。

拉伸试验是在拉伸试验机上进行的。试验时，先用被测金属材料制成如图 1-1 所示的标准试样（GB/T 228.1—2010《金属材料 拉伸试验 第 1 部分：室温试验方法》），然后在试样的两端逐渐施加轴向载荷，直到试样被拉断为止。在拉伸过程中，拉伸试验机将自动记录每一瞬间的载荷 F 和伸长量 ΔL，并绘出拉伸曲线。

（1）拉伸曲线 图 1-2 所示为低碳钢试样的拉伸曲线。低碳钢试样在拉伸过程中，可分为弹性变形、塑性变形和断裂三个阶段。

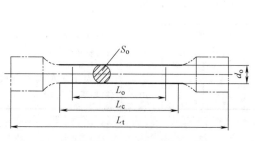

图 1-1 拉伸试样

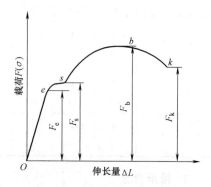

图 1-2 低碳钢试样的拉伸曲线

当载荷不超过 F_e 时，拉伸曲线 Oe 段为一条直线，表明试样的伸长量与载荷成正比，完全符合胡克定律，试样处于弹性变形阶段。当载荷超过 F_e，试样除产生弹性变形外还将产生塑性变形。当载荷达到 F_s 时，试样开始产生明显的塑性变形，在拉伸曲线上出现了水平的或锯齿形的线段，这种现象称为"屈服"。当载荷继续增加到最大值 F_b 时，试样的局部截面缩小，产生"缩颈"。由于试样局部截面的逐渐减小，载荷也逐渐降低，当降低到拉伸曲线上的 k 点时，试样在缩颈处断裂。

为使曲线能够直接反映出材料的力学性能，可用应力 R（试样单位横截面上的拉力）代替载荷 F，以延伸率 e（试样单位长度上的伸长量）取代伸长量 ΔL。由此绘成的曲线，称作应力-应变曲线，R-e 曲线和 F-ΔL 曲线形状相同，仅坐标的含义不同。

(2) 弹性 在拉伸曲线上，e 点是弹性变形最大极限处，以该点的应力值 R_e 作为弹性指标，称为弹性极限，单位为 MPa。计算公式为：

$$R_e = \frac{F_e}{S_o} \tag{1-1}$$

式中　F_e——试样在不发生塑性变形时的最大载荷，单位为 N；
　　　S_o——试样的原始横截面积，单位为 mm^2。

弹性极限表示金属材料不产生塑性变形时所能承受的最大应力值，因此是工作中不允许有微量塑性变形零件（如精密的弹性元件、炮筒等）设计与选材的重要依据。

(3) 强度 强度是指金属材料在静载荷作用下，抵抗塑性变形和断裂的能力。由于载荷的作用方式有拉伸、压缩、弯曲、剪切等形式，所以强度也分为抗拉强度、抗压强度、抗扭强度等类型。工程上以屈服强度和抗拉强度最为常用。

1）屈服强度。屈服强度是金属材料呈现屈服现象时，在试验期间达到塑性变形发生而力不增加的应力点。并区分上屈服强度和下屈服强度。

上屈服强度是试样发生屈服而力首次下降前的最大应力，用符号 R_{eH} 表示。

下屈服强度是试样在屈服期间，不计初始瞬时效应时的最小应力，用符号 R_{eL} 表示。

不同类型曲线的上屈服强度和下屈服强度如图 1-3 所示。

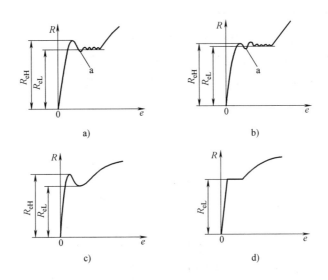

图 1-3　不同类型曲线的屈服强度

e—延伸率　R—应力　R_{eH}—上屈服强度　R_{eL}—下屈服强度　a—初始瞬时效应

2）抗拉强度。抗拉强度是试样在拉断前所能承受的最大应力。用符号 R_m 表示，单位为 MPa。计算公式为：

$$R_m = \frac{F_b}{S_o}$$

式中　F_b——试样在拉断前所承受的最大载荷，单位为 N；
　　　S_o——试样的原始横截面积，单位为 mm^2。

屈服强度和抗拉强度在选择、评定金属材料及设计机械零件时具有重要意义。由于机器零件或构件工作时,通常不允许发生塑性变形,因此多以屈服强度作为强度设计的依据。对于脆性材料,因断裂前基本不发生塑性变形,故无屈服强度可言,在强度计算时,则以抗拉强度为依据。

(4) 塑性 塑性是金属材料产生塑性变形而不被破坏的能力。通常用伸长率 A 和断面收缩率 Z 表示材料塑性的好坏。

1) 伸长率。伸长率是指试样拉断后原始标距 L_o 的伸长与原始标距之比百分率。

$$A = \frac{L_u - L_o}{L_o} \times 100\%$$

式中 L_u——试样断后标距;
L_o——试样原始标距。

必须指出,伸长率的数值与试样尺寸有关,因此,用长试样($L_o/d_o = 10$ 的试样)、短试样($L_o/d_o = 5$ 的试样)求得的伸长率分别以 A_{10}(或 A)和 A_5 表示。

2) 断面收缩率。断面收缩率是指断裂后试样横截面积的最大缩减量与原始横截面积之比百分率。

$$Z = \frac{S_o - S_u}{S_o} \times 100\%$$

式中 S_u——试样断后最小横截面积;
S_o——试样平行长度部分的原始横截面积。

伸长率和断面收缩率值越大,材料的塑性越好。良好的塑性不仅是金属材料进行轧制、锻造、冲压、焊接的必要条件,而且材料在使用时万一超载,由于产生塑性变形,能够避免突然断裂。

1.2.2 硬度

金属材料抵抗变形,特别是压痕或划痕形成的永久变形的能力,称为硬度。它是衡量材料软硬程度的一个指标。

硬度是评价材料性能的一个综合物理量,表示金属材料在一个小的体积范围内抵抗弹性变形、塑性变形或断裂的能力。一般来说,硬度越高,耐磨性越好,强度也较高。

金属材料的硬度是在硬度计上测定的。常用布氏硬度试验法和洛氏硬度试验法,有时还用维氏硬度试验法。

(1) 布氏硬度 布氏硬度试验的测试原理如图1-4所示。对一定直径的硬质合金球施加试验力压入试样表面,经规定保持时间后,卸除试验力,测量试样表面压痕直径。通过压痕的

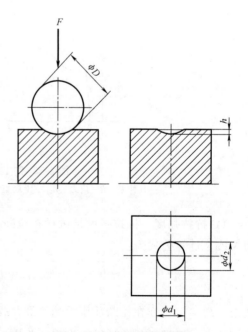

图1-4 布氏硬度试验原理

平均直径和压头直径计算出压痕表面积,进而得到所承受的平均应力值,布氏硬度与平均应力值成正比,用符号 HBW 表示。

布氏硬度法因压痕面积大,故测试数据重复性好,且与强度之间有较好的对应关系。但同时也因压痕面积大而不适用于薄而小的零件;也因测试过硬的材料可能会导致压头变形而不适用于测试硬度太高的零件。此外,还因测试过程相对费事,也不适用于大批量生产的零件检验。

(2)洛氏硬度 洛氏硬度的测试原理如图 1-5 所示。将压头(金刚石圆锥、硬质合金球)分两个步骤压入试样表面,经规定保持时间后,卸除主试验力,测量在初试验力下的残余压痕深度 h。在实际测试时,可在硬度计上直接读出其硬度值大小。

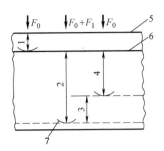

图 1-5 洛氏硬度试验原理
1—在初试验力 F_0 下的压入深度 2—由主试验力 F_1 引起的压入深度 3—卸除主试验力 F_1 后的弹性回复深度 4—残余压入深度 h 5—试样表面 6—测量基准面 7—压头位置

为了能用同一硬度计测定从极软到极硬材料的硬度,可采用不同的压头和载荷,洛氏硬度试验法具有多个标尺,各标尺的试验条件和应用范围见表 1-7。

表 1-7 常用洛氏硬度标尺的试验条件和应用范围

洛氏硬度标尺	硬度符号④	压头类型	初试验力 F_0/N	主试验力 F_1/N	总试验力 F/N	应用范围
A①	HRA	金刚石圆锥	98.07	490.3	588.4	20HRA~88HRA
B②	HRB	直径 1.5875mm 球	98.07	882.6	980.7	20HRB~100HRB
C③	HRC	金刚石圆锥	98.07	1373	1471	20HRC~70HRC
D	HRD	金刚石圆锥	98.07	882.6	980.7	40HRD~77HRD
E	HRE	直径 3.175mm 球	98.07	882.6	980.7	70HRE~100HRE
F	HRF	直径 1.5875mm 球	98.07	490.3	588.4	60HRF~100HRF
G	HRG	直径 1.5875mm 球	98.07	1373	1471	30HRG~94HRG
H	HRH	直径 3.175mm 球	98.07	490.3	588.4	80HRH~100HRH
K	HRK	直径 3.175mm 球	98.07	1373	1471	40HRK~100HRK
15N	HR15N	金刚石圆锥	29.42	117.7	147.1	70HR15N~94HR15N
30N	HR30N	金刚石圆锥	29.42	264.8	294.2	42HR30N~86HR30N
45N	HR45N	金刚石圆锥	29.42	411.9	441.3	20HR45N~77HR45N
15T	HR15T	直径 1.5875mm 球	29.42	117.7	147.1	67HRT15T~93HR15T
30T	HR30T	直径 1.5875mm 球	29.42	264.8	294.2	29HR30T~82HR30T
45T	HR45T	直径 1.5875mm 球	29.42	411.9	441.3	10HR45T~72HR45T

如果在产品标准或协议中有规定时,可以使用直径为 6.350mm 和 12.70mm 的球形压头。
① 试验允许范围可延伸至 94HRA。
② 如果在产品标准或协议中有规定时,试验允许范围可延伸至 10HRBW。
③ 如果压痕具有合适的尺寸,试验允许范围可延伸至 10HRC。
④ 使用硬质合金球压头的标尺,硬度符号后面加"W"。使用钢球压头的标尺,硬度符号后面加"S"。

洛氏硬度试验法简单、迅速，因压痕小，可用于成品检验。它的缺点是测得的硬度值重复性较差，这在检测存在偏析或组织不均匀的被测金属时尤为明显，为此，必须在不同部位测量数次取其平均值。

（3）维氏硬度　洛氏硬度试验法可采用不同的标尺来测定由极软到极硬金属材料的硬度值，但不同标尺的硬度值间没有简单的换算关系，使用上很不方便。为了能在同一种硬度标尺上测定由极软到极硬金属材料的硬度值，制定了维氏硬度试验法。

维氏硬度的试验原理基本上和布氏硬度试验相同，如图1-6所示。将顶部两相对面具有规定角度的正四棱锥体金刚石压头用一定的试验力压入试样表面，保持规定时间后，卸除试验力，测量试样表面压痕对角线长度。通过压痕对角线长度计算出压痕表面积，进而得到所承受的平均应力值，维氏硬度与平均应力值成正比，用符号HV表示。

维氏硬度试验法的优点是试验时所加载荷小，压入深度浅，故适用于测试零件表面淬硬层及化学热处理的表面层（如渗碳层、渗氮层等）；同时，维氏硬度是一个连续一致的标尺，试验时可任意选择，而不影响其硬度值的大小，因此可测定从极软到极硬的各种金属材料的硬度。其缺点是硬度值的测定较麻烦，工作效率不如洛氏硬度试验法高。

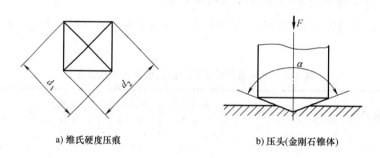

a) 维氏硬度压痕　　　b) 压头(金刚石锥体)

图1-6　维氏硬度试验原理

1.2.3　冲击韧性

金属材料在冲击载荷作用下，抵抗破坏的能力叫作冲击韧性。

冲击韧性通常采用摆锤冲击试验测定，如图1-7所示。测定时，一般是将带缺口的标准尺寸试样放在试验机上，然后用摆锤一次打击试样，以试样缺口处单位截面积所吸收的能量表示其冲击韧性。

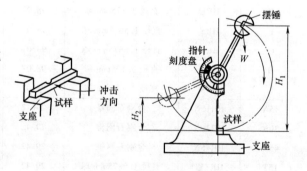

图1-7　冲击试验原理

$$a_k = \frac{A_k}{A}$$

式中　a_k——冲击韧性值，单位为J/cm^2。根据试样缺口形状不同，有a_{kV}、a_{kU}两种表示法。

A_k——冲断试样所消耗的能量，单位为 J。

A——试样缺口处的截面积，单位为 cm^2。

对于脆性材料（如铸铁）的冲击试验，试样一般不开缺口，这是因为开缺口的试样冲击韧性值过低，难以比较不同材料冲击性能的差异。

a_k 值低，表示材料的冲击韧性差。材料的冲击韧性与塑性之间有一定的联系，a_k 值高的材料，一般都具有较高的塑性指标；但塑性好的材料其 a_k 值不一定高。这是因为在静载荷作用下能充分变形的材料，在冲击载荷下不一定能迅速地产生塑性变形。

冲击韧性值的大小与很多因素有关。它不仅受试样形状、表面粗糙度、内部组织的影响，还与试验时的环境温度有关。因此，冲击韧性值一般作为选择材料的参考，不直接用于强度计算。

必须指出，在冲击载荷作用下工作的机器零件，很少是受一次大能量冲击而破坏的，往往是受多次小能量冲击而破坏的。试验研究表明：材料承受多次小能量冲击的能力，主要取决于强度，而不取决于冲击韧性值。例如，球墨铸铁的冲击韧性仅为 $15J/cm^2$，但只要强度足够，就能用来制造柴油机曲轴。

1.2.4 疲劳强度

工程中有许多零件，如发动机曲轴、齿轮、弹簧及滚动轴承等，都是在交变载荷作用下工作的。承受交变应力或重复应力的零件，往往在工作应力远低于其强度极限时就发生断裂，这种现象称为疲劳断裂。疲劳断裂与静载荷作用下发生的断裂不同，不管是脆性材料还是塑性材料，疲劳断裂都是突然发生的，事先均无明显的塑性变形，很难事先觉察到，故具有很大的危险性。

使金属材料经无数次循环载荷作用而不致引起断裂的最大应力，叫作疲劳强度。当应力按正弦曲线对称循环时，疲劳强度以符号 S 表示。

由于实际测试时不可能做到无数次应力循环，故规定各种金属材料应有一定的应力循环基数。如钢材以 10^7 为循环基数，即钢材的应力循环次数达到 10^7 次仍不发生疲劳断裂，就认为不会再发生疲劳断裂了。对于有色金属合金和某些超高强度钢，则常取 10^8 为循环基数。

产生疲劳断裂的原因，一般认为是材料具有杂质、表面划痕及其他可能引起应力集中的缺陷，导致产生微裂纹，这种微裂纹随应力循环次数的增加而逐渐扩展，致使零件有效截面逐步缩减，直至不能承受所加载荷而突然断裂。

为提高零件的疲劳强度，可采取的方法有：

1）设计上尽量避免应力集中，如避免断面急剧变化。

2）工艺上降低零件表面粗糙度，并避免表面划痕；采用表面强化工艺，如喷丸处理、表面淬火等。

3）材料方面保证冶金质量，减少夹杂、疏松等缺陷。

1.3 钢的热处理

钢的热处理是采用适当的方式对固态钢进行加热、保温和冷却，改变钢的内部组织结构,从而改善钢的性能的一种工艺方法。热处理是零件及工具制造过程中的一个重要工序,是发挥材料潜力、改善使用性能、提高产品质量、延长使用寿命的有效措施。

根据热处理目的和工艺方法的不同,热处理一般可分为:1)整体热处理(普通热处理),如退火、正火、淬火、回火等工艺;2)表面热处理,如表面淬火、物理气相沉积、化学气相沉积等、其他表面热处理工艺;3)化学热处理,如渗碳、渗氮、碳氮共渗等其他化学热处理工艺。

1. 退火

根据钢的化学成分和钢件类型的不同,退火工艺可分为完全退火、球化退火和去应力退火等。

(1) 完全退火 完全退火又称重结晶退火,一般简称为退火。完全退火的工艺是将钢件加热至临界温度(临界温度是指固态金属开始发生相变的温度)以上某一温度,保温一段时间后,随炉缓慢冷却至500~600℃,然后在空气中冷却的一种热处理工艺。

完全退火可以达到细化晶粒的目的。在退火的加热和保温过程中,可以消除加工造成的内应力,而缓慢冷却又可避免产生新的内应力。由于冷却缓慢,能得到接近平衡状态的组织,故钢的硬度较低。完全退火一般适用于中碳钢和低碳钢的锻件、铸件,有时也可用于焊接件。

(2) 球化退火 球化退火的工艺是将钢件加热至临界温度以下的某一温度,保温足够长时间后,随炉冷却至600℃,然后出炉空冷的退火工艺。

球化退火一般适用于含碳量较高的钢件,可避免钢件在淬火加热时出现过热、淬火变形和开裂现象,同时能降低钢件硬度,便于切削加工。

(3) 去应力退火 去应力退火又称低温退火。去应力退火的工艺一般只需把钢件加热至500~650℃,保温足够长时间后,随炉冷却至200~300℃,然后出炉空冷。

去应力退火的目的是消除钢件焊接和冷校直时产生的内应力,消除精密零件切削加工(如粗车、粗刨等)时产生的内应力,使这些零件在以后的加工和使用过程中不易变形。

2. 正火

正火是将钢件加热至临界温度以上某一温度,保温一段时间后,从炉中取出在空气中自然冷却的一种热处理工艺。正火的目的与退火相似,主要区别是正火加热温度比退火高,冷却速度比退火快。因此,同样的钢件正火后的强度、硬度比退火后高。

低碳钢件正火可适当提高其硬度,改善切削加工性能。对于性能要求不高的零件,正火可作为最终处理工艺。一些高碳钢件需经正火消除网状渗碳体后才能进行球化退火。

3. 淬火

淬火是将钢件加热到临界温度以上某一温度,保温一段时间后,在水或油中急剧冷却的一种热处理工艺。淬火的目的是提高钢件的硬度和耐磨性。

淬火工艺有两个概念应加以重视和区分,一是淬硬性,指钢经淬火后能达到最高硬度的能力,它主要取决于钢的含碳量;另一个是淬透性,指钢在淬火时获得淬硬层深度的能力,淬硬层越深,淬透性越好。淬透性取决于钢的化学成分(含碳量及合金元素含量)和淬火冷却方法,如加入锰、铬、镍、硅等合金元素可提高钢的淬透性。淬硬性和淬透性对钢的力学性能影响很大,是合理选材和确定热处理工艺的两项重要指标。

钢在淬火时的冷却速度快,钢件会产生较大的内应力,极易出现变形和开裂。所以,淬火后的钢件一般不能直接使用，必须及时回火。

4. 回火

回火是把淬火后的钢件重新加热到临界温度以下的某一温度，保温后再以适当冷却速度冷却到室温的一种热处理工艺。回火的目的是稳定组织和尺寸；降低脆性，消除内应力；调整硬度，提高韧性，获得优良的力学性能。

回火总是在淬火后进行，通常是热处理的最后工序。淬火钢回火的性能，与回火的加热温度有关，强度和硬度一般随回火温度的升高而降低，塑性、韧性则随回火温度的升高而提高。根据回火温度的不同，回火可分为低温回火、中温回火和高温回火。

(1) 低温回火（加热温度 150~250℃） 低温回火主要目的是降低淬火内应力和脆性，并保持高硬度。用于处理要求硬度高、耐磨性好的零件，如各种工具（刃具、量具、模具）、滚动轴承等。

为了提高精密零件与量具的尺寸稳定性，可在 100~150℃ 进行长时间（可达数十小时）的低温回火。这种处理方法称为时效处理或尺寸稳定化处理。

(2) 中温回火（加热温度 350~500℃） 中温回火可显著减小淬火应力，使钢件获得较高的弹性极限和屈服强度。主要用于处理各种弹簧、发条及锻模等。

(3) 高温回火（加热温度 500~650℃） 高温回火可消除淬火应力，使钢件获得优良的综合力学性能。通常把淬火后再进行高温回火的热处理方法称为调质。调质广泛用于处理各种重要的、受力复杂的中碳钢零件，如曲轴、丝杠、齿轮、轴等；也可作为某些精密零件，如量具、模具等零件的预备热处理。

5. 表面淬火

表面淬火是利用快速加热的方法，将钢件表层迅速升温至淬火温度，不等热量传至心部，立即予以冷却，使得表层淬硬，获得高硬度和耐磨性，而心部仍保持原来组织，具有良好的塑性和韧性。这种热处理工艺适用于要求外硬（耐磨）内韧的机械零件，如凸轮、齿轮、曲轴和外花键等。零件在表面淬火前，须进行正火或调质处理，表面淬火后进行低温回火。

根据表面加热方法的不同，表面淬火可分为感应淬火、接触电阻加热淬火、火焰淬火、激光淬火、电子束淬火等。由于感应加热速度快，生产效率高，产品质量好，易实现机械化和自动化，所以感应淬火应用广泛，但设备较贵，主要用于大批量生产。

根据感应电流频率不同，感应淬火又分为高频感应淬火、中频感应淬火和工频感应淬火。

6. 化学热处理

化学热处理是将钢件放在某种化学介质中，通过加热和保温，使介质中的一种或几种元素渗入钢的表层，以改变表层的化学成分、组织和性能的热处理工艺。

化学热处理的种类很多，一般以渗入元素来命名。表面渗层的性能取决于渗入元素与基体金属所形成合金的性质及渗层的组织结构。常见的化学热处理有渗碳、渗氮、碳氮共渗（氰化）、渗金属（如渗铬、渗铝等）和多元共渗等。渗碳、渗氮、碳氮共渗用来提高工件表层的硬度与耐磨性；渗铬、渗铝可使工件表层获得某些特殊的物理、化学性能，如抗氧化性、耐高温性、耐蚀性等。

7. 热处理表示方法

根据 GB/T 12603—2005《金属热处理工艺分类及代号》的规定，热处理工艺代号由基础分类工艺代号和附加分类工艺代号组成。基础分类代号采用 3 位数字系统。附加分类代号与基础分类代号之间用半字线连接，采用两位数和英文字头作后缀。

热处理工艺代号标记规定如下：

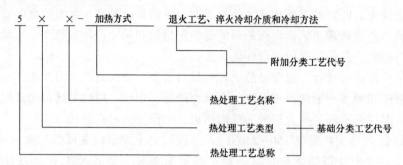

基础分类工艺代号中包含热处理工艺总称、工艺类型和工艺名称三个层次，均有相应代号对应。其中工艺类型代号分为整体热处理、表面热处理及化学热处理三种；工艺名称按获得的组织状态或渗入元素进行分类。附加分类是对基础分类中某些工艺的具体条件进一步细化的分类，包括实现工艺的加热方式（表1-9）、退火工艺（表1-10）、淬火冷却介质和冷却方式及代号（表1-11）、化学热处理中渗非金属、渗金属、多元共渗工艺按渗入元素的分类。

表1-8 热处理工艺分类及代号

工艺总称	代号	工艺类型	代号	工艺名称	代号
热处理	5	整体热处理	1	退火	1
				正火	2
				淬火	3
				淬火和回火	4
				调质	5
				稳定化处理	6
				固溶处理；水韧处理	7
				固溶处理+时效	8
		表面热处理	2	表面淬火和回火	1
				物理气相沉积	2
				化学气相沉积	3
				等离子体增强化学气相沉积	4
				离子注入	5
		化学热处理	3	渗碳	1
				碳氮共渗	2
				渗氮	3
				氮碳共渗	4
				渗其他非金属	5
				渗金属	6
				多元共渗	7

表1-9 加热方式及代号

加热方式	可控气氛（气体）	真空	盐浴（液体）	感应	火焰	激光	电子束	等离子体	固体装箱	流态床	电接触
代号	01	02	03	04	05	06	07	08	09	10	11

表1-10 退火工艺及代号

退火工艺	去应力退火	均匀化退火	再结晶退火	石墨化退火	脱氢处理	球化退火	等温退火	完全退火	不完全退火
代号	St	H	R	C	D	Sp	I	F	P

表1-11 淬火冷却介质和冷却方式及代号

冷却介质和方式	空气	油	水	盐水	有机聚合物水溶液	热浴	加压淬火	双介质淬火	分级淬火	等温淬火	形变淬火	气冷淬火	冷处理
代号	A	O	W	B	Po	H	Pr	I	M	At	Af	G	C

本 章 小 结

在编制机械加工工艺规程时，要正确地选择工件材料、合理地选择刀具几何参数，就必须熟悉金属材料的性能。改善金属材料切削加工性的有效途径之一是进行热处理。本单元首先介绍了常用金属材料的种类、牌号及应用场合；然后讨论了强度、硬度、韧性和疲劳强度等金属材料力学性能的主要指标；最后讲解了钢的常用热处理一般知识；为后面的刀具材料和工件毛坯材料选择与加工打下必要的基础。

复习思考题

1-1 什么是铸铁？如何分类？说明牌号HT100、HT250、QT400-18的含义及材料的使用场合。

1-2 试述钢的分类。说明下列钢号的含义及材料的使用场合：Q235、45、T12A、1Cr13、W18Cr4V、GCr15、Cr12、16Mn。

1-3 一根标准拉伸试样的直径为10mm，标距长度为50mm。拉伸试验测出试样在26000N时屈服，出现的最大载荷为45000N。拉断后的标距长度为58mm，断口处直径为7.75mm。试计算屈服强度、抗拉强度、伸长率和断面收缩率。

1-4 说明HBW和HRC两种硬度指标在测试方法、测量硬度范围以及应用范围上的区别。

1-5 为什么金属的疲劳破坏具有很大的危险性？如何提高金属的疲劳强度？

1-6 常用的热处理方法有哪些？试说明其作用。

1-7 要消除铸件或锻件的内应力，应选择何种热处理方法？

1-8 什么是淬火工艺中的淬硬性和淬透性？

1-9 说明调质的主要作用。

1-10 说明下列各种工件适合选用的硬度试验方法。

1）锉刀 2）黄铜轴套 3）供应状态的各种碳钢钢材 4）硬质合金刀片 5）耐磨工件的表面硬化层

第2章 金属切削加工基础知识

> **学习目标与要求**

熟悉主运动、进给运动和切削用量三要素的定义；了解切削层横截面三参数的定义；掌握切削用量三要素的选择原则；了解切削变形、切削力、切削温度、刀具磨损的基本概念及主要影响因素；了解改善工件材料切削加工性的途径；了解切削液的种类和作用机理；了解刀具磨损的形式和原因；了解刀具寿命的定义，最高生产率寿命和最低生产成本寿命的区别；熟悉常用刀具材料的牌号和性能。具有合理选择切削液的能力；具有选择合理切削用量的能力。

熟悉常用刀具材料的基本性能、种类及选用原则；掌握刀具在正交平面参考系中的角度概念，如前角、后角、刃倾角、主偏角等角度的内涵；掌握刀具静止角度的标注方法；了解刀具工作角度的变化；学会合理选择刀具结构参数。具有合理选择刀具材料的能力；具有合理选择刀具几何参数的能力。

2.1 金属切削的基本概念

使用金属切削刀具从工件上切除多余（或预留）的金属，从而获得形状精度、尺寸精度、位置精度及表面质量都合乎技术要求的零件的加工方法，称为金属切削加工。

2.1.1 切削运动

切削加工中刀具与工件的相对运动，称为切削运动。根据功用不同，切削运动分为主运动与进给运动，如图 2-1 所示。

（1）主运动 由机床或人力提供的主要运动，它促使刀具和工件之间产生相对运动，从而使刀具前刀面接近工件，从工件上直接切除金属，具有切削速度最高、消耗功率最大的特点。车削时工件的旋转运动、刨削时工件或刀具的往复运动、铣削时铣刀的旋转运动等均为主运动。在切削加工过程中，必须有一个且只能有一个主运动。

（2）进给运动 由机床或人力提供的运动，它使

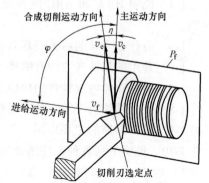

图 2-1 主运动与进给运动

刀具和工件之间产生附加的相对运动，使主运动能够连续切除工件上的多余金属，以便形成所需几何特性的加工表面。进给运动可以是连续的，如车削外圆时车刀平行于工件轴线的纵向运动；也可以是步进的，如刨削时工件或刀具的横向移动等。在切削加工过程中，可以有一个或多个进给运动，也可以不存在进给运动。

由主运动和进给运动合成的运动，称为合成切削运动。刀具切削刃上选定点相对工件的瞬时合成运动方向称为该点的合成切削运动方向，其速度称为合成切削速度，用符号 v_e 表示，如图 2-2 所示。

2.1.2 加工表面

切削加工时，工件上产生的加工表面如图 2-3 所示。

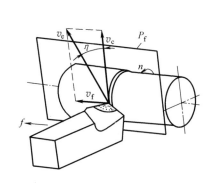

图 2-2　合成切削速度

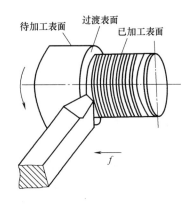

图 2-3　加工表面

（1）待加工表面　工件上有待切除材料的表面。
（2）已加工表面　工件上经刀具切削后形成的表面。
（3）过渡表面　工件上刀具切削刃正在切削的表面。过渡表面材料在下一切削行程，刀具或工件的下一转中被切除，或由下一切削刃切除。

2.1.3 切削用量

切削用量是指切削速度 v_c、进给量 f（或进给速度 v_f）、背吃刀量 a_p 三者的总称，也称为切削用量三要素，是调整刀具与工件间相对运动速度和相对位置所需的工艺参数。定义如下：

（1）切削速度 v_c　切削刃上选定点相对于工件在主运动方向上的瞬时速度。计算公式为

$$v_c = \frac{\pi d n}{1000} \tag{2-1}$$

式中　v_c——切削速度，单位为 m/s；

　　　d——工件或刀具切削刃上选定点的回转直径，单位为 mm；

n——工件转速,单位为 r/s。

计算时,应以最大的切削速度为准。如车削时以待加工表面直径的数值进行计算,因为此处切削速度最高,刀具磨损最快。

(2) 进给量 f　工件或刀具每转一周,刀具与工件在进给运动方向上的相对位移量。进给速度 v_f 是指切削刃上选定点相对于工件在进给运动方向上的瞬时速度。计算公式为

$$v_f = fn \tag{2-2}$$

式中　v_f——进给速度,单位为 mm/s;

　　　n——主轴转速,单位为 r/s;

　　　f——进给量,单位为 mm/r。

(3) 背吃刀量 a_p　通过切削刃基点并在垂直于主运动的平面上测量的吃刀量。根据此定义,纵向车削外圆时,其背吃刀量计算公式为

$$a_p = \frac{d_w - d_m}{2} \tag{2-3}$$

式中　d_w——工件待加工表面直径,单位为 mm;

　　　d_m——工件已加工表面直径,单位为 mm。

2.1.4　切削层横截面要素

切削层是指切削加工过程中,刀具在切削部分的一个单一动作所切除的工件材料层,规定其形状和尺寸在刀具的基面中度量。在车削加工时,切削层指正在切削着的这一层金属。切削层的形状和尺寸,直接决定了车刀承受的载荷,以及切屑的形状和尺寸。切削层横截面要素包括切削层公称横截面积 A_D、切削层公称宽度 b_D、切削层公称厚度 h_D,定义如下:

(1) 切削层公称横截面积 A_D　在给定的瞬间,切削层在切削平面内的实际横截面积。图 2-4 所示 $ABCE$ 所包围的面积即为切削层公称横截面积。

(2) 切削层公称宽度 b_D　在给定的瞬间,切削层尺寸测量平面中主切削刃截形上两个极点间的距离。它大致反映了主切削刃参加切削工作的长度。

(3) 切削层公称厚度 h_D　即同一瞬间,切削层公称横截面积与公称宽度之比。如图 2-5 所示,设刀具刃倾角 $\lambda_s = 0°$、前角 $\gamma_o = 0°$,可得:

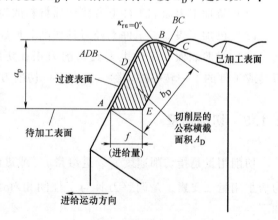

图 2-4　切削层尺寸测量平面

$$b_D = \frac{a_p}{\sin\kappa_r}$$

$$h_D = f\sin\kappa_r = \frac{A_D}{b_D}$$

$$A_D = h_D b_D = fa_p$$

由上述公式可知，切削层公称厚度与切削层公称宽度随主偏角 κ_r 的变化而变化，当 $\kappa_r = 90°$时，$h_D = f$，$b_D = a_p$；切削层公称横截面积只由切削用量 f、a_p 决定，不受主偏角变化的影响。但切削层横截面形状与主偏角、刀尖圆弧半径大小有关。如图 2-5 所示，对于面积相等的切削层横截面，刀尖圆弧半径和主偏角不同，会引起切削层公称厚度和公称宽度的很大变化，从而对切削过程产生较大的影响。

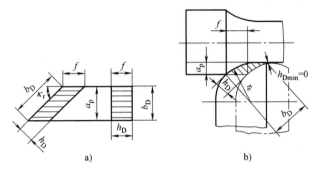

图 2-5 切削层参数

（4）金属切除率 Z_w　单位时间内切下的金属体积，称为金属切除率，用 Z_w 表示，它是衡量切削效率的一种指标。计算公式为

$$Z_w = A_D v_c = 1000 f a_p v_c \qquad (2\text{-}4)$$

式中　Z_w——金属切除率，单位为 mm^3/s；

　　　f——进给量，单位为 mm/r；

　　　a_p——背吃刀量，单位为 mm；

　　　v_c——切削速度，单位为 m/s。

2.1.5　切削方式

（1）自由切削和非自由切削　在切削过程中，刀具如果只有一条切削刃参加切削，这种切削称为自由切削。它的主要特征是切削刃上各点处切屑流出方向大致相同，被切金属的变形基本发生在二维平面内。如图 2-6 所示，自由切削的特点是主切削刃长度大于工件被切

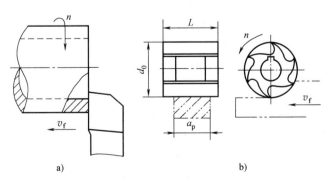

图 2-6 自由切削

削层的宽度，没有其他切削刃参加切削，且主切削刃各点处切屑基本上都沿着切削刃的法向流出。

反之，若刀具上的切削刃为曲线或折线，或有多条切削刃（包括主切削刃和副切削刃）同时参加切削，并同时完成整个切削过程，这种切削称为非自由切削。它的主要特征是各切削刃汇交处切下的金属互相影响和干涉，金属变形更为复杂，且发生在三维空间内。例如，外圆车刀切削时，除主切削刃外，还有副切削刃同时参加切削，所以它属于非自由切削方式。

（2）直角切削和斜角切削　直角切削是指刀具主切削刃的刃倾角 $\lambda_s = 0°$ 时的切削，此时主切削刃与切削速度方向成直角，故又称为正交切削。图 2-7a 所示为直角刨削，它是属于自由切削状态下的直角切削，其切屑流出方向平行于切削刃的法向。

斜角切削是指刀具主切削刃的刃倾角 $\lambda_s \neq 0°$ 的切削，此时主切削刃与切削速度方向夹角不是直角。图 2-7b 所示为斜角刨削，切屑流出方向与直角切削不同，将偏离切削刃法向流出。由于多数刀具的刃倾角不为

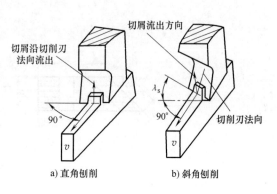

图 2-7　直角刨削与斜角刨削

零，所以实际切削加工多数属于斜角切削方式；但在理论讨论与实验研究中，常采用直角切削方式。

2.2　切削变形、切削力与切削温度

2.2.1　切削变形及其主要影响因素

（1）切屑的形成　如图 2-8a 所示，切削加工时，工件的切削层受刀具的偏挤压，切削层产生弹性变形直至塑性变形。受下部金属的阻碍，切削层只能沿 OM 线（约与外力作用线成 45°）产生剪切滑移，OM 线称为剪切线或滑移线。

图 2-8b 所示是切屑形成的示意图。将金属材料的切削层看作一叠卡片，如 1′、2′、3′、4′、5′等，当刀具切入时，卡片被推移到 1、2、3、4、5 等位置，卡片之间发生相对滑移，滑移平面就是最大切应力所在的剪切面。

（2）切屑的形态　切削金属时，由于工件材料不同、切削条件不同，切削过程中金属变形的程度也就不同，所形成的切屑形态多种多样，归纳起来，可分为下列四种基本形态：

1）带状切屑（图 2-9a）。这种切屑呈连续状，与前刀面接触的底面是光滑的，外表面是毛茸的，在显微镜下可观察到剪切面的条纹。它的形成是由于切削材料经剪切滑移变形，但剪切面上的切应力未超过金属材料的破裂强度。一般在切削塑性材料（如低碳钢、铜、铝等）时易形成此类切屑。形成带状切屑的切削过程平稳，切削力波动小，但必要时应采取断屑措施，以防对工作环境和工人安全造成危害。

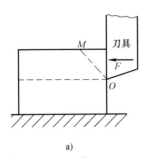
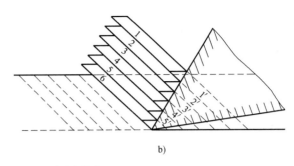

图 2-8 切屑形成

2）节状切屑（图 2-9b）。这类切屑的外表面呈锯齿形，内表面有时有裂纹。它的形成是由于切削层变形较大，局部剪切面上的切应力达到了材料的强度极限。多产生于工件塑性较低，切削厚度较大，切削速度较低和刀具前角较小的情况下。形成节状切屑的切削过程较不稳定，切削力波动较大。

3）粒状切屑（图 2-9c）。这类切屑基本上是分离的梯形单元切屑。在进一步减小切削速度和刀具前角，增加切削厚度，使整个剪切面上的切应力超过材料的破裂强度时便可得到这种切屑。

4）崩碎切屑（图 2-9d）。属于脆性材料的切屑。由于脆性材料塑性小，抗拉强度低，刀具切入后，金属未经塑性变形就被挤裂或在拉应力下脆断，形成不规则的崩碎切屑。

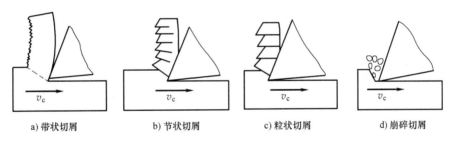

a) 带状切屑　　b) 节状切屑　　c) 粒状切屑　　d) 崩碎切屑

图 2-9 切屑的基本形态

（3）三个变形区的划分　根据切削过程中材料变形情况的不同，通常把切削区域划分为三个变形区。如图 2-10 所示，第一变形区为切削刃前面切削层内的区域；第二变形区为切屑底层与前刀面的接触区域；第三变形区为后刀面与工件已加工表面接触的区域。这三个变形区并非决然分开、互不相关，而是相互关联、相互影响、互相渗透的。

金属切削过程中的许多物理现象，都与切削过程中的变形程度直接相关。衡量切削变形程度的方法有多种，较常用也较方便的方法是用变形系数 ξ 来衡量变形程度。如图 2-11 所示，切削层经过剪切滑移变形变为切屑，其长度 l_c 比切削层长度 l 短，厚度 h_{ch} 比切削层厚度 h_D 厚，而宽度基本相等（均为 b_D）。设金属材料在变形前后体积不变，即

$$h_D b_D l = h_{ch} b_D l_c$$

于是变形系数

$$\xi = l/l_c = h_{ch}/h_D \tag{2-5}$$

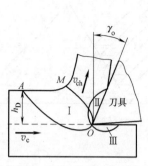 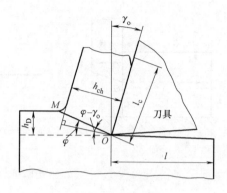

图 2-10　切削时的三个变形区　　　　图 2-11　变形系数

当工件材料相同而切削条件不同时，ξ 值越大说明材料塑性变形越大；当切削条件相同而工件材料不同时，ξ 值越大说明材料塑性越大。

在实际应用中，切削层的长度 l 为已知，只要用细钢丝量出切屑的长度 l_c，便可计算出变形系数。这个方法很简便，但也只能较粗略地进行评估。

（4）积屑瘤

1) 积屑瘤的产生。在一定条件下切削钢、黄铜、铝合金等塑性金属时，前刀面的挤压及摩擦作用，使切屑底层中的一部分金属停滞和堆积在切削刃口附近，形成硬块，并代替切削刃进行切削，这个硬块称为积屑瘤，如图 2-12 所示。

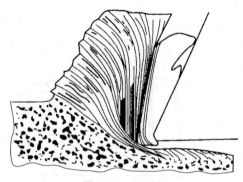

图 2-12　积屑瘤

由于切屑底面是新形成的表面，而它对前刀面强烈的摩擦作用又使前刀面变得十分洁净，当两者的接触达到一定温度和压力时，具有化学亲和性的新表面易产生黏结现象。这时切屑从黏结在刀面上的底层上流过（剪切滑移），因内摩擦变形而产生加工硬化，又易被同种金属吸引而阻滞在黏结的底层上。这样，切屑一层一层的堆积及黏结，形成积屑瘤，直至该处的温度和压力不足以造成黏结为止。由此可见，切屑底层与前刀面发生黏结和加工硬化是积屑瘤产生的必要条件。一般来说，温度与压力太低，不会发生黏结；而温度太高，也不会产生积屑瘤。因此，切削温度是积屑瘤产生的决定因素。

2) 积屑瘤的影响。积屑瘤有利的一面是它包覆在切削刃上代替切削刃工作，可起到保护切削刃的作用，同时还使刀具实际前角增大、切削变形程度降低、切削力减小。其不利的一面是它的前端伸至切削刃之外，影响尺寸精度；同时其形状也不规则，在切削表面上刻出深浅不一的沟纹，影响表面质量；此外，它的存在也不稳定，成长、脱落交替进行，切削力易波动，破碎脱落时会划伤刀面，若留在已加工表面上，会形成毛刺等，增加表面粗糙度值。因此，在粗加工时，允许积屑瘤存在，但在精加工时，一定要设法避免。

3) 积屑瘤的控制。控制积屑瘤的方法主要有以下几种：

① 提高工件材料的硬度，减小塑性变形和加工硬化倾向。

② 控制切削速度，以控制切削温度。低速时低温，高速时高温，都不易产生积屑瘤。在积屑瘤生长阶段，其高度随 v_c 增高而增大；在消失阶段，则随 v_c 增大而减小。因此控制积屑瘤可选择低速或高速切削。

③ 采用润滑性能良好的切削液，减小摩擦。

④ 增大前角，减小切削厚度，都可使刀具切屑接触长度减小，积屑瘤高度减小。

（5）已加工表面的变形　已加工表面的变形是一个复杂的过程。如图 2-13 所示，切削刀具刃口并不是非常锋利，而存在刃口圆弧半径 r_n，切削层在刃口钝圆部分 O 处存在复杂的应力状态。切削层金属经剪切滑移后沿前刀面流出成为切屑，O 点之下 Δh_D 金属层不能沿 OM 方向剪切滑移，被刃口向前推挤或被压向已加工表面，这部分金属首先受到压应力。此外，由于刃口磨损产生后角为零的小棱面 BE 及已加工表面的

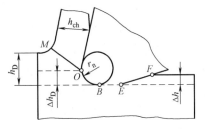

图 2-13　已加工表面变形

弹性恢复阶段 EF（Δh），使被挤压的 Δh_D 金属层再次受到后刀面的拉伸摩擦作用，进一步产生塑性变形。因此，已加工表面是经过多次复杂的变形而形成的，它存在着表面加工硬化和表面残余应力。

已加工表面经切削加工后，表面层硬度提高的现象称为加工硬化。加工时变形程度越大，则硬化程度越高，硬化层深度也越深。工件表面的加工硬化将给后续工序中的切削加工增加困难，如切削力增大，刀具磨损加快，影响表面质量；加工硬化在提高工件耐磨性的同时，也增加了表面的脆性，从而降低了工件的抗冲击能力。

残余应力是指在没有外力作用的情况下，物体内存在的应力。残余应力会使已加工表面产生裂纹，降低零件的疲劳强度，工件表面残余应力分布不均匀也会使工件产生变形，影响工件的形状和尺寸。

（6）影响切削变形的主要因素

1）工件材料的影响。在切削条件相同的情况下，被切材料的强度越大，材料的摩擦因数越小，变形系数 ξ 越小，因此切削变形越小；如若被切材料的塑性越大，则越容易产生塑性滑移和剪切变形，因此变形系数 ξ 越大。所以切削低碳钢等塑性材料时，塑性变形较严重。

2）切削用量的影响。

① 切削速度。切削塑性材料时，切削速度 v_c 对切削变形的影响呈波浪形变化，如图 2-14 所示。

在低速阶段，即切削速度小于 5m/min 时，由于前刀面与切屑底层摩擦因数较小，故不形成积屑瘤。当切削速度达到 v_{c1} 时，开始产生积屑瘤。当切削速度达到 v_{c2} 时（约为 20m/min），积屑瘤高度达到最大值，此时前刀面的实际前角也达到最大值。

当切削速度由 v_{c2} 逐渐提交到 v_{c3} 时，积

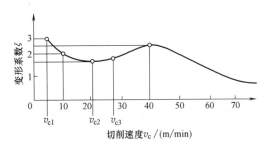

图 2-14　切削速度对变形系数的影响

加工条件：工件材料 45 钢，刀具材料 W18Cr4V，$\gamma_o = 5°$，$f = 0.23$m/r，直角自由切削

屑瘤高度又降低，实际前角减小，切屑变形也随之增大。当积屑瘤完全消失时（切削速度为 40~75m/min），变形系数达到高峰，如果切削速度继续提高，那么前刀面上的摩擦因数继续降低。另一方面，由于切削温度增高，切屑底层处于微熔状态，形成润滑膜，因此切削变形减小，变形系数也降低。

因此，可以通过控制切削速度来减小变形、降低切削力和获得较小的表面粗糙度值。在生产中，常常用高速钢刀具低速精加工，或用硬质合金和其他超硬材料的刀具进行高速精加工，从而获得较小表面粗糙度值。

② 进给量。当主偏角 κ_r 一定时，增大进给量，切屑厚度增加，切削变形通常是减小的。因为随着切削厚度增加，变形程度严重的金属层所占切屑体积的百分比下降。因此从切削层整体看，切屑的平均变形减小，变形系数 ξ 减小。

生产中所用的强力切削车刀、强力面铣刀和轮切式拉刀等刀具都是根据这个原理而制造出来的。

3）刀具几何角度的影响。刀具前角越大，切削变形越小。因为前角增大时，切削刃锋利，切屑流出时的阻力减小，切削变形减小，变形系数 ξ 降低。可见在保证切削刃强度的前提下，增大刀具前角对改善切削过程是有利的。

2.2.2 切削力及其主要影响因素

切削力是金属切削加工过程中的基本物理现象之一，是分析机制工艺，设计机床、刀具、夹具时的主要技术参数。

（1）切削力的来源以及分力　金属切削加工时，切削层及其加工表面发生弹性变形和塑性变形而作用在前、后刀面上的变形抗力和工件与刀具之间相对运动产生的摩擦力合成总切削力 F。总切削力 F 可沿 x、y、z 方向分解为三个互相垂直的分力 F_c、F_p、F_f，如图 2-15 所示。

1）主切削力 F_c：总切削力 F 在主运动方向上的分力。

2）背向力 F_p：总切削力 F 在垂直于假定工作平面方向上的分力。

3）进给力 F_f：总切削力 F 在进给运动方向上的分力。

车削时，各切削分力的实用意义如下：

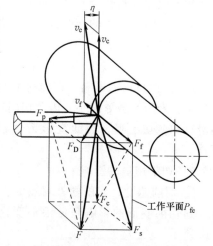

图 2-15 切削力的分解

1）主切削力 F_c：作用于主运动方向，是计算机床主运动机构强度、刀杆和刀片强度，以及设计机床夹具、选择切削用量等技术参数的主要依据，也是消耗功率最多的切削力。

2）背向力 F_p：纵车外圆时，背向力 F_p 不消耗功率，但它作用在工艺系统刚性最差的方向上，易使工件在水平面内发生变形，影响工件精度，并易引起振动。F_p 是校验机床刚度的必要依据。

3）进给力 F_f：作用在机床的进给机构上，是校验进给机构强度的主要依据。

（2）影响切削力的主要因素

1）工件材料的影响。工件材料的物理力学性能、加工硬化能力、化学成分和热处理状态，都会对切削力产生影响。

工件材料的硬度越高，则切削力越大。工件材料如果硬度、强度较低，但塑性、韧性大，加工硬化严重，其切削力也较大。

在普通钢中添加含硫、铅等金属元素的易切削钢，其切削力比普通钢降低 20%～30%。

切削脆性材料（如铸铁）时，由于材料塑性变形小，加工硬化小，切屑与前刀面接触少，摩擦力小，因此切削力也较小。

2）切削用量的影响。如图 2-16 所示，背吃刀量 a_p 增大，切削宽度 b_D 也增大，剪切面积 A_D、切屑与前刀面的接触面积均按比例增大，第一变形区和第二变形区的变形与摩擦力相应增大。当背吃刀量增大一倍时，切削力也增大一倍。

进给量 f 增大，切削厚度 h_D 增大，而切削宽度 b_D 不变，这时剪切面积虽按比例增大，但第二变形区的变形未按比例增大。而进给量增大，平均变形变小，因此，进给量增大一倍，切削力增加 70%～80%。

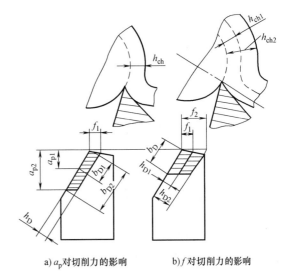

图 2-16 背吃刀量、进给量对切削力的影响

由上述分析可知，为了减小切削力，可以选择大的进给量 f，小的背吃刀量 a_p，即采用窄而厚的切削层断面形状。

切削速度 v_c 与切削力的关系呈波浪形，如图 2-17 所示。一定范围内，随着切削速度的增大，积屑瘤由小变大又变小，切削力则随之由大变小又变大；切削速度继续提高，切削温度上升，切削区材料硬度下降，切削力又下降。实际生产中，高速切削技术可减小切削力，提高切削效率。

3）刀具几何参数的影响。

① 前角的影响 在刀具几何参数中对切削力的影响最大。前角大，切屑易于从前刀面流出，切削变形小，从而使切削力下降。工件材料不同，刀具前角的影响也不同，对于塑性较大的材料，如纯铜、铝合金等，切削时塑性变形大，前角对切削力的影响较显著；而对于脆性材料，如铸铁、脆黄铜等，前角对切削力的影响就较小。

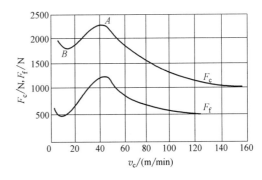

图 2-17 切削速度和切削力的关系

② 主偏角的影响：主偏角 κ_r 对三个切削分力有不同的影响。主偏角对主切削力的影响不大，当 $\kappa_r = 60° \sim 75°$ 时，主切削力最小。但主偏角对背向力、进给力的影响较大，随着主

偏角的增加，进给力 F_f 增加，而背向力 F_p 减小。当 $\kappa_r = 90°$，理论上背向力 $F_p = 0$，实际上由于有刀尖圆弧半径和副切削刃参与切削，F_p 还是存在的。在车削刚性较差的细长轴时，选用较大的主偏角，可以减小 F_p 的影响。

③ 刃倾角的影响：刃倾角 λ_s 对主切削力 F_c 的影响很小，但对进给力 F_f 和背向力 F_p 的影响较大。当 λ_s 从正值变为负值，F_p 将增加，F_f 将减小。所以车削刚性较差的工件时，一般不取负的刃倾角。

④ 刀尖圆弧半径的影响。刀尖圆弧半径的大小将影响切削刃上圆弧部分的长度。在背吃刀量 a_p、进给量 f 和主偏角 κ_r 一定的情况下，增大刀尖圆弧半径 r_ε，F_p 明显增加，F_f 降低。因此在工艺系统刚性较差时，应选用较小的刀尖圆弧半径 r_ε。

4) 其他影响因素。刀具材料不同时，切屑与刀具间的摩擦状态也不同，从而影响切削力。如用硬质合金刀具切削钢料比用高速钢刀具切削钢料，F_c 降低 5%~10%。

使用适宜的切削液可降低切削力。刀具后刀面磨损大，切削力也会增加。刀具具有负倒棱时，切削变形增大，切削力也增大。

2.2.3 切削温度及其主要影响因素

（1）切削热和切削温度

1）切削热的产生和传出。切削热是切削加工过程中的另一重要物理现象，是影响刀具磨损和工件质量的重要因素。切削热来源于切削层金属发生弹性变形、塑性变形所产生的热，以及切屑与前刀面、工件与后刀面之间的摩擦，如图 2-18 所示，在三个变形区中，变形和摩擦所消耗的能量绝大部分都转化成热能。切削区域产生的热能通过切屑、工件、刀具和周围介质传出，由于切削方式的不同，工件和刀具热导率的不同等因素，各传导介质传出切削热的比例也不同。

2）切削温度及其分布。切削温度一般指切削区域的平均温度。切削温度的分布指切削区域各点温度的分布（即温度场）。

图 2-19 所示为切削钢时所测得的正交平面内的温度分布，可以看出：

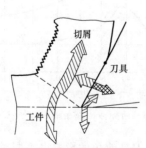

图 2-18 切削热的产生与传出

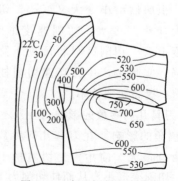

图 2-19 车刀切削温度分布

① 前刀面上的最高温度不在切削刃上，而距离切削刃有一段距离。

② 温度分布不均匀，温度梯度大。

（2）切削温度的主要影响因素

1) 工件材料的影响。工件材料的强度、硬度高,热导率低,高温下强度、硬度高,都会使变形功增加,使切削温度升高。切削脆性材料时,因变形小,摩擦小,故切削温度较低。

2) 切削用量的影响。

① 背吃刀量 a_p。a_p 对切削温度的影响很小。背吃刀量 a_p 增加,产生的切削热量按比例增加。a_p 增大一倍,切削宽度 b_D 增大一倍,刀具的传热面积也增大一倍,改善了刀头的散热条件,切削温度只是略有提高。

② 进给量 f。f 对切削温度的影响比 a_p 大。进给量 f 增加,产生的切削热量增加。虽然 f 增加使切削厚度 h_D 增加,切屑的热容量增大,从而带走较多的热量,但由于切削宽度 b_D 不变,刀具散热面积未按比例增大,刀具的散热条件未得到改善,所以切削温度会升高。

由以上分析可知,为控制切削温度,应采用宽而薄的切削层断面形状。

③ 切削速度 v_c。v_c 对切削温度的影响最大。切削速度 v_c 增加,变形功与摩擦转变的热量急剧增多,切削温度显著提高。

因此,切削用量三要素中,控制切削速度 v_c 是控制切削温度最有效的措施。

3) 刀具几何参数的影响。

① 前角 γ_o 的影响:γ_o 增大,切削刃锋利,切屑变形小,前刀面摩擦减少,产生的热量减少,所以切削温度随 γ_o 增大而降低。但前角过大时,由于刀具楔角变小,刀具散热体积减小,切削温度反而会提高。

② 主偏角 κ_r 的影响:κ_r 减小,在背吃刀量 a_p 不变的条件下,主切削刃工作长度增加,散热面积增加,因此切削温度下降。

③ 刀尖圆弧半径 r_ε 的影响:r_ε 增大,平均主偏角减小,切削宽度 b_D 增大,散热面积增加,切削温度降低。

4) 其他影响因素。合适的切削液能带走大量的切削热,从而降低切削温度。从导热性能看,水溶液的冷却性能最好,切削油的冷却性能最差。切削液本身温度越低,降低切削温度的效果越明显。

2.3 刀具磨损与刀具寿命

2.3.1 刀具磨损形式和磨损原因

1. 刀具磨损形式

刀具正常磨损的形式一般有以下几种:

(1) 前刀面磨损 切削塑性金属时,如果切削速度较高,进给量较大,切屑在前刀面处会逐渐磨出一个月牙洼状的凹坑。随着切削的继续,月牙洼深度不断增大,当凹坑扩大接近刃口时,会使刃口突然崩去。前刀面磨损量的大小,用月牙洼宽度 KB 和深度 KT 表示,如图 2-20 所示。

(2) 后刀面磨损 刃口和后刀面对工件过渡表面的挤压与摩擦,在切削刃及其下方的后刀面上逐渐形成一条宽度不匀、布满深浅不一沟痕的磨损棱面。如图 2-20 所示,刀尖部分（C 区）强度低、散热差，磨损较严重，其磨损量为 VC；在主切削刃边界磨损区（N 区），由于毛坯的硬皮或加工硬化等原因，也磨出较大的深沟，其磨损量为 VN；中间部位（B 区）磨损比较均匀，平均磨损量以 VB 表示，最大值以 VB_{max} 来表示。

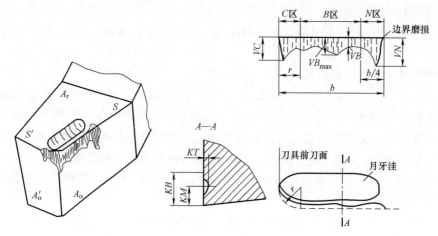

图 2-20 刀具磨损形式

（3）前、后刀面同时磨损　切削塑性金属时，如切削厚度适中，则经常发生前、后刀面同时磨损。

由于各类刀具都有后刀面磨损，而且后刀面磨损又易于测量，所以通常用比较能代表刀具磨损性能的 VB 和 VB_{max} 来代表刀具磨损量的大小。

2. 刀具磨损原因

造成刀具磨损的原因很复杂，刀具磨损是在高温高压下受到机械、热化学作用而发生的，具体分为以下几种原因：

（1）硬质点磨损　工件材料中含有比刀具材料硬度高的硬质点，在切削过程中，硬质点在刀具的基体上会刻出一条沟痕而造成机械磨损。在低速切削时，硬质点磨损是刀具磨损的主要原因。

（2）黏结磨损　工件或切屑的表面与刀具表面之间具有黏结点，相对运动使刀具上的微粒被带走，造成磨损。黏结磨损与切削温度有关，也与工件材料和刀具材料之间的亲和力有关。

（3）扩散磨损　在高温下，工件材料与刀具材料中有亲和作用元素的原子，会相互扩散到对方中去，使刀具材料的化学成分发生变化，削弱了刀具的切削性能，造成磨损。

其他原因造成的刀具磨损还有：氧化磨损、热-化学磨损、电-化学磨损等。

综上所述，切削温度越高，刀具磨损越快，因此切削温度是刀具磨损的主要影响因素。

2.3.2 刀具寿命

1. 刀具寿命的定义

刀具寿命 T 定义为刀具的磨损量达到规定标准前的总切削时间，单位为分钟（min）。例如，生产中常采用达到正常磨损（$VB = 0.3$mm）时的刀具寿命。有时也采用在规定加工条件下，按质完成额定工作量的可靠性寿命、在自动化生产中保持工件尺寸精度的尺寸寿命、刀具达到规定承受的冲击次数的疲劳寿命等。

2. 影响刀具寿命的因素

（1）切削速度的影响　切削速度 v_c 提高，切削温度升高，磨损加剧，刀具寿命 T 降低。通过切削实验求得的不同切削速度下的刀具磨损曲线如图 2-21a 所示。图 2-21b 所示为刀具寿命 T 与切削速度 v_c 的关系图线，图线体现了 $VB=0.3$mm 时，不同切削速度 v_c 下 T 的对应值。

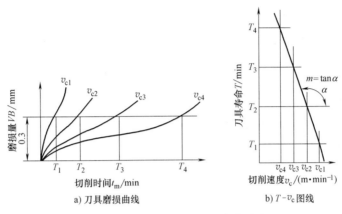

图 2-21　切削速度对刀具寿命的影响

图 2-21b 所示图线的函数关系式为：

$$v_c = \frac{C}{T^m} \tag{2-6}$$

式中　m——v_c 对 T 的影响程度指数，在 T-v_c 曲线中，$m=\tan\alpha$；

　　　C——当 $T=1$s 时，图线在纵坐标上的截距。

指数 m 和截距 C 均由切削实验求出。例如，在车削碳钢和灰铸铁时，采用高速钢车刀，$m=0.11$；采用硬质合金焊接车刀，$m=0.2$；采用硬质合金可转位车刀，$m=0.25\sim0.3$；采用陶瓷车刀，$m=0.4$。

由式（2-6）可知，切削速度 v_c 对刀具寿命 T 的影响非常显著。例如，使用硬质合金可转位转刀加工 45 钢，当 $v_c=100$m/min 时，$T=60$min；$v_c=150$m/min 时，$T=12$min，切削速度仅增加了 50%，但刀具寿命下降为原来的 1/5。

（2）进给量与背吃刀量的影响　进给量 f 和背吃刀量 a_p 增大，均使刀具寿命 T 降低。但 f 增大会使切削温度升高较多，故对 T 影响较大；而 a_p 增大，切削温度升高较少，故对 T 影响较小。进给量和背吃刀量对刀具寿命的影响程度如图 2-22 所示。

（3）刀具几何参数的影响　合理选择刀具几何参数能提高刀具寿命。生产中常用刀具寿命的长短来衡量刀具几何参数是否合理和先进。增大前角 γ_o，切削温

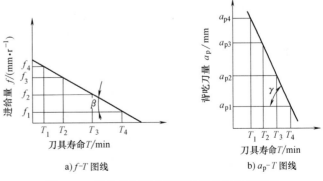

图 2-22　进给量与背吃刀量对刀具寿命的影响

度降低，刀具寿命提高。但前角太大，刀具强度降低、散热性变差，刀具寿命反而会降低。因此，刀具前角有一个最佳值，该值可通过切削实验求得。减小主偏角 κ_r、副偏角 κ'_r 和增大刀尖圆弧半径 r_ε，可提高刀具强度和降低切削温度，从而提高刀具寿命。

（4）刀具材料和工件材料的影响　刀具材料是影响刀具寿命的重要因素，合理选用刀具材料，采用涂层刀具材料和新型材料是提高刀具寿命的有效途径。如图 2-23 所示，陶瓷刀具寿命明显高于硬质合金刀具。因此，使用新型刀具材料是提高刀具寿命和提高切削速度的重要途径之一。

工件材料对刀具寿命的影响：材料强度、硬度、塑性、韧性等指标值越高，材料导热性越差，加工时的切削温度越高，刀具寿命就越低。

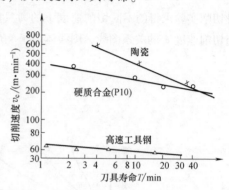

图 2-23　不同刀具材料对刀具寿命的影响
加工条件：工件材料为合金钢
（镍、铬、钼）、$VB = 0.4\text{mm}$

3. 刀具寿命的计算

综合切削用量 v_c、f、a_p 对刀具寿命 T 的影响，得到刀具寿命计算方程式：

$$T^m = \frac{C_T}{v_c a_p^{x_T} f^{y_T}} K^T \tag{2-7}$$

式中　x_T、y_T——背吃刀量 a_p、进给量 f 对刀具寿命 T 的影响程度指数；

C_T——切削用量 v_c、f、a_p 对刀具寿命 T 的影响系数；

K^T——其他因素对刀具寿命 T 影响的修正系数。

4. 刀具寿命确定原则

在生产中使用刀具时，首先应确定一个合理的刀具寿命值，然后以此为依据确定切削速度，并计算切削效率和核算生产成本。通常，可确定的刀具合理寿命有最高生产率寿命和最低生产成本寿命两种。

（1）最高生产率寿命 T_p　T_p 是根据切削一个零件所用时间最短或在单位时间内加工零件数最多来确定的。切削用量 v_c、f、a_p 是影响刀具寿命的主要因素，又是影响生产率高低的决定性因素。提高切削用量，可缩短切削时间 t_m，从而提高生产率；但提高切削用量容易使刀具磨损，降低刀具寿命，增加换刀、磨刀和装刀等辅助时间。如图 2-24 所示，在生产率变化曲线中，最高生产率 P 点处的刀具寿命 T_p 即为最高生产率寿命。

（2）最低生产成本寿命 T_c　T_c 是根据一道加工零件工序的成本最低来确定的。如图 2-24 所示，随着刀具寿命增加，刀具磨刀及换刀等费用减少，但因切削用量较小，切削效率低，经济效益变差。此外，机动时间过长，所需机床折旧费、能量消耗费也增多。因此，在工序费用变化曲线中，工序成本最小点 C 处的刀具寿命 T_c 即为最低生产成本寿命。

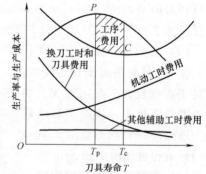

图 2-24　生产率、生产成本与刀具寿命的关系曲线

图 2-24 所示 T_p 与 T_c 之间的刀具寿命是较为合理的。由于最低生产成本寿命 T_c 高于最高生产率寿命 T_p，故生产中常采用最低生产成本寿命 T_c，只有当生产需求紧急时才采用最高生产率寿命 T_p。

各种刀具寿命的确定，一般是遵循下述原则
1) 简单刀具的制造成本低，故可规定其寿命较复杂刀具的寿命低。
2) 可转位刀具的切削刃转位迅速，更换刀片简便，故刀具寿命可规定低些。
3) 精加工刀具的寿命应定得高一些。
4) 自动线刀具、数控刀具应制定较高的刀具寿命。

表 2-1 列举了部分刀具的寿命值，供选用参考。

表 2-1　刀具寿命参考值　　　　　　　　　　（单位：min）

刀具类型	寿命	刀具类型	寿命
车、刨、镗刀	60	仿形车刀	120~180
硬质合金可转位车刀	15~45	组合钻床刀具	200~300
钻头	80~120	多轴铣床刀具	400~800
硬质合金面铣刀	90~180	组合机床刀具	240~480
齿轮刀具	200~300	自动线刀具	240~480

2.4　材料的切削加工性和切削液

2.4.1　衡量材料切削加工性的指标

材料的切削加工性，是指对某种材料进行切削加工的难易程度。根据不同的要求，可以用不同的指标来衡量材料的切削加工性。

(1) 以刀具寿命 T 或一定寿命下的切削速度 v_T 衡量加工性　在相同切削条件下加工不同材料时，若在一定切削速度下刀具寿命 T 较长，或一定寿命下所允许的切削速度 v_T 较高的材料，其加工性较好；反之，其加工性较差。如将寿命 T 定为 60min，则 v_T 写作 v_{60}。

一般以正火状态 45 钢的 v_{60} 为基准，写作 (v_{60})，然后把其他各种材料的 v_{60} 与之作比，比值为 K_r，称为相对加工性，即

$$K_r = \frac{v_{60}}{(v_{60})} \tag{2-8}$$

常用工件材料的相对加工性可分为八级，见表 2-2。凡 K_r 大于 1 的材料，其加工性比 45 钢好；K_r 小于 1 者，加工性比 45 钢差。v_T 和 K_r 是最常用的加工性衡量指标，在不同的加工条件下使用。

(2) 以切削力或切削温度衡量加工性　在相同切削条件下加工不同材料时，凡切削力大、切削温度高的材料，其加工性差；反之，加工性好。切削力大，则消耗功率多。在粗加工或机床刚性、动力不足时，可用切削力作为衡量材料加工性的指标。

(3) 以加工表面质量衡量加工性　切削加工时，凡容易获得好的加工表面质量（含表面粗糙度、加工硬化程度和表面残余应力等）的材料，其切削加工性较好；反之，加工性较差。精加工时，常以此作为衡量材料加工性的指标。

表 2-2 材料切削加工性等级

加工性等级	材料分类		相对加工性 K_r	典型材料
1	很容易切削的材料	一般有色金属	>3.0	ZCuSn5Pb5Zn5，QAl9-4 铝青铜，铝镁合金
2	容易切削的材料	易切削钢	2.50～3.00	退火 15Cr，R_m = 0.37～0.441GPa 自动机钢，R_m = 0.393～0.491GPa
3		较易切削钢	1.60～2.50	正火 30 钢，R_m = 0.441～0.549GPa
4	普通材料	一般钢及铸铁	1.00～1.60	45 钢，灰铸铁
5		稍难切削材料	0.65～1.00	2Cr13 调质钢，R_m = 0.834GPa 85 钢，R_m = 0.883GPa
6	难切削的材料	较难切削材料	0.50～0.65	65Mn 调质钢，R_m = 1.03GPa 45Cr 调质钢，R_m = 0.932～0.981GPa
7		难切削材料	0.15～0.50	50CrV 调质钢，1Cr18Ni9Ti，某些钛合金
8		很难切削材料	<0.15	某些钛合金，铸造镍基高温合金

（4）以切屑控制或断屑的难易衡量加工性　切削加工时，凡切屑易于控制或断屑性能良好的材料，加工性较好；反之，加工性较差。在自动机床或自动线上，常以此作为衡量材料加工性的指标。

2.4.2 影响材料切削加工性的因素和改善途径

1. 影响材料切削加工性的因素

工件材料的物理力学性能、化学成分和金相组织是影响其加工性的主要因素。

（1）物理力学性能的影响　材料的物理力学性能中，对切削加工性影响较大的是强度、硬度、塑性和热导率。

1）硬度的影响。硬度高的材料，切削时刀、屑接触长度小，切削力和切削热集中在切削刃附近，刀具易磨损，寿命低，所以加工性不好。例如高温合金、耐热钢，由于其高温硬度高，高温下切削时，刀具材料与工件材料的硬度比降低，刀具磨损加快，加工性差。另外，硬质点多和加工硬化严重的材料，加工性也差。

2）强度的影响。强度高的材料，切削力大，温度高，刀具易磨损，加工性不好。例如 1Cr18Ni9Ti，常温硬度不太高，但高温下仍能保持较高强度，故加工性差。

3）塑性的影响。强度相近的同类材料，塑性越大，切削中的塑性变形和摩擦越大，故切削力大，温度高，刀具易磨损；在低速切削时，还易产生积屑瘤和鳞刺，使加工表面粗糙度值增大，且断屑也较困难，故加工性差。另外，塑性太小的材料，切削时切削力、切削热集中在切削刃附近，刀具易产生崩刃，加工性也较差。在碳素钢中，低碳钢的塑性过大，高碳钢的塑性太小、硬度又高，故它们的加工性都不如硬度和塑性都适中的中碳钢好。

4）热导率的影响。热导率通过影响切削温度而影响材料的加工性。热导率大的材料，由切屑带走和工件散出的热量多，有利于降低切削温度，使刀具磨损速率减慢，故加工性好。

另外，韧性大、与刀具材料的化学亲和性强的材料，其加工性不好。

（2）化学成分的影响　主要是通过其对材料物理力学性能的影响来影响切削加工性（图2-25）。钢中碳的质量分数在0.4%左右的中碳钢，加工性最好。而碳的质量分数较低和较高的低、高碳钢加工性均不如中碳钢。另外，钢中所含的合金元素Cr、Ni、V、Mo、W、Mn等虽然能提高钢的强度和硬度，但却使钢的切削加工性降低；而钢中添加少量的S、P、Pb、Ca等元素能改善其加工性。

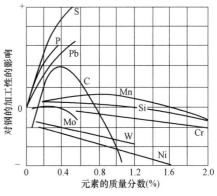

图2-25　各种元素对钢加工性的影响
+表示加工性改善　-表示加工性变差

铸铁中化学成分对切削加工性的影响，主要取决于这些元素对碳的石墨化作用。铸铁中的碳元素有两种形态，可以Fe_3C与游离石墨的形式存在。Fe_3C的存在会加快刀具的磨损。石墨具有润滑作用，铸铁中的石墨越多，越容易切削。因此，铸铁中如含有Si、Al、Ni、Cu、Ti等促进石墨化的元素，其加工性将得到改善；而含有Cr、Mn、V、Mo、Co、S、P等阻碍石墨化的元素，其切削加工性将变差。

（3）金相组织的影响　钢铁材料中，不同的金相组织使材料具有不同的力学性能，相关参考值见表2-3。因此，工件材料中金相组织及其含量不同时，其加工性也不同。

表2-3　各种金相组织材料的物理力学性能

金相组织类型	硬度（HBW）	R_m/GPa	A(%)	λ/[W/(m·K)]
铁素体	60~80	0.25~0.30	30~50	77.00
渗碳体	700~800	0.030~0.035	极小	7.10
珠光体	160~260	0.80~1.30	15~20	50.20
索氏体	250~320	0.70~1.40	10~20	—
托氏体	400~500	1.40~1.70	5~10	—
奥氏体	170~220	0.85~1.05	40~50	—
马氏体	520~760	1.75~3.10	较小	—

由表2-3可知，铁素体材料塑性和韧性很高、硬度低，故切削时黏结严重，加工性不好；珠光体呈片状分布时材料硬度较高，刀具磨损较严重，而呈球状分布时材料硬度较低，切削加工性较好；奥氏体材料硬度不高，但塑性和韧性很高，切削时变形及加工硬化严重，切削加工性较差；马氏体、索氏体及托氏体材料的硬度较高，切削加工性也较差。

2. 改善材料切削加工性的途径

目前，改善工件材料切削加工性的途径主要有以下几种：

（1）调整化学成分　材料的化学成分对其力学性能和金相组织有重要影响。在满足要求的前提下，通过调整工件材料的化学成分，可使其切削加工性得以改善。目前，生产中使用的易切钢就是在钢中加入适量的易切削元素（S、P、Pb、Ca等）制成的，这些元素在钢中可起到一定的润滑作用，并增加材料的热脆性。

（2）对工件材料进行适当的热处理 通过热处理工艺方法改变钢铁材料中的金相组织，是改善材料加工性的另一重要途径。高碳钢通过球化退火处理，使片状渗碳体组织转变为球状，降低了材料的硬度，从而改善了其加工性。低碳钢通过正火处理，可减小其塑性，提高硬度，使加工性得到改善。

（3）改变切削条件 当工件材料选定不能更改时，则只能改变切削条件，使之适应材料的加工性。例如，选择适当的刀具材料；合理选择刀具几何参数和切削用量；采用性能良好的切削液和有效的使用方法；提高工艺系统刚性，增大机床功率；提高刀具刃磨质量，减小前、后刀面表面粗糙度值等。

2.4.3 切削液的作用机理与添加剂

1. 切削液的作用机理

（1）冷却作用 切削液的冷却作用，主要靠热传导带走大量的热量来降低切削温度，冷却性能取决于切削液的热导率、比热容、汽化热、汽化速度、流量、流速等。在三大类切削液中，水溶液的冷却性能最好，乳化液次之，切削油较差。

（2）润滑作用 切削液的润滑作用，是通过切削液渗透到切削区后，在刀具、工件、切屑界面上形成吸附膜实现的。金属切削时，切屑、工件与刀具界面的摩擦，可分为干摩擦、液体润滑摩擦和边界润滑摩擦三类。加入切削液后，切屑、工件与刀具之间形成完全的润滑油膜，金属直接接触面积很小或接近于零，形成液体润滑。但很多情况下，由于切屑、工件与刀具界面承受很大载荷和较高的温度，液体油膜大部分被破坏，造成部分金属直接接触，部分吸附膜仍起润滑作用，这种状态称为边界润滑摩擦（图2-26）。金属切削中的润滑大都属于边界润滑状态。

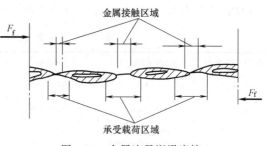

图 2-26 金属边界润滑摩擦
F_f 为摩擦力

在边界润滑状态下，切削液的润滑性能与其渗透性、形成吸附膜的牢固程度有关。在切削液中添加含硫、氯等元素的极压添加剂后，会与金属表面发生化学反应，生成化学膜，可以在高温下（达400~800℃）使边界润滑层保持较好的润滑性能。

（3）清洗作用 切削液具有冲刷切削中产生的碎屑的作用。清洗性能的好坏，与切削液的渗透性、流动性和使用的压力有关。

（4）防锈作用 切削液应具有一定的防锈作用，以减少工件、机床、刀具的腐蚀。防锈作用的好坏，取决于切削液本身的性能和加入的防锈添加剂的性质。

除了上述作用外，切削液还应当价廉、配制方便、稳定性好、不污染环境、不影响人体健康。

2. 切削液中的添加剂

为了改善切削液性能所加入的化学物质，称为添加剂，添加剂主要有油性添加剂、极压添加剂、表面活性剂等。

（1）油性添加剂　油性添加剂能降低切削液与金属表面的界面张力，使切削液很快渗透到切削区形成物理吸附膜，减小刀具与工件、切屑之间摩擦。在低温、低压边界润滑状态下，油性添加剂能起到很好的润滑作用，低速精加工条件下使用效果较好。常用油性添加剂有动植物油（如豆油、菜籽油、猪油等）、脂肪酸、胺类及脂类化合物等。

（2）极压添加剂　常用的极压添加剂是含硫、磷、氯、碘元素的有机化合物，以及氯化石蜡、二烷基二硫代磷酸锌等。这些化合物在高温下与金属表面发生化学反应，形成高熔点的化学吸附膜，它比物理吸附膜能耐更高的温度，能显著提高切削液的润滑效果。

含硫极压添加剂的切削液，与金属表面化合，形成的硫化铁膜在高温下不易被破坏，切削钢时在1000℃左右高温下仍能保持其润滑性能，但其摩擦因数比氯化铁大。含氯极压添加剂的切削液，与金属表面发生化学反应生成氯化亚铁、氯化铁和氯氧化铁薄膜；这些化合物的剪切强度和摩擦因数小，在300~400℃时易破坏，遇水易分解成氢氧化铁和盐酸，失去润滑作用，并对金属有腐蚀作用，因此必须与防锈添加剂一起使用。含磷极压添加剂的切削液，与金属表面作用生成磷酸铁膜，它的摩擦因数较小。

在实际应用中，根据需要可在一种切削液中加入几种极压添加剂。

（3）表面活性剂　乳化剂是一种表面活性剂，它是使矿物油和水乳化形成稳定乳化液的添加剂。该表面活性剂由亲油极性基团和亲油非极性基团两部分组成。乳化剂加入油与水中，它能定向地排列并吸附在油、水两界面上，极性端向水，非极性端向油，把油和水连接起来，降低油、水的界面张力，使油以微小的颗粒稳定地分散在水中，形成稳定水包油乳化液。金属切削时应用的就是这种水包油的乳化液。

在乳化液使用过程中，表面活性剂除了起乳化作用外，还能吸附在金属表面上形成润滑膜，起润滑作用。

此外，添加剂还有防锈添加剂（如亚硝酸钠、石油磺酸钠等）、抗泡沫添加剂（如二甲基硅油）和防霉添加剂（如苯酚等）。根据实际需要，综合使用多种添加剂，可制备效果良好的切削液。

2.4.4　切削液的分类与选用

1. 切削液的分类

切削加工最常用的切削液分为非水溶性和水溶性两大类。

（1）非水溶性切削液　主要指切削油。包括各种矿物油、动植物油和加入油性、极压添加剂的混合油，主要起润滑作用。

（2）水溶性切削液　主要指水溶液和乳化液。水溶液的主要成分为水和加入的防锈剂，也可加入一定量的表面活性剂和油性添加剂。乳化液是指由矿物油、乳化剂及其他添加剂配制的乳化油被体积分数为95%~98%水稀释成的切削液。水溶性切削液有良好的冷却、清洗作用。离子型切削液是水溶性切削液中一种新型切削液，其母液由阴离子型、非离子型表面活性剂和无机盐配制而成；切削时，因强烈摩擦而产生的静电与切削液中的离子反应，迅速消除，降低切削温度，提高刀具寿命。

2. 切削液的选用

（1）粗加工的切削液　粗加工切削用量大，产生大量的切削热。这时，主要需求是降低切削温度，应选用冷却为主的切削液，如离子型切削液或体积分数为3%~5%的乳化液。硬质合金刀具耐热性较好，常用于干切削；如要使用切削液，必须连续、充分地浇注，以免因冷热不均产生很大的热应力，导致热裂，损坏刀具。

（2）精加工的切削液 精加工对工件表面粗糙度和加工精度要求较高，因此选用的切削液应具有良好的润滑性能。低速精加工钢料时，可选用极压切削油，或体积分数为10%~12%的极压乳化液，或离子型切削液。精加工铜、铝及其合金，以及铸铁时，可选离子型切削液，或体积分数为10%~12%的乳化液。因硫酸能腐蚀铜，在切削铜料时不宜用含硫的切削液。

（3）难加工材料切削的切削液 加工难加工材料时，接触面均处于高温高压边界摩擦状态，因此，宜选用极压切削油或极压乳化液。

（4）磨削加工的切削液 其特点是温度高，同时产生大量的细屑、砂末，故应选用有良好冷却、清洗作用的切削液。常用具有润滑性能和防锈作用的乳化液和离子型切削液。

3. 切削液的使用方法

切削液的普通使用方法是浇注法，但流速慢、压力低，难以直接渗入切削区，影响切削液使用效果。喷雾冷却法，采用0.3~0.6MPa的压缩空气，通过喷雾装置，使切削液雾化，从小口径喷嘴（直径为1.5~3mm）喷出，高速喷射到切削区，高速气流带着雾化成微小液滴的切削液，渗透到切削区，在高温下迅速汽化，吸收大量热量，从而获得良好的冷却效果。

2.5 刀具材料

金属切削刀具是切削加工的重要工具。长期的生产实践表明，刀具是影响切削加工生产率、加工质量与成本的重要因素，刀具的性能对机床性能的发挥更具有决定性的作用。

刀具按设计制造特点可分为两类：一类是标准刀具，即专业厂按国标或部标生产的刀具，这类刀具包含可转位车刀、麻花钻、铰刀、铣刀、丝锥、板牙、插齿刀、齿轮滚刀等；另一类是非标准刀具，即用户专门设计、制造的刀具，如成形车刀、成形铣刀、拉刀、蜗轮滚刀、组合刀具等。按不同的分类方法，刀具还可分为单刃刀具、多刃刀具、成形刀具；整体刀具、镶片刀具；机夹刀具、可转位刀具等。

刀具材料一般是指刀具切削部分的材料，其性能的优劣是影响加工表面质量、切削效率、刀具寿命的重要因素。因此，金属切削刀具的材料应具备一些独特的性能。

刀具切削时，在承受较大切削压力的同时，还与切屑、工件发生剧烈的摩擦，因而产生较大的切削热，使切削温度升高。此外，在切削余量不均匀的表面和断续表面时，刀具还会因受到冲击而振动。

2.5.1 刀具材料的基本性能和基本类型

1. 刀具材料的基本性能

（1）耐磨性和硬度 耐磨性表示材料抗机械摩擦和抗磨料磨损的能力。材料的硬度越高，耐磨性就越好，刀具切削部分抗磨损的能力也就越强。耐磨性取决于材料的化学成分、显微组织。材料组织中硬质点的硬度越高，数量越多，晶粒越细，分布越均匀，耐磨性就越好。此外,刀具材料对工件材料的抗黏附能力越强,耐磨性也越好。一般情况下,刀具材料的硬度应大于工件材料的硬度,刀具材料在室温下的硬度应在 60HRC 以上。

(2) **强度和韧性** 由于刀具在切削过程中承受较大的切削力、冲击和振动,因此,刀具材料必须具有足够的抗弯强度和冲击韧度,以避免刀具在切削过程中发生断裂和崩刃。

(3) **耐热性与化学稳定性** 耐热性是指刀具材料在高温下保持其硬度、耐磨性、强度和韧性的能力,通常用高温硬度值来衡量,也可用刀具切削时允许的耐热温度值来衡量。耐热性越好的材料所允许的切削速度越高。

此外,刀具材料还应具有良好的工艺性和经济性。工具钢应有较好的热处理工艺性,淬火变形小,脱碳层浅及淬透性好;热轧成形刀具应具有较好的高温塑性;需焊接的材料,应有较好的导热性和焊接工艺性;高硬度刀具材料应有较好的磨削加工性能。从经济性角度考虑,刀具材料还应具备资源丰富、价格低廉的特点。

2. 刀具材料的基本类型

当前使用的刀具材料分为四大类:工具钢(包括碳素工具钢、合金工具钢、高速工具钢)、硬质合金、陶瓷、超硬刀具材料。机械加工中使用最多的材料是高速工具钢与硬质合金。

工具钢耐热性差,但抗弯强度高,价格便宜,焊接与刃磨性能好,故广泛用于中、低速切削的成形刀具制造。硬质合金耐热性好,切削效率高,但刀片强度、韧性不及工具钢,焊接刃磨工艺性也比工具钢差,故多用于制作车刀、铣刀及各种高效切削刀具。

常见刀具材料的主要物理力学性能见表 2-4。

表 2-4 常见刀具材料的物理力学性能

材料种类	相对密度 /(g/cm^3)	硬度/HRC (HRA) [HV]	抗弯强度 σ_{bb} /GPa	冲击韧度 α_K① /(MJ·m^{-2})	热导率 k /W·m^{-1}·K^{-1}	耐热性 /℃	切削速度大致比值
碳素工具钢	7.6~7.8	60~65 (81.2~84)	2.16	—	≈41.87	200~250	0.32~0.4
合金工具钢	7.7~7.9	60~65 (81.2~84)	2.35	—	≈41.87	300~400	0.48~0.6
高速工具钢	8.0~8.8	63~70 (83~86.6)	1.96~4.41	0.098~0.588	16.75~25.1	600~700	1~1.2
钨钴类硬质合金	14.3~15.3	(89~91.5)	1.08~2.16	0.019~0.059	75.4~87.9	800	3.2~4.8
钨钛钴类硬质合金	9.35~13.2	(89~92.5)	0.88~1.37	0.0029~0.0068	20.9~62.8	900	4~4.8
碳化钼、碳化铌类硬质合金	—	(≈92)	≈1.47	—	—	1000~1100	6~10
碳化钛基类硬质合金	5.56~6.3	(92~93.3)	0.78~1.08	—	—	1100	
氧化铝陶瓷	3.6~4.7	(91~95)	0.4~0.686	0.0049~0.0117	4.19~20.93	1200	8~12
氧化铝、碳化物混合陶瓷			0.71~0.88			1100	6~10
氮化硅陶瓷	3.26	[5000]	0.73~0.83	—	37.68	1300	—
立方氮化硼	3.44~3.49	[8000~9000]	≈0.294	—	75.55	1400~1500	—
人造金刚石	3.47~3.56	[10000]	0.21~0.48	—	146.54	700~800	≈25

注:法定计量单位与旧单位换算关系如下:

$1 \text{kgf/mm}^2 = 9.8 \times 10^6 \text{Pa} = 9.8 \times 10^{-3} \text{GPa}$

$1 \text{kg} \cdot \text{m/cm}^2 = 9.8 \times 10^4 \text{J/m}^2 = 9.8 \times 10^{-2} \text{MJ/m}^2$

$1 \text{cal/cm} \cdot \text{s} \cdot \text{℃} = 4.1868 \times 10^3 \text{W/(m} \cdot \text{K)}$

一般刀体均采用普通碳素工具钢或合金工具钢制作，如焊接车刀、镗刀的刀杆、钻头、铰刀的刀体等常用45钢或40Cr制造。尺寸较小的刀具或切削负荷较大的刀具一般宜选用合金工具钢或整体高速工具钢制作，如螺纹刀具、成形铣刀、拉刀等。

机夹可转位硬质合金刀具、硬质合金钻头、可转位铣刀等可用合金工具钢制作，如9CrSi或GCr15等。对于一些尺寸较小的精密孔加工刀具，如小直径镗刀、铰刀，为保证刀体有足够的刚度，应选用整体硬质合金制作，以提高刀具的切削用量。

2.5.2 常用刀具材料介绍

（1）高速工具钢

高速工具钢是含有W、Mo、Cr、V等合金元素较多的合金工具钢。高速工具钢热处理后硬度为63~70HRC，抗弯强度约为3.3GPa，耐热性为650℃左右；它具有热处理变形小、能锻造、易磨出较锋利刃口等优点。因其切削性能比碳素工具钢、合金工具钢有很大的改善，故亦称"锋钢"，有些磨光的高速工具钢刀条俗称"白钢"。高速工具钢的应用范围很广，使用量约占刀具材料总量的60%~70%，特别适合制造各种形状复杂的刀具和精加工刀具，例如各类孔的加工刀具、铣刀、拉刀、螺纹刀具、切齿刀具等。

高速工具钢按基本化学成分分类，分为钨系和钨钼系两大类；按性能分类，可分为普通高速工具钢、低合金高速工具钢和高性能高速工具钢。

1）普通高速工具钢。这类高速工具钢应用最为广泛，约占高速工具钢总量的75%。碳的质量分数约为0.7%~0.9%，热稳定性为615~620℃。

W18Cr4V（钨系高速工具钢）具有较好的综合性能，刃磨工艺性较好；但是刀具寿命、强度和韧性较差，故不宜用来制作大截面的刀具和热轧刀具。此外，由于钨的价格较高，该材料的使用已逐渐减少。

W6Mo5Cr4V2（钨钼系高速工具钢）是应用最为普遍的一种刀具材料。该材料用一份"Mo"可代替两份"W"，减少了钢中的合金元素，使钢中碳化物的数量及分布的不均匀性得到改善。与W18Cr4V相比，抗弯强度约提高30%，冲击韧度约提高70%，且热塑性及韧性更好，故可用于制造热轧刀具，如扭槽麻花钻等。

W9Mo3Cr4V（钨钼系高速工具钢）是根据我国资源状况研制的牌号，高温热塑性好，淬火过热、脱碳敏感性小，有良好的切削性能，而且抗弯强度与韧性均比W6Mo5Cr4V2好。

2）高性能高速工具钢。高性能高速工具钢是指在通用型高速工具钢中添加碳、钒、钴、铝等合金元素的新钢种。常温硬度可达67~70HRC，与通用型相比，耐磨性与耐热性都有显著的提高，可用于不锈钢、耐热钢和高强度钢的加工。

高钒高速工具钢是将钢中的钒增加到3%~5%。碳化钒的硬度较高，可达2800HV，材料的耐磨性得到了提高，但同时也使刃磨难度增加。

钴高速工具钢的高温硬度和抗氧化能力较好，可使用较高的切削速度；钴的热导率较高，可提高刀具的切削性能。此外，钢中加入钴还可降低材料摩擦因数，改善磨削加工性。

钴高速工具钢刀具在加工切削加工性较差的材料时，优势显著。如采用M42钢加工高温合金和不锈钢，刀具寿命可提高4~6倍。

铝高速工具钢是我国独创的超硬高速工具钢，典型的牌号是W6Mo5Cr4V2Al（501）。铝不是碳化物的形成元素,但它能提高 W、Mo 等元素在钢中的溶解度,并可阻止晶粒长大,因此铝高速工具钢的高温硬度、热塑性与韧性都较好。切削过程中,在切削温度的作用下铝高速工具钢刀具表面可形成氧化铝薄膜,减轻了与切屑的黏结。501 高速工具钢的力学性能、切削性能与美国 M42 钴超硬高速工具钢相当,且价格较低廉。铝高速工具钢的主要缺点是对热处理工艺要求较高,磨削性能较差。

3) 高速工具钢刀具的表面涂层。高速工具钢刀具的表面涂层是采用物理气相沉积 (PVD) 方法,在刀具表面涂覆 TiN 等硬膜,以提高刀具性能的新工艺。涂层高速工具钢是一种复合材料,基体是强度、韧性较好的高速工具钢,表层是高硬度、高耐磨的材料。常用的高速工具钢刀具的表面涂层材料是 TiN,该材料有较高的热稳定性,与钢之间的摩擦因数较低,与高速工具钢基体结合牢固,表面硬度可达 2200HV,颜色为金黄色。

除 TiN 涂层外,TiCN、TiAlN 涂层的应用也日益增多,这两种材料特别适用于切削不锈钢、铸铁。

涂层高速工具钢刀具的切削力、切削温度约下降 25%,切削速度、进给量可提高 1 倍左右,刀具寿命显著提高。刀具重磨后性能仍优于普通高速工具钢。目前已在钻头、丝锥成形铣刀、切齿刀具制造中广泛应用。

(2) 硬质合金

1) 硬质合金的组成与性能。硬质合金是由硬度和熔点很高的碳化物(硬质相,如 WC、TiC、TaC、NbC 等)和金属(黏结相,如 Co、Ni、Mo 等)通过粉末冶金工艺制成的。

硬质合金的常温硬度达 89~94 HRA,耐热性达 800~1000℃。硬质合金刀具允许的切削速度比高速工具钢刀具高 5~10 倍,但其抗弯强度是高速工具钢刀具的 1/4~1/2,冲击韧度比高速工具钢低很多。目前,在我国机械制造企业中,绝大多数的车刀、面铣刀、深孔钻等均已采用硬质合金,但在一些复杂的刀具上,硬质合金的应用仍不多。

2) 普通硬质合金的分类、牌号与使用性能。

根据国家标准 GB/T 18376.1—2008,《硬质合金牌号 第 1 部分:切削刀具用硬质合金牌号》,切削刀具用硬质合金牌号按使用领域的不同分为 P、M、K、N、S、H 六类:

P 类:适用于长切屑材料的加工,如钢、铸钢、长切屑可锻铸铁等的加工。

M 类:适用于通用合金,用于不锈钢、铸钢、锰钢、可锻铸铁、合金钢、合金铸铁等的加工。

K 类:适用于短切屑材料的加工,如铸铁、冷硬铸铁、短切屑可锻铸铁、灰口铸铁等的加工。

N 类:适用于有色金属、非金属材料的加工,如铝、镁、塑料、木材等的加工。

S 类:适用于耐热和优质合金材料的加工,如耐热钢,含镍、钴、钛的各类合金材料的加工。

H 类:适用于硬切削材料的加工,如淬硬钢、冷硬铸铁等材料的加工。

常用硬质合金按化学成分与使用性能有三类:钨钴类硬质合金、钨钴钛类硬质合金、钨钛钽(铌)类硬质合金。

① 钨钴类硬质合金(代号 YG)。

YG 类合金抗弯强度与韧性较高,用于切削可减少崩刃现象,但耐热性稍差,因此主要用于加工铸铁、有色金属与非金属材料及加工过程中有冲击载荷的表面。牌号中的数字表示

Co 的质量分数，Co 含量越高，材料的冲击韧性越好，因此含钴量高的硬质合金适用于粗加工，含钴量低的硬质合金适用于精加工。

② 钨钴钛类硬质合金（代号 YT）。

YT 类硬质合金有较高的硬度，特别是有较高的耐热性、较好的抗黏结和抗氧化能力，主要用于加工以钢为代表的塑性材料。牌号中的数字表示 TiC 的质量分数，含 TiC 较多的硬质合金，耐磨性、耐热性好，但强度和韧性差，故适用于精加工。但是，TiC 含量过多，会使合金导热性变差，焊接与刃磨时容易产生裂纹。

③ 钨钛钽（铌）类硬质合金（代号 YW）。

YW 类硬质合金是在上述两种硬质合金中添加少量其他碳化物，如 TaC（或 NbC）而派生出的一类硬质合金。TaC 和 NbC 的主要作用是提高合金的高温硬度与高温强度。该类硬质合金属通用型硬质合金，既适用于加工脆性材料，又适用于加工塑性材料。常用的牌号为 YW1 和 YW2，前者适用于半精加工和精加工，后者适用于半精加工和粗加工。

常用的各类硬质合金牌号与性能见表 2-5。

表 2-5 常用硬质合金牌号与性能

类型	牌号	化学成分(质量分数)(%)				物理、力学性能				使用性能				
		ω_{WC}	ω_{TiC}	ω_{TaC} (ω_{NbC})	ω_{Co}	相对密度/(g/cm³)	热导率/[W/(m·k)]	硬度HRA (HRC)(不小于)	抗弯强度/GPa	加工材料类别	耐磨性	韧性	切削速度	进给量
钨钴类	YG3	97	—		3	14.9~15.3	87	91(78)	1.08	短切屑的黑色金属、有色金属、非金属材料	↑	↓	↑	↓
	YG6X	93.5	—	0.5	6	14.6~15.0	75.55	91(78)	1.37					
	YG6	94	—		6	14.6~15.0	75.55	89.5(75)	1.42					
	YG8	92	—		8	14.5~14.9	75.36	89(74)	1.47					
	YG8C	92	—		8	14.5~14.9	75.36	88(72)	1.72					
钨钴钛类	YT30	66	30	—	4	9.3~9.7	20.93	92.5(80.5)	0.88	长切屑的黑色金属				
	YT15	79	15	—	6	11~11.7	33.49	91(78)	1.13					
	YT14	78	14	—	8	11.2~12.0	33.49	90.5(77)	1.17					
	YT5	85	5	—	10	12.5~13.2	62.80	89(74)	1.37					
钨钛钽（铌）类	YW1	84	6	4	6	12.8~13.3	—	91.5(79)	1.18	长切屑或短切屑的黑色金属和有色金属			—	
	YW2	82	6	4	8	12.6~13.0	—	90.5(77)	1.32					

3) 超细晶粒合金。超细晶粒合金是一种新型硬质合金。生产该类硬质合金，必须使用细的 WC 粉末，添加微量抑制剂，以控制晶粒长大；合金中还增加了黏结剂的含量，因而使材料的硬度和抗弯强度得到了提高。超细晶粒硬质合金的使用场合是：

① 高硬度、高强度材料的加工。

② 难加工材料的间断切削，如铣削等。

③ 有低速切削刃的刀具，如切断刀、小钻头、成形刀等。

④ 要求有大前角、较大后角、较小刀尖圆弧半径、能进行薄层切削的精密刀具，如拉刀、铰刀等。

4) 涂层硬质合金。涂层硬质合金是在硬质合金上涂覆一层或多层（5~13μm）的难熔金属碳化物。涂层硬质合金有较好的综合性能，基体强度韧性好，表面耐磨、耐高温，但锋利程度与抗崩刃性不及普通硬质合金，因此多用于普通钢材的精加工或半精加工。

涂层材料主要有 TiC、TiN、Al_2O_3 及其复合材料。TiC 涂层呈银白色，具有很高的硬度与耐磨性，抗氧化性好，切削时能产生氧化钛薄膜，从而降低摩擦因数，减少刀具磨损。TiC 与钢的黏结温度高，表面晶粒较细，切削时很少产生积屑瘤，适合于精车。TiC 涂层的缺点是线膨胀系数与基体差别较大，易与基体形成脆弱的脱碳层，降低刀具的抗弯强度。在重切削、加工夹带杂物的工件时，涂层易崩裂。TiC 涂层硬度合金刀具的切削速度相较不涂层刀具可提高 40% 左右。

TiN 涂层在高温时能形成氧化膜，与铁基材料摩擦因数较小，抗黏结性能好，能有效地降低切削温度。TiN 涂层刀片抗月牙洼和抗后刀面磨损能力比 TiC 涂层刀片强，切削钢和易黏刀的材料时可获得小的表面粗糙度值，刀具寿命较长。缺点是与基体结合强度不及 TiC 涂层，而且涂层厚时易剥落。

TiC-TiN 复合涂层：第一层涂 TiC，与基体黏结牢固不易脱落；第二层涂 TiN，减少表面与工件的摩擦。

TiC-Al_2O_3 复合涂层：第一层涂 TiC，与基体黏结牢固不易脱落；第二层涂 Al_2O_3，使表面层具有良好的化学稳定性与抗氧化性能。这种复合涂层能像陶瓷刀具那样进行高速切削，耐用度比 TiC、TiN 涂层刀片高，同时又能避免陶瓷刀的脆性和易崩刃的缺点。

目前，单涂层刀片已很少应用，大多采用 TiC-TiN 复合涂层或 TiC-Al_2O_3-TiN 三复合涂层刀片。

2.5.3 其他刀具材料介绍

（1）陶瓷　陶瓷刀具材料以氧化铝（Al_2O_3）或氮化硅（Si_3N_4）为基体，再添加少量金属，在高温下烧结而成。

陶瓷材料的常温硬度达 91~95HRA，在 1200℃ 高温下硬度为 80HRA，有很高的耐磨性和耐热性，良好的抗黏结性和较低的摩擦因数，且化学性能稳定。陶瓷刀具切削时不易发生黏刀，不易产生积屑瘤。但是，陶瓷刀具的强度较低，只有硬质合金的 1/2，其热导率也只有硬质合金的 1/5~1/2，故陶瓷刀具的强度和抗热冲击性较差，因此一般用于在高速下精细加工硬材料。

Al_2O_3 复合陶瓷适合于在中等切削速度下切削难加工材料，如冷硬铸铁、淬硬钢等。

氮化硅基体陶瓷的最大特点是能进行高速切削，故适宜精车、半精车、精铣和半精铣，也可用于加工 51~54HRC 的镍基合金、高锰钢等难加工材料。

（2）金刚石　金刚石是目前发现的最硬的物质，显微硬度达 10000HV。金刚石刀具有如下三类：

1）天然单晶金刚石。天然金刚石刀具的切削性能优良，适用于有色金属及非金属的加工。但由于价格昂贵，生产中很少使用。

2）人造聚晶金刚石。人造金刚石是通过合金触媒的作用，在高温高压下由石墨转化而成的。聚晶金刚石是将人造金刚石微晶在高温高压下进行烧结而获得的，它可制成所需的形状尺寸，镶嵌在刀杆上使用。由于人造聚晶金刚石抗冲击强度高，故可选用较大的切削用量。聚晶金刚石结晶界面无固定方向，可自由刃磨。聚晶金刚石主要用于刃磨硬质合金刀具、切割大理石等石材制品。

3）复合金刚石刀片。复合金刚石刀片是在硬质合金基体上烧结一层约 0.5mm 厚的聚晶金刚石。复合金刚石刀片强度较好，允许切削断面较大，能进行间断切削，并可多次重磨使用。

复合金刚石刀片的硬度与耐磨性好，可加工 65~70HRC 的材料；导热性好，切削加工时不会产生很大的热变形，有利于精密加工；刃面粗糙度值较小，刃口非常锋利，能胜任薄层切削。

因此，金刚石刀具主要用于有色金属（如铝硅合金）的精加工、超精加工，也用于高硬度的非金属材料（如压缩木材、陶瓷、刚玉、玻璃等）的精加工以及难加工复合材料的加工。但是，金刚石的耐热温度较低，只有 700~800℃，故工作温度不能过高。另外，因其易与碳亲和，因此也不宜加工含碳的黑色金属。

（3）立方氮化硼（CBN）　立方氮化硼是由六方氮化硼（白石墨）在高温高压下转化而成的，它是 20 世纪 70 年代发展起来的刀具材料。主要优点是：

硬度与耐磨性很高，仅次于金刚石；抗弯强度和断裂韧性介于陶瓷与硬质合金之间；有较强的抗黏结能力，与钢的摩擦因数小。故适用于高速切削高硬度的钢铁材料及耐热合金，如对淬硬钢、冷硬铸铁进行粗加工与半精加工；高速切削高温合金、热喷涂材料等难加工材料。

由于这种超硬刀具材料的价格较高，因此只有在加工高硬度材料或超精加工时使用超硬材料的刀具才能取得良好的经济效益。

2.5.4　新型刀具材料的发展方向

制造技术的不断发展，对刀具材料的要求也不断提高。近年来，刀具材料发展与应用的主要方向是发展高性能的新型材料，提高刀具材料的使用性能，增强刃口的可靠性，延长刀具使用寿命，大幅度地提高切削效率，满足各种难加工材料的切削要求。具体方向是：

1）开发加入增强纤维须的陶瓷材料，进一步提高陶瓷刀具材料的性能。与金属相容的增强纤维须可以使陶瓷刀片韧性提高，直接压制成形带有正前角及断屑槽的陶瓷刀片，使陶瓷刀片能更好地控制切屑，大幅度地提高切削用量。

2）改进碳化钛、氮化钛基硬质合金材料，提高其韧性及刀具刃口的可靠性，使其能用于半精加工或粗加工。

3）开发应用新的涂层材料。目前，涂层硬质合金已普遍用于车、铣刀具。新的涂层材料用更韧的基体与更硬的刃口组合，采用更细颗粒，改进涂层与基体的黏合性，以提高刀具的可靠性。

4）进一步改进粉末冶金高速工具钢的制造工艺，扩大应用范围，开发挤压复合材料。如用挤压复合材料制成的整体立铣刀由两层组成：外层是分布于钢母体中的50%氮化硅，内心是高速工具钢，它的生产率是传统高速钢立铣刀的3倍，特别适合于加工硬度达40HRC的淬硬钢和钛合金。

5）推广应用金刚石涂层刀具，扩大超硬刀具材料在机械制造业中的应用。在硬质合金基体上加一层金刚石薄膜，能获得金刚石的抗磨性，同时又具有最佳刀具形状和高的抗振性能，这样就能在非铁金属加工中兼备高速切削能力和最佳的刀具形状。

2.6 刀具的组成及其主要角度

金属切削刀具的种类虽然很多，但它们切削部分的几何形状与参数却有共性。不论刀具构造如何复杂，它们的切削部分总是近似地以外圆车刀切削部分为基本形态。如图2-27所示，各种复杂刀具或多齿刀具，其中任意一个刀齿的几何形状都相当于一把车刀的刀头。现代刀具引入"不重磨"概念后，刀具切削部分的统一性获得了新的发展。许多结构迥异的切削刀具，其切削部分不过是一个或几个不重磨刀片，如图2-28所示。

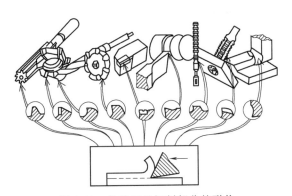

图2-27 各种刀具切削部分的形状

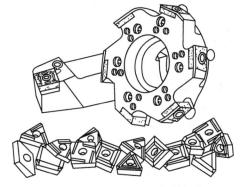

图2-28 不重磨刀具的切削部分

2.6.1 刀具的组成

确立刀具一般性的基本定义时，通常以普通外圆车刀为基础，进行讨论和研究。

车刀由刀头和刀柄组成，如图2-29所示。刀柄是刀具的夹持部位；刀头则用于切削，是刀具的切削部分。

刀具的刀头包括以下几个部分：

1）前刀面 A_γ——切下的金属沿其流出的刀面。

2）主后刀面 A_α——与工件上过渡表面相对的刀面。

3) 副后刀面 A'_α——与工件上已加工表面相对的刀面。

4) 主切削刃 S——前刀面与主后刀面汇交的边锋,用以形成工件上的过渡表面,担负着大部分金属的切除工作。

5) 副切削刃 S'——前刀面与副后刀面汇交的边锋,协同主切削刃完成金属的切除工作,用以最终形成工件的已加工表面。

6) 刀尖——主切削刃和副切削刃汇交处的一小段切削刃。

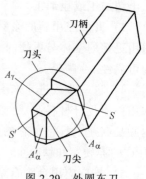

图 2-29 外圆车刀

2.6.2 刀具静止角度参考系及其坐标平面

刀具的切削部分其实是由前、后刀面,主、副切削刃和刀尖组成的空间几何体。为了确定刀具切削部分各几何要素的空间位置,就需要建立相应的参考系。为此设立的参考系一般有两大类:一是刀具静止角度参考系;二是刀具工作角度参考系。

1. 刀具静止角度参考系

刀具静止角度参考系是指用于定义、设计、制造、刃磨和测量刀具切削部分几何参数的参考系。它是在假定条件下建立的参考系,假定条件是指假定运动条件和假定安装条件。

(1) 假定运动条件 在建立参考系时,暂不考虑进给运动,即用主运动向量近似代替切削刃与工件之间相对运动的合成运动向量。

(2) 假定安装条件 假定刀具的刃磨和安装基准面垂直或平行于参考系的平面,同时假定刀杆轴线与进给运动方向垂直。例如,对于车刀来说,规定刀尖安装在工件中心高度上,刀杆轴线垂直于进给运动方向等。

由此可见,刀具静止角度参考系是在简化了切削运动和设定了刀具标准位置前提下建立的一种参考系。

2. 刀具静止角度参考系的坐标平面

在静止角度参考系中,坐标平面有三个:基面(P_r)、切削平面(P_s)和刃剖面(可根据需要而任意选择的切削刃剖切平面)。

(1) 基面 P_r 基面是通过切削刃上选定点,垂直于假定主运动方向的平面,如图 2-30a 所示,它平行于或垂直于安装和定位的平面或轴线。例如,对于车刀和刨刀等,其基面 P_r 按规定平行于刀柄底面;对于回转刀具(如铣刀、钻头等),其基面 P_r 是通过切削刃上选定点并包含轴线的平面。

(2) 切削平面 P_s 切削平面是指通过切削刃上选定点,与主切削刃相切并垂直于基面的平面,如图 2-30b 所示。非特殊情况下,切削平面即指主切削平面。

(3) 切削刃剖切平面(刃剖面) 常用的刃剖面有四个:

1) 正交平面 P_o(也称主剖面)。正交平面是通过切削刃上选定点,并同时垂直于基面和切削平面的平面。也可认为,正交平面是通过切削刃上选定点并垂直于主切削刃在基面上的投影的平面,如图 2-30b 所示。

2) 法平面 P_n(也称法剖面)。法平面是通过切削刃上选定点并垂直于切削刃的平面,如图 2-30b 所示。

3) 假定工作平面 P_f(也称进给剖面)。假定工作平面是通过切削刃上选定点,平行于

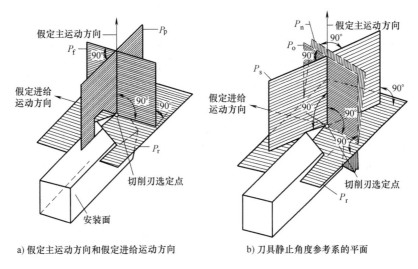

图 2-30 假定运动条件和静止角度参考系

假定进给运动方向并垂直于基面的平面,如图 2-30a 所示。

4)背平面 P_p（也称切深剖面）。背平面是指通过切削刃上选定点,垂直于假定工作平面和基面的平面,如图 2-30a 所示。

以上四个刃剖面可根据需要任选一个,然后与另两个坐标平面（基面 P_r 和切削平面 P_s）共同组成相应的参考系。如由正交平面 P_o、基面 P_r 和切削平面 P_s 组成的参考系称为正交平面参考系,或称为主剖面参考系（$P_r—P_s—P_o$）;由法平面 P_n、基面 P_r 和切削平面 P_s 组成的参考系称为法平面参考系,或称为法剖面参考系（$P_r—P_s—P_n$）;由假定工作平面 P_f、基面 P_r 和切削平面 P_s 组成的参考系称为假定工作平面参考系,也称为进给剖面参考系（$P_r—P_s—P_f$）;由背平面 P_p、基面 P_r 和切削平面 P_s 组成的参考系称为背平面参考系,或称为切深剖面参考系（$P_r—P_s—P_p$）。

对于副切削刃的静止参考系,也有同样的上述坐标平面。为便于区分,在相应符号右上方加符号"′"。如 P_o' 为副切削刃的正交平面,其余类同。

3. 刀具静止角度的标注

在刀具静止参考系中标注或测量的几何角度称为刀具静止角度,或刀具标注角度。刀具静止角度标注的基本方法为"一刃四角法"。所谓"一刃四角法",是指刀具上每一条切削刃,必须且只需四个基本角度,就能唯一地确定其在空间的位置。

一把刀具可能有若干条切削刃,这时应先找出刀具的主切削刃,对主切削刃完整地标出四个角度,然后逐条分析其他的切削刃。

下面将在不同的刃剖面参考系中,说明"一刃四角法"在刀具几何角度标注中的应用。

（1）正交平面参考系（$P_r—P_s—P_o$）静止角度的标注　图 2-31 所示为正交平面参考系。图 2-32 所示为外圆车刀在正交平面参考系中静止角度的标注。该车刀有主切削刃和副切削刃两条切削刃,根据"一刃四角法"原则,应先分析主切削刃,完整地标出四个基本角度。根据切削平面的定义,主切削刃应在切削平面内,因此要确定主切削刃的位置,应先确定切削平面的位置及主切削刃在切削平面内的位置,这两个位置分别由主偏角和刃倾角来确定。

1) 主偏角 κ_r。主偏角 κ_r 是在基面内度量的切削平面 P_s 和假定工作平面 P_f 之间的夹角，也是主切削刃在基面上的投影与进给运动方向之间的夹角，应标注在基面内。

2) 刃倾角 λ_s。刃倾角 λ_s 是在切削平面内度量的主切削刃 S 与基面 P_r 之间的夹角。它是确定主切削刃在切削平面内的位置的角度，应标注在切削平面的方向视图内。

当刀尖在主切削刃上为最高点时，刃倾角 λ_s 为正值；当刀尖在主切削刃上为最低点时，刃倾角 λ_s 为负值；当主切削刃在基面内时，刃倾角 λ_s 为零。

在主切削刃的位置确定之后，形成这条切削刃的前、后刀面的位置，就可任意选用一个刃剖面来反映。在正交平面参考系中即选用正交平面，在此平面内前刀面与基面、后刀面与切削平面之间的角度即为前角 γ_o 和后角 α_o。

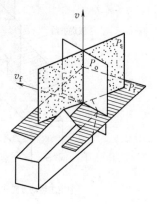

图 2-31　正交平面参考系

3) 前角 γ_o。前角 γ_o 是在正交平面内度量的前刀面 A_γ 与基面 P_r 之间的夹角。当过切削刃上选定点的基面 P_r 在剖视图中处于刀具实体之外时，前角 γ_o 为正值；当基面 P_r 处于刀具实体之内时，前角 γ_o 为负值；当前刀面与基面重合时，前角 γ_o 为零。

4) 后角 α_o。后角 α_o 是在正交平面内度量的后刀面 A_α 与切削平面 P_s 之间的夹角。当过切削刃上选定点的切削平面 P_s 在剖视图中处于刀具实体之外时，后角 α_o 为正值；当切削平面 P_s 在刀具实体之内时，后角 α_o 为负值；当后刀面与切削平面重合时，后角 α_o 为零。

由此可得出结论，对于一条主切削刃，应该标注的四个角度为主偏角 κ_r、刃倾角 λ_s、前角 γ_o 和后角 α_o。

同理，副切削刃也由副偏角 κ_r'、副刃倾角 λ_s'、副前角 γ_o' 和副后角 α_o' 确定。但刀具主切削刃与副切削刃在同一个前刀面上时，标出主切削刃的四个角度后，前刀面的空间位置也已确定，因此副切削刃的副前角和副刃倾角也随之确定，它们已不是独立的角度。此时，副切削刃只需标出另两个角度，即副偏角 κ_r' 和副后角 α_o'。

5) 副偏角 κ_r'。在过副切削刃上选定点的基面 P_r'（平行于 P_r）内度量的副切削平面与假定工作平面之间的夹角。

6) 副后角 α_o'。在过副切削刃上选定点的正交平面内度量的副后刀面与副切削平面之间的夹角。

综上所述，在分析或标注一把刀具切削部分几何角度时，应先找出该刀具切削部分的主切削刃，分别在三个视图内完整地标出四个基本角度；然后逐条分析其他切削刃，如某条切削刃的前刀面不与主切削刃为同一前刀面，则也应对其完整地标出四个基本角度；如某条切削刃的前刀面与主切削刃为同一前刀面，则只需标出相应的偏角和后角，这就是"一刃四角法"的完整应用。

在图 2-32 中还标出了两个派生角度：楔角 β_o 和刀尖角 ε_r。但这两个角度在刀具工作图中是不必标出的。可通过下式计算：

$$\beta_o = 90° - (\gamma_o + \alpha_o) \tag{2-9}$$

$$\varepsilon_r = 180° - (\kappa_r + \kappa_r') \tag{2-10}$$

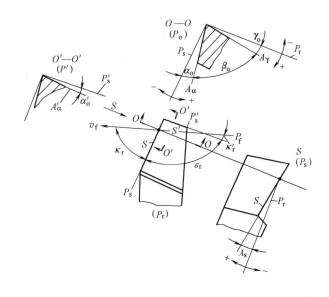

图 2-32 外圆车刀正交平面参考系的静止角度

（2）法平面参考系（$P_r—P_s—P_n$）静止角度的标注　图 2-33 所示为法平面参考系。图 2-34 所示为外圆车刀在法平面参考系中静止角度的标注。

在法平面参考系中，刀具几何角度的标注仍遵循"一刃四角法"的原则。与正交平面参考系不同的只是采用了法平面来反映刀具的前、后角。在法平面内度量的前角称为法前角 γ_n、后角称为法后角 α_n，而主偏角 κ_r 和刃倾角 λ_s 仍分别在基面和切削平面内标注，副切削刃的标注也如前所述。

（3）假定工作平面参考系（$P_r—P_s—P_f$）和背平面参考系（$P_r—P_s—P_p$）静止角度的标注　图 2-35 所示为背平面参考系，由基面 P_r、切削平面 P_s 和背平面 P_p 三平面组成。

这两个参考系与正交平面参考系的不同也只是采用不同的刃剖面反映刀具的前、后角。在假定工作平面内标注的前、后角分别称为侧前角 γ_f（进给前角）、侧后角 α_f（进给后角）；在背平面内标注的前、后角分别称为背前角 γ_p（切深前角）、背后角 α_p（切深后角）。而主

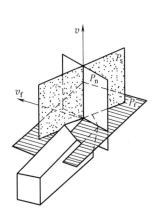

图 2-33　法平面参考系

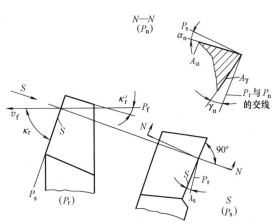

图 2-34　外圆车刀法平面参考系的静止角度

偏角 κ_r 和刃倾角 λ_s 仍分别在基面和切削平面内标注。图 2-36 所示为车刀在假定工作平面参考系、背平面参考系中静止角度的标注。

设计刀具时，刀具几何角度是主要参数，是加工和刃磨刀具时进行工艺调整的依据。在制造和刃磨刀具时，常需对不同参考系内的静止角度进行换算。各静止参考系中角度的换算，其实是不同刃剖面内前、后角的换算。可参考相关的技术资料，本节不做介绍。

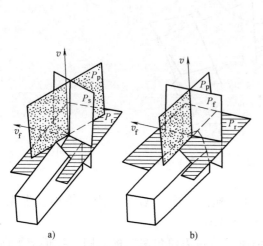

图 2-35 假定工作平面、背平面参考系

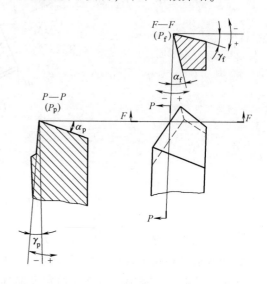

图 2-36 车刀背平面参考系、假定工作平面参考系的静止角度

2.6.3 刀具工作角度参考系和工作角度的计算

由于进给运动及刀具安装方式的影响，刀具工作时反映的角度不等于静止角度。刀具实际切削时反映的角度称为刀具工作角度，它应该在刀具工作角度参考系中讨论。

1. 刀具工作角度参考系

刀具工作角度参考系的坐标平面应根据合成切削速度方向来确定。工作角度参考系中的坐标平面和刀具几何角度，其符号应加注下标 "e"。

（1）工作基面 P_{re}　工作基面是通过切削刃上选定点，与合成切削速度方向垂直的平面，如图 2-37 所示。

（2）工作切削平面 P_{se}　工作切削平面是通过切削刃上选定点，与切削刃相切并垂直于工作基面的平面，如图 2-37 所示。

2. 刀具工作角度的计算

（1）进给运动对工作角度的影响　图 2-37 所示为横向进给时刀具的工作角度。设切断刀主偏角 $\kappa_r = 90°$；前角 $\gamma_o > 0°$，后角 $\alpha_o > 0°$；左、右副偏角相等，$\kappa'_{rL} = \kappa'_{rR}$；左、右副后角相等，$\alpha_{oL} = \alpha_{oR}$；刃倾角 $\lambda_s = 0°$，安装时切削刃对准工件中心。

当不考虑进给运动时，刀具主切削刃上选定点相对于工件运动轨迹为圆周，主运动方向为过该点的圆周切线方向，此时，切削平面 P_s 为过该点切于圆周的平面；基面 P_r 是通过该点垂直于切削平面,同时又平行于刀杆底面的平面。γ_f、α_f 为静止前、后角。

当考虑横向进给运动后,主切削刃上选定点相对于工件的运动轨迹,是主运动和横向进给运动的合成运动轨迹,为阿基米德螺旋线。如图 2-37 所示,其合成速度 v_e 的方向,是过该点的阿基米德螺旋线的切线方向。工作基面 P_{re} 应垂直于 v_e,工作切削平面 P_{se} 过切削刃上该点并切于阿基米德螺旋线,与 v_e 重合。于是,P_{re} 和 P_{se} 相对不考虑进给运动的 P_r 和 P_s 相应地转动一个 μ_f 角(在假定工作平面中度量,图 2-37 中正交平面与假定工作平面重合,即 $\mu_f = \mu_o$),结果使切削刃的工作前角增大,工作后角减小。计算公式如下:

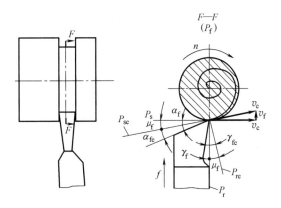

图 2-37 横向进给时刀具的工作角度

$$\gamma_{fe} = \gamma_f + \mu_f \tag{2-11}$$

$$\alpha_{fe} = \alpha_f - \mu_f \tag{2-12}$$

$$\tan\mu_f = \frac{f}{\pi d_w} \tag{2-13}$$

式中 f——进给量,单位为 mm/r;

d_w——工件待加工表面直径,单位为 mm。

由式(2-13)可知,μ_f 值随 f 值的增大而增大,随工件直径的减小而增大。切断刀接近工件中心位置时,α_{fe} 非常小,常发生切削刃崩刃或工件被挤断。

当外圆车刀纵向进给时,工作前角和工作后角同样发生变化。这在车削大导程的丝杠或多头螺纹时必须加以注意和考虑。

(2)刀具安装高低对工作角度的影响 图 2-38a 所示刀尖对准工作中心安装,此时基面与车刀底面平行,切削平面与车刀底面垂直,刀具静止角度与工作角度相等;图 2-38b 所示刀尖安装得高于工作中心,则工作基面 P_{re} 和工作切削平面 P_{se} 与静止参考系中的基面 P_r 和切削平面 P_s 发生倾斜,使工作前角 γ_{oe} 增大,工作后角 α_{oe} 减小;图 2-38c 所示刀尖安装得低于工作中心,则工作前角 γ_{oe} 减小,工作后角 α_{oe} 增大。工作角度与静止角度换算关系如下:

$$\gamma_{oe} = \gamma_o \pm \theta_o \tag{2-14}$$

$$\alpha_{oe} = \alpha_o \pm \theta_o \tag{2-15}$$

式中 γ_{oe}——正交平面内的工作前角;

α_{oe}——正交平面内的工作后角;

θ_o——正交平面内 P_{re} 相对于 P_r 的转角。

$$\sin\theta_o = \frac{2h}{d_w} \tag{2-16}$$

式中 h——刀尖高于或低于工件中心线的数值,单位为 mm;

d_w——工件待加工表面直径,单位为 mm。

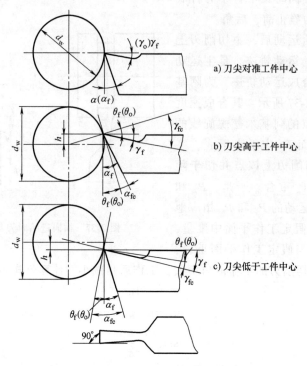

图 2-38 刀具安装高低对工作角度的影响

（3）刀杆轴线偏装后对刀具工作角度的影响 如图 2-39 所示，车刀刀杆轴线与进给方向不垂直，工作主偏角 κ_{re} 和工作副偏角 κ'_{re} 将发生变化：

$$\kappa_{re} = \kappa_r \pm G \tag{2-17}$$

$$\kappa'_{re} = \kappa'_r \pm G \tag{2-18}$$

式中 G——假定工作平面 P_f 与工作平面 P_{fe} 之间的夹角，在基面内测量。

在生产实际中，根据工作需要在安装时可以调整主偏角和副偏角的数值。

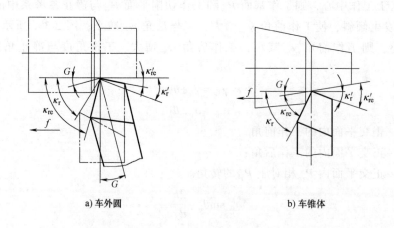

图 2-39 刀杆轴线不垂直于进给方向的工作角度

3. 刀具角度正负的规定

如图 2-40 所示，前刀面与切削平面之间的夹角小于 90°时，前角为正，用符号 "+" 表示；大于 90°时，前刀角为负，用符号 "-" 表示；前刀面与基面平行时，前角为零。主后刀面与基面夹角小于 90°时，后角为正；大于 90°时，后角为负，分别用符号 "+" "-" 表示。

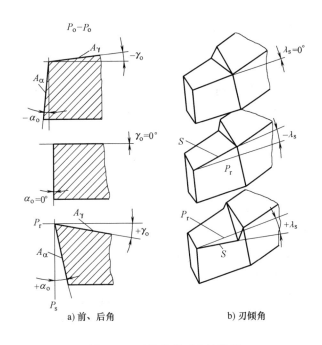

图 2-40 刀具角度正负的规定

2.7 车刀角度标注和典型车刀设计

2.7.1 车刀角度标注

采用正交平面参考系标注角度，既能反映刀具的切削性能，又便于刃磨检验，因此车刀设计图一般均标注该参考系角度。

绘制刀具图时，一般取基面投影为主视图，背平面（外圆车刀）或假定工作平面投影（端面车刀）为侧视图，切削平面投影为向视图。同时作出主、副切削刃上的正交平面，标注必要的角度及刀杆尺寸；派生及非独立的尺寸不需要标注。视图间应符合投影关系，角度及尺寸应按选定比例绘制。

因为表示空间任意一个平面方位的定向角度只需两个，所以刀具需要标注的独立角度数量是刀面数量的两倍。

绘制刀具工作图时，首先应判断或假定刀具的进给运动方向，即确定主切削刃和副切削刃，然后根据判断情况确定基面、切削平面及正交平面内的标注角度。以普通外圆车刀为例，刀具角度的标注步骤如下：
1）首先画出基面 P_r 上的主视图，标出主偏角 κ_r、副偏角 κ_r' 和刀尖角 ε_r。
2）画出切削平面 P_s，标出刃倾角 λ_s。
3）在主剖面内标注出前角 γ_o、后角 α_o、楔角 β_o。
4）对于副切削刃角度，同样可在副切削刃剖面中标注出，如图 2-32 所示。

2.7.2 典型车刀设计

1. 90°外圆车刀设计

如图 2-41 所示，假设车刀以纵向进给车外圆。由于 $\kappa_r = 90°$，所以车刀切削平面投影就是车刀的侧视图。副切削刃与主切削刃同处在一个前刀面上，车刀有 3 个刀面，应标注 6 个独立角度。

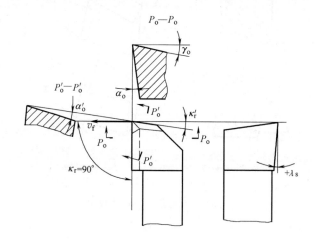

图 2-41　90°外圆车刀几何角度

2. 45°弯头车刀设计

如图 2-42 所示，弯头车刀磨出四个刀面，三条切削刃，即主切削刃 12，副切削刃 23 和 14。45°弯头车刀需要标注的独立角度共有八个，即主切削刃 12 前刀面定向角 γ_o、λ_s；主切

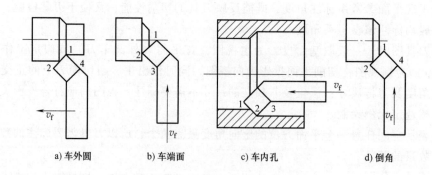

a) 车外圆　　b) 车端面　　c) 车内孔　　d) 倒角

图 2-42　45°弯头车刀几何角度

削刃 12 后刀面定向角 α_o、κ_r；副切削刃 23 副后刀面定向角 α'_o、κ'_r；副切削刃 14 副后刀面定向角 α'_o、κ'_r。

3. 切断刀设计

如图 2-43 所示，假设车刀以横向进给车槽或切断。切断刀可以看作两把端面车刀的组合，刀具有一条主切削刃，两个刀尖，两条副切削刃，可同时车出左、右两个端面。图 2-43 所示两条副切削刃与主切削刃同处在一个前刀面上，因此这把切断刀共有四个刀面，需要标注的独立角度共有八个。

当切断刀 κ_r 等于 90°时，P_o 平面就是刀具的侧视图。κ_r 小于 90°时，左（L）、右（R）主偏角与刃倾角的关系如下：

$$\kappa_{rR} = 180° - \kappa_{rL}, \quad \lambda_s = -\lambda_{sL}$$

习惯上标注左切削刃上的主偏角、刃倾角，而右切削刃角度是派生角度。因此，切断刀各刀面的定向角度是：前刀面定向角为 γ_o、λ_{sL}；后刀面定向角为 α_o、κ_{rL}；左副后刀面定向角为 α'_{oL}、κ'_{rL}；右副后刀面定向角为 α'_{oR}、κ'_{rR}。

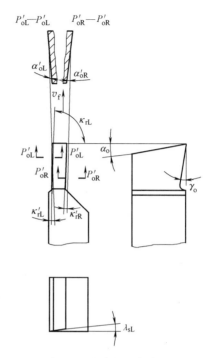

图 2-43 切断刀几何角度

2.8 刀具几何参数的选择

刀具的几何参数包括刀具角度、刀面的结构和形状、切削刃的形式等。刀具合理几何参数是指在保证加工质量的前提下，可获得刀具最高寿命的几何参数。

2.8.1 前角和前刀面形式的选择

1. 前角 γ_o 的选择

前角的选择原则是，在保证加工质量和足够的刀具寿命的前提下，尽量选取较大的前角。表 2-6 列出了硬质合金车刀合理前角的参考值。

由表 2-7 可以看出，选择前角时要考虑以下问题：

（1）工件材料　切削钢等塑性材料应选取较大的前角；若工件材料的强度和硬度高，应选择较小前角；切削铸铁等脆性材料时，应选取较小的前角。

（2）刀具材料　刀具材料的抗弯强度和冲击韧度较差时，应选用较小前角。如高速钢刀具的抗弯强度和冲击韧度高于硬质合金，故其前角可比硬质合金刀具前角大一些；陶瓷刀具的脆性大于前两者，故其前角应小一些。

（3）加工要求　粗加工时，尤其是工件表面不连续、形状误差较大、有硬皮时，前角应取较小值；精加工时前角取较大值。成形刀具为了减小刃形误差，前角取较小值。数控机

表 2-6 硬质合金车刀合理前角参考值

工件材料	合理前角		工件材料	合理前角	
	粗车	精车		粗车	精车
低碳钢 Q235	18°~20°	20°~25°	纯铜	25°~30°	30°~35°
45 钢(正火)	15°~18°	18°~20°	40Cr(正火)	13°~18°	15°~20°
45 钢(调质)	10°~15°	13°~18°	40Cr(调质)	10°~15°	13°~18°
铸、锻件(45 钢、40Cr)断续切削	10°~15°	5°~10°	不锈钢	15°~25°	25°~30°
HT150、HT200	10°~15°	5°~10°	铝及铝合金	30°~35°	35°~40°
青铜、脆黄铜	10°~15°	5°~10°	淬火钢(40~50HRC)	-15°~-5°	

床和自动机、自动线用刀具应考虑刀具的尺寸寿命及工作的稳定性,故选用较小前角。

2. 前刀面形式的选择

生产中常用的几种前刀面形式如图 2-44 所示。

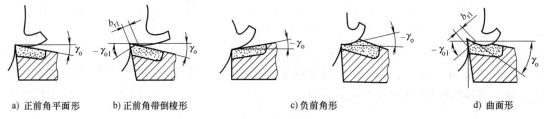

a) 正前角平面形　　b) 正前角带倒棱形　　c) 负前角形　　d) 曲面形

图 2-44　前刀面形式

(1) 正前角平面形 (图 2-44a)　这种前刀面形式形状简单、制造容易、切削刃锋利,但强度较低、散热较差,常用于单刃、多刃精加工刀具和复杂刀具,如车刀、成形车刀、铣刀、螺纹车刀和切齿刀具等。

(2) 正前角带倒棱形 (图 2-44b)　在切削刃上磨制出宽度为 b_{r1}、倒棱前角为 $-\gamma_{o1}$ 的倒棱,以增强切削刃的强度,减小刀具破损的可能性,改善散热条件。由于倒棱宽度 b_{r1} 较小,所以不影响正前角的切削作用。通常在有断屑槽的车刀上,或用于粗加工和半精加工的陶瓷刀具、硬质合金刀具上磨制倒棱,其参数范围为 $b_{r1} = 0.1~0.6$ mm, $-\gamma_{o1} = -25°~-5°$。

(3) 负前角形 (图 2-44c)　负前角形可做成单面型和双面型两种。双面型可减小前刀面重磨面积,增加刀片重磨次数。

负前角形的刀具切削刃强度高,散热体积大,刀片由受弯状态改变为受压,改善了受力条件。但负前角形刀具的切削力大,易引起振动。

负前角形前刀面刀具主要适用于硬质合金刀具高速切削高强度、高硬度材料,或在间断切削、带冲击切削条件下工作。

(4) 曲面形 (图 2-44d)　磨出曲面形前刀面或在前刀面上磨出断屑槽是为了适应排屑、卷屑和断屑的需要。由于曲面形成的前角较大,故切削变形小,切削力较小。曲面形前刀面广泛用于钻头、铣刀、拉刀和部分螺纹刀具,在一般硬质合金可转位刀片上也做有不同形状的断屑槽。

2.8.2 刀尖和过渡刃的选择

如图 2-45 所示,刀具主、副切削刃之间的连接通常是一段直线刃或圆弧刃,它们统称为过渡刃。过渡刃的主要作用是增加刀尖强度,改善散热条件,提高刀具寿命,降低加工表面粗糙度值。但是,过渡刃会增大背向力 F_p。

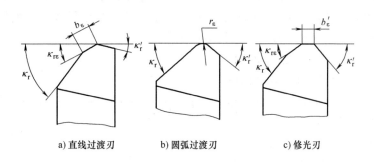

a) 直线过渡刃　　b) 圆弧过渡刃　　c) 修光刃

图 2-45　刀尖和过渡刃

(1) 倒角刀尖　倒角刀尖的直线过渡刃主要适用于粗加工、半精加工、间断切削和强力切削时使用的车刀、可转位面铣刀和钻头,如图 2-45a 所示。

(2) 修圆刀尖　修圆刀尖一般在半精加工、精加工中选用,在切削难加工材料时也常采用修圆刀尖,如图 2-45b 所示。为了减小背向力 F_p,刀尖圆弧半径 r_ε 不宜过大,通常高速钢刀具 $r_\varepsilon = 0.2 \sim 5 \text{mm}$,硬质合金刀具 $r_\varepsilon = 0.2 \sim 2 \text{mm}$。

(3) 修光刃　当直线过渡刃平行于进给方向时即为修光刃,此时偏角 $\kappa_{r\varepsilon} = 0°$,如图 2-45c 所示。修光刃的作用是在大进给量条件下切削时,仍可以获得较小的表面粗糙度值,通常取修光刃宽度 $b'_\varepsilon = (1.2 \sim 1.5)f$。生产中常用的精加工宽刃刨刀就是基于此原理进行加工的。用带有修光刃的车刀切削时,背向力很大,因此要求工艺系统有较好的刚性。

2.8.3 其他刀具角度的选择

1. 后角和副后角的选择

(1) 后角 α_o 的选择　选择后角的原则是在不产生摩擦的前提条件下,适当减小后角。表 2-7 列出了硬质合金车刀合理后角的参考值。

表 2-7　硬质合金车刀合理后角参考值

工件材料及切削条件		合理后角
低碳钢 $Rm = 0.392 \sim 0.491 \text{GPa}$	精车,$f \leq 0.3 \text{mm/r}$	10°~12°
	粗车,$f > 0.3 \text{mm/r}$	8°~10°
钢 $Rm = 0.687 \sim 0.785 \text{GPa}$		6°~8°
钢 $Rm = 0.883 \sim 0.981 \text{GPa}$		5°~7°
淬硬钢、高硅铸铁		10°~15°
铸铁		6°~8°
铜、铝及其合金		8°~10°

(续)

工件材料及切削条件		合理后角
不锈钢		6°~10°
高强度钢	$Rm<1.766\text{GPa}$	10°~15°
	$Rm\geq1.766\text{GPa}$	
钛及钛合金		14°~16°

需要注意的是,当刀具磨损标准均为 VB 时,后角大的刀具由于径向磨损量 NB 大(图 2-46),每次重磨后,刀具径向尺寸显著减小,使加工尺寸变化量大,从而影响加工精度。铰刀、内拉刀等定尺寸精加工刀具,尤其不宜采用大的后角。

(2)副后角 α_o' 的选择 副后角的作用主要是减少副后面与已加工表面的摩擦。其数值一般与主后角相同,也可略小一些。切断刀和切槽刀受刀头强度和重磨后刀具在槽宽方向尺寸的限制,副后角通常取得很小,一般取 $\alpha_o'=1°~2°$。

2. 主偏角和副偏角的选择

(1)主偏角 κ_r 的选择 主偏角的大小影响刀尖部分的强度与散热条件,影响切削分力之间的分解比例,在加工台阶或倒角时还决定工件表面的形状。

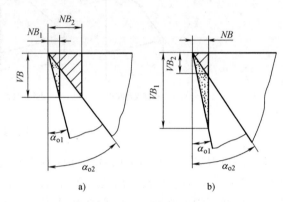

图 2-46 后角与磨损量的关系

主偏角的选择应考虑以下几个问题:

1)根据工艺系统刚性进行选择。工艺系统刚性足够时,选较小的主偏角,以提高刀具的寿命;工艺系统刚性不足时,应选较大的主偏角,以减小背向力 F_p。一般取主偏角 $\kappa_r=60°~75°$;车细长轴时,常取 $\kappa_r\geq90°$。

2)根据工件材料进行选择。工件材料的强度、硬度很高时,为了提高刀具的强度和寿命,一般取较小的主偏角。例如,切削冷硬铸铁和淬硬钢时,常取 $\kappa_r=15°$;而加工一般材料时,主偏角可取大一些。

3)根据加工表面形状进行选择。加工阶梯轴时,选 $\kappa_r=90°$;进行车端面、车外圆和倒角的加工可选用 $\kappa_r=45°$ 的弯头车刀,以减少刀具种类及换刀次数。

(2)副偏角 κ_r' 的选择。副偏角是影响表面粗糙度的主要角度。副偏角小,可使加工表面粗糙度值减小,有助于提高刀具强度和改善散热条件,但其值过小,将增加副后刀面与已加工表面之间的摩擦,增大引起振动的可能性。

副偏角的选择原则是在不引起振动的前提下,选取较小的角度值。表 2-8 列出了不同加工条件下,主、副偏角的常用数值范围。

表 2-8 主偏角和副偏角的常用值

适用范围及加工条件	加工系统刚度足够,加工淬硬钢、冷硬铸铁	加工系统刚度较好,可中间切入,加工外圆、端面、倒角	加工系统刚度较差,粗车、强力车削	加工系统刚度差,加工台阶轴、细长轴,多刀车、仿形车	切断切槽
主偏角 κ_r	10°~30°	45°	60°~70°	75°~93°	≥90°
副偏角 κ_r'	5°~10°	45°	10°~15°	10°~6°	1°~2°

3. 刃倾角的选择

合理选用刃倾角 λ_s 可控制切屑流向。选用正刃倾角 $+\lambda_s$，可增加实际工作前角，减小法平面中钝圆半径 γ_n，从而减小切削力 F_c，并使加工表面质量得以提高。选用负刃倾角 $-\lambda_s$，可提高刀具强度，改变切削刃受力方向，提高切削刃抗冲击能力。但负刃倾角绝对值过大会使背向力 F_p 增大。生产中，常在选取较大前角的同时，选用负刃倾角，以解决"锋利"与"强固"难以并存的矛盾。

刃倾角应根据以下原则进行选择：

1) 按加工要求选择。粗加工时要保证刀具有足够的强度，一般取 $\lambda_s = -5° \sim 0°$；精加工时为使切屑不流向已加工表面使其擦伤，选择 $\lambda_s = 0° \sim +5°$。

2) 加工余量不均匀或在其他会产生冲击振动的切削条件下，应选取绝对值较大的负刃倾角。表2-9列出了刃倾角的常用参考值。

表2-9 刃倾角常用值

λ_s	0°~+5°	+5°~+10°	-5°~0°	-10°~-5°	-15°~-10°	-45°~-10°	-75°~-45°
应用范围	精车钢、车细长轴	精车有色金属	粗车钢和灰铸铁	粗车余量不均匀钢	断续车削钢、灰铸铁	带冲击切削淬硬钢	大刃倾角刀具薄切削

2.8.4 刀具几何参数选择实例

（1）加工对象及方法 在CW6163型车床上车削细长轴（中碳钢）外圆，为了防止工件弯曲变形，车削时使用跟刀架和弹性顶尖，采用反向进给法。刀具材料选用硬质合金YT15。车刀形状如图2-47所示。

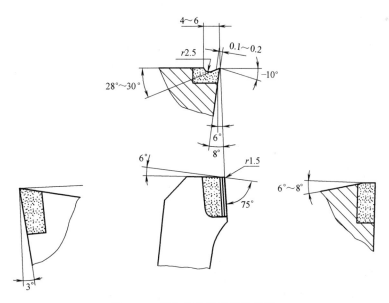

图2-47 反向进给车细长轴车刀

（2）刀具几何参数的分析与选择 该切削加工中，工件材料的切削加工性能较好，切削过程中要解决的主要问题是防止工件的弯曲变形。因此，选取刀具几何参数时要考虑减小背向力，增强工艺系统的刚度，防止产生振动。

1) 为了减小背向力 F_p，取 $\gamma_o = 20° \sim 30°$，$\kappa_r = 75°$。

2) 由于选用了较大前角，为使刀口有足够的强度，应修磨出负倒棱，取 $b_{r1} = 0.5 \sim 1$ mm，$\gamma_{o1} = -10°$；主后角 $\alpha_o = 6°$，刃倾角 $\lambda_s = 3°$。

3) 由于主偏角较大，为使刀尖有足够的强度，采用修圆刀尖，取 $r_\varepsilon = 1.5 \sim 2$mm。

4) 为保证有效断屑，前刀面上的卷屑槽尺寸选为槽宽 $L_{Bn} = 4.5 \sim 5$ mm，圆弧半径 $r_{Bn} = 2.5$mm。

5) 切削用量 $a_p = 3.5$mm，$f = 0.45 \sim 0.5$mm/r，$v_c = 50$m/min。

本 章 小 结

在编制机械加工工艺规程时，为提高加工质量和生产率，应熟悉金属切削用量三要素（切削速度、进给量、背吃刀量）和四个切削现象（切削变形、切削力、切削温度、刀具磨损）。

本章首先介绍了切削运动、切削用量、刀具磨损、刀具寿命等概念；接着介绍了材料的切削加工性和切削液等知识；再介绍常用刀具材料的种类、牌号及应用场合；最后讲解了刀具的组成及主要角度的概念。

金属切削刀具是切削加工的重要工具，是影响切削加工生产率、加工质量与成本的重要因素，特别是在现代制造技术中，刀具的性能对机床性能的发挥更具有决定性的作用。为了提高加工质量和生产率，掌握切削刀具的基本知识是十分必要的。

复习思考题

2-1 说明主运动和进给运动的含义。

2-2 说明切削用量三要素的含义和单位。

2-3 请图示三个切削变形区的位置，并分析三个变形区不同的变形特点。

2-4 什么是积屑瘤？积屑瘤在切削加工中有何利弊？如何控制积屑瘤的形成？

2-5 什么是工件材料切削加工性？改善工件材料切削加工性的措施有哪些？

2-6 研究切削力对生产实际有何指导意义？

2-7 用硬质合金 YT15 车刀粗车外圆，工件材料为调质 45 钢（229HBW），选取背吃刀量 $a_p = 3$mm，进给量 $f = 0.3$mm/r，切削速度 $v_c = 90$m/min；刀具几何参数为：前角 $\gamma_o = 10°$，刃倾角 $\lambda_s = 0.5°$，主偏角 $\kappa_r = 75°$，刀尖圆弧半径 $\gamma_\varepsilon = 2$mm，试求产生的主切削力 F_c，消耗功率 P_c。

2-8 简述前角 γ_o、切削速度 v_c 和进给量 f 对切削变形的影响规律。

2-9 简述背吃刀量 a_p、进给量 f 对切削温度的影响规律。

2-10 车削时，刃倾角 λ_s 是如何影响切屑流向的？

2-11 常用的切削液有哪几种？分别适用于什么场合？

2-12 简述切屑折断的机理，切削中哪几种屑形是较理想的？

2-13 简述刀具磨损的原因。

2-14 刀具磨损有几种形式？分别在什么条件下产生？

2-15 什么是刀具寿命？什么是最高生产率寿命和最低生产成本寿命？

2-16　在 CA6140 型车床上粗车、半精车工件外圆，工件材料为 45 钢（调质），抗拉强度 $R_m = 681.5\text{MPa}$，硬度为 200~230HBW，毛坯尺寸 $d_W \times L_W = 44.5\text{mm} \times 205\text{mm}$，车削后的尺寸为 $d = 40_{-0.2}^{0}\text{mm}$、$L = 200\text{mm}$，表面粗糙度 $Ra3.2\mu\text{m}$。1）试选择切削用量 v_c、f、a_p；2）试选择刀具类型，材料及几何参数。

2-17　刀具切削部分的材料有什么要求？目前常用的刀具材料有哪几类？

2-18　试比较硬质合金和高速工具钢性能的主要区别。常用的高速工具钢和硬质合金牌号有哪些？分别适用于什么场合？

2-19　超硬刀具材料有哪些？简述它们的特点及应用场合。

2-20　刀具正交平面参考系平面 P_r、P_o、P_s 及其刀具角度 γ_o、α_o、κ_r、λ_s 如何定义？并用图表示出来。

2-21　图示外圆车刀、端面车刀、镗孔刀、车槽刀的几何角度。

2-22　用 $\kappa_r = 90°$、$\kappa_r' = 2°$、$\gamma_o = 5°$、$\alpha_o = 12°$、$\lambda_s = 0°$ 的切断刀，切直径 50mm 的棒料。若切削刃安装高于中心 0.2mm，试计算：（不考虑进给运动的影响）切断后工件端面留下的心柱直径。（提示：工件直径被切到较小时，工作后角减小。当工作后角减小到 5°时，切削刃无切削作用，刀具继续进时，后刀面推挤工件料芯，最终剪断棒料。）

2-23　什么是刀具静止角度？什么是"一刃四角法"？

2-24　简述前角 γ_o 和后角 α_o 的作用和选择方法。

2-25　简述主偏角 κ_r 和刃倾角 λ_s 的作用和选择方法。

第3章

金属切削机床

学习目标与要求

掌握机床型号编制；熟悉机床表面成形方法与机床运动；熟悉 CA6140 型卧式车床的传动系统，了解主要部件结构及作用；了解 M1432B 型万能外圆磨床结构特点和传动路线；了解 XA6132 型万能升降台铣床传动系统图和主要技术参数；熟悉车床工艺范围、掌握常用车床附件的种类、选用和工件的安装；了解钻床、镗床、刨床和铣床等机床的各自组成、分类、特点和应用场合。

3.1 金属切削机床概述

3.1.1 金属切削机床在国民经济中的地位

金属切削机床是用切削的方法将金属毛坯加工成具有一定几何形状、尺寸精度和表面质量的机器零件的机器。它是制造机器的机器，所以又被称为"工作母机"或"工具机"，习惯上简称为"机床"。

在现代机械制造工业中，机械零件的加工方法有许多种，如铸造、锻造、焊接、切削加工及各种特种加工等。切削加工是将金属毛坯加工成具有较高精度的形状、尺寸和较高表面质量的机器零件的主要加工方法。特别是精密零件的加工，目前主要还是依靠切削加工的方法，在金属切削机床上完成。因此，金属切削机床是加工机器零件的主要设备，在各机器制造部门拥有的技术装备中，机床占有相当大的比重，一般在 50% 以上，机床所担负的工作量约占机器制造工作总量的 40%~60%。机床的技术水平直接影响机械制造工业的产品质量和劳动生产率。

机械制造工业肩负着为国民经济各部门提供现代化技术装备的任务，即为工业、农业、交通运输业，以及科研、国防等行业和领域提供各种机器、仪器和工具，机械制造工业是国民经济各部门赖以发展的基础。机床工业则是机械制造工业的基础和重要组成部分。一个国家机床工业的技术水平，在很大程度上反映着这个国家的工业生产能力和科学技术水平。显然，机床工业在国民经济中占据重要地位，金属切削机床在国民经济现代化建设中也起着重大作用。

3.1.2 金属切削机床的发展概况

机床是人类在长期生产实践中，不断改进生产工具的基础上产生的，并随着社会生产的发展和科学技术的进步而日趋完善。最原始的机床是木制的，所有运动都由人力或畜力驱动，主要用于加工木料、石料和陶瓷制品的泥坯。15世纪至16世纪出现了铣床和磨床。我国明代宋应星所著《天工开物》中也有对天文仪器进行磨削和铣削的记载。图3-1所示为1668年加工天文仪器上大铜环的铣床，它利用直径约6.7m的镶片铣刀，由畜力驱动来进行铣削。铣削完毕后，将铣刀换下，装上磨石，还可以对大铜环进行磨削加工。

现代意义上的用于加工金属机械零件的机床，是在18世纪中叶才逐步发展起来的。18世纪末，蒸汽机的出现提供了新型的、巨大的动力源，使生产技术发生了革命性的变化。之后在加工过程中逐渐产生了专业分工，出现了多种类型的机床。1770年前后出现了镗削气缸内孔用的镗床，1797年出现了带有机动刀架的车床。到19世纪末，钻床、刨床、拉床、铣床、磨床、齿轮加工机床等基本类型的机床已先后出现。20世纪以来，齿轮变速箱的出现，使机床的结构和性能发生了根本性的变化。

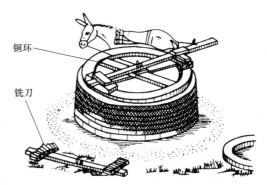

图3-1 1668年铣削加工天文仪器上铜环的铣床

随着电气、液压等技术在机床上得到普遍应用，机床技术也有了迅速的发展，除通用机床外，又出现了许多变型品种和各式各样的专用机床。20世纪50年代，综合应用电子技术、检测技术、计算技术、自动控制技术等多个领域最新成就的数字控制机床，使机床自动化发展进入了一个崭新的阶段。

综观机床的发展历史，它总是随着机械工业的扩大和科学技术的进步而发展，并始终围绕着不断提高生产效率、加工精度、自动化程度和扩大产品品种而进行，现代机床总的趋势仍然是沿着这一方向发展。

近年来，数控机床已成为机床发展的主流。数控机床无需人工操作，而是靠数控程序完成加工循环。因此，机床调整方便，适应灵活多变的产品加工需求，使得中小批量生产自动化成为可能。

我国的机床工业是在新中国成立后建立起来的。新中国成立前夕，全国只有少数几个机械修配厂生产少量的结构简单的机床。1949年，全国机床产量仅1500多台，品种不到10个。近70年来，我国机床工业获得了高速发展，目前已形成了布局比较合理、比较完整的机床工业体系。我国机床的拥有量和产量已步入世界前列，品种和质量也有很大的发展和提高，机床产品除满足国内建设的需要以外，而且也远销国外。我国已制定了完整的机床系列型谱，生产的机床品种也日趋齐全，目前已具备了成套装备现代化生产的能力。我国机床的性能也在逐步提高，有些机床已经接近世界先进水平。在消化吸收引进技术的基础上，我国数控技术也有了新的发展。目前，我国能生产百余种数控机床，并研制多轴联动数控系统，用于更加复杂型面的加工。

我国机床工业已经取得了很大的成就，但与世界先进水平相比，还有较大的差距，主要表现在：大部分高精度和超高精度机床的性能还不能满足要求，精度保持性也较差，特别是在高效自动化和数控机床的产量、技术水平和质量等方面明显落后。我国数控机床基本上是中等规格的车床、铣床和加工中心等。精密、大型、重型及小型数控机床，还不能满足需要，航空、航天、冶金、汽车、造船和重型机器制造等工业领域所需的多种类型的特种数控机床技术也亟待发展。另外，在技术水平和性能方面的差距也很明显，产品的质量与可靠性不够稳定，机床基础理论和应用技术的研究明显落后，人员技术素质还跟不上现代机床技术飞速发展的需要。因此，我国机床工业面临着光荣而艰巨的任务，必须奋发图强，努力攻关，学习和引进国外的先进科学技术，大力开展科学研究，以便早日赶上世界先进水平。

3.1.3 金属切削机床加工的生产模式

当前各国机械工业都是以多品种、中小批量生产为主体的，约占总产值的70%。金属切削机床加工主要有五种生产模式：

（1）通用机床加专用工艺装备　国外20世纪50年代以前采用的生产模式。其加工质量和效率主要依靠大量的专用工艺装备（包括少量专用机床或组合机床工艺装备，简称工装）和通用机床来保证。这种模式可实现刚性自动化，适用于单品种大批量生产；但柔性差，转产困难，更换产品时需要报废大批工装，而且工装的重新设计与制造的周期长、投资大。

（2）坐标镗床加数显机床　国外20世纪50年代末、60年代初开始采用的生产模式。是将原来只用于制造工、夹具的坐标镗床直接用于加工产品，并使用配备坐标自动数字显示装置、精度较高的通用机床。这种模式增强了柔性，省去了钻模、镗床等设计与制造工作量较大的工装，提高了加工精度和效率。

（3）计算机数控机床　国外20世纪70年代开始普遍采用的生产模式。在小型计算机，特别是微处理机出现后，数控机床得到迅猛发展和普遍应用。数控机床集中了自动化机床、精密机床和通用机床三者的优点，将高效率、高质量和高柔性集于一身。

（4）柔性制造系统（FMS）　国外20世纪70年代末开始进入实用阶段的生产模式。FMS是采用了一组数控机床和其他自动化工艺装备，由计算机信息控制系统和物料自动储运系统实现其有机结合的整体。它可按任意顺序加工具有不同工序和加工节拍的工件，能适时地自由调度管理，因而这种系统可以在设备的技术范围内自动地适应加工工件和生产批量的变化。FMS既是自动化的，又是柔性的，经济效益比单台数控机床有大幅度提高，特别适用于多品种、中小批量生产。将多个FMS用高级计算机及传输装置连接起来，加上自动立体仓库，利用工业机器人进行装配，就组成了规模更大的FMS。

（5）计算机集成制造系统（CIMS）　国外20世纪80年代后期才出现的一种生产模式。CIMS是将制造工厂的全部生产经营活动所需的多种形式的自动化系统有机地集成起来，构成适于多品种、中小批量生产的高效益、高质量和高柔性的智能生产系统。CIMS的实现可取得巨大的社会效益和较短的生产周期，具有很强的适应性和灵活性。

我国当前还有少量企业仍然采用第一、第二种生产模式，大部分企业进入第三种生产模式。通过国外引进、合作生产及自行开发，FMS 和 CIMS 已经开始在我国高科技产业和重点行业中得到应用。

3.2 机床分类及型号编制

金属切削机床的品种和规格繁多，为了便于区别、使用和管理，需要对机床加以分类，并编制型号。

3.2.1 机床的分类

机床的分类方法很多，主要是按加工性质和所用刀具进行分类。根据我国标准制定的机床型号编制方法（GB/T 15375—2008），目前，按工作原理将机床分为 11 大类，即车床、钻床、镗床、磨床、齿轮加工机床、螺纹加工机床、铣床、刨插床、拉床、锯床及其他机床。每一类机床，又按布局形式和使用范围等不同，分为十个组，每一组又细分为十个系（系列）。

除上述基本分类方法外，机床还可以根据其他特征进行分类。同类型机床按其工艺范围又可分为：

(1) 通用机床 这类机床可以加工多种零件的不同工序，加工范围较广，通用性较大，但结构比较复杂。这种机床主要适用于单件小批生产，例如卧式车床、卧式镗床、万能升降台铣床等。

(2) 专门化机床 这类机床的工艺范围较窄，专门用于加工某一类（或几类）零件的某一道（或几道）特定工序，如曲轴机床、齿轮机床等。

(3) 专用机床 这类机床的工艺范围最窄，只能用于加工某一类零件的某一道特定工序，适用于大批量生产。如加工机床主轴箱的专用镗床、加工车床导轨的专用磨床等。各种组合机床也属于专用机床。

同类型机床按照加工精度的不同又可分为普通精度机床、精密机床和高精度机床。

此外，机床还可根据自动化程度的不同，分为手动、机动、半自动和全自动机床。机床还可按质量与尺寸分为仪表机床、中型机床（一般机床）、大型机床（质量达 10t 及以上）、重型机床（质量在 30t 以上）、超重型机床（质量在 100t 以上）。按机床主要工作部件的数目，又可分为单轴机床、多轴机床、单刀机床和多刀机床。

上述几种分类方法，是根据分类的目的和依据不同而提出的。通常，机床是按照加工方法（如车、钻、刨、铣、磨等）及某些辅助特征来进行分类的。例如，多轴自动车床就是以车床为基本类型，再加上"多轴""自动"等辅助特征，以区别于其他种类车床。

随着技术的发展，机床分类方法也将不断发展。现代机床正向数控化方向发展，数控机床的功能日趋多样化，工序更加集中。现在，一台数控机床集中了越来越多的传统机床的功能。例如，数控车床在卧式车床功能的基础上，又集中了转塔车床、仿型车床、自动车床等多种车床的功能。可见，机床数控化引起了机床传统分类方法的变化，这种变化主要表现在机床品种不是越来越细，而是趋向综合。

3.2.2 机床型号编制方法

机床型号就是赋予每种机床的代号,用于简明地表达该机床的类型、主要规格及有关特性等。我国机床型号由大写汉语拼音字母和阿拉伯数字组成。我国从1957年开始规定机床型号的编制方法,随着机床工业的发展,至今已变动了七次。现行规定是按2008年颁布的GB/T 15375—2008《金属切削机床 型号编制方法》执行,适用于各类通用及专用金属切削机床、自动线,不包括组合机床、特种加工机床。

1. 机床通用型号

(1) 型号的表示方法 型号由基本部分和辅助部分组成,中间用"/"隔开,读作"之"。前者需统一管理,后者纳入型号与否由企业自定。型号构成如下:

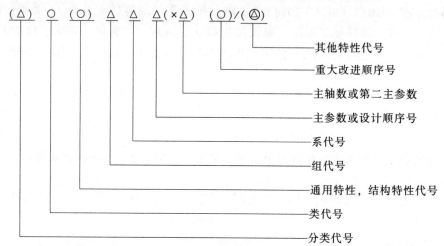

1) 有"( )"的代号或数字,当无内容时,则不表示。若有内容则不带括号。
2) 有"○"符号的,为大写的汉语拼音字母。
3) 有"△"符号的,为阿拉伯数字。
4) 有◎符号的,为大写的汉语拼音字母,或阿拉伯数字,或两者兼有之。

例如,CA6140型卧式车床,其型号中代号及数字的含义如下:

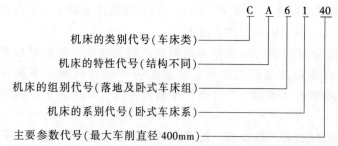

(2) 机床的分类及类代号 按工作原理,将机床划分为车床、钻床、镗床、磨床、齿轮加工机床、螺纹加工机床、铣床、刨插床、拉床、锯床和其他机床共11类。

类代号用大写汉语拼音字母表示。如车床用"C"表示,钻床用"Z"表示,在型号中是第一位代号。型号中的汉语拼音字母一律按其名称读音,机床的分类和代号见表3-1。

表 3-1　机床的分类和代号

类别	车床	钻床	镗床	磨床			齿轮加工机床	螺纹加工机床	铣床	刨插床	拉床	锯床	其他机床
代号	C	Z	T	M	2M	3M	Y	S	X	B	L	G	Q
读音	车	钻	镗	磨	二磨	三磨	牙	丝	铣	刨	拉	割	其

（3）机床通用特性代号　通用特性代号也用大写汉语拼音字母表示，代表机床具有的特别性能。如高精度用"G"表示，精密用"M"表示，机床通用特性代号见表 3-2。机床通用特性代号排在机床类别代号的后面。

表 3-2　机床通用特性代号

通用特性	高精度	精密	自动	半自动	数控	加工中心（自动换刀）	仿形	轻型	加重型	柔性加工单元	数显	高速
代号	G	M	Z	B	K	H	F	Q	C	R	X	S
读音	高	密	自	半	控	换	仿	轻	重	柔	显	速

为了区分主参数相同而结构、性能不同的机床，在型号中加结构特性代号表示。结构特性代号用汉语拼音字母表示。例如，CA6140 型卧式车床型号中的"A"，可理解为这种型号的车床在结构上区别于 C6140 型车床。结构特性代号在型号中没有统一的含义，只在同类机床中起区分机床结构、性能不同的作用。

（4）机床的组、系代号　组、系代号分别用一位阿拉伯数字表示。同一类机床，根据主要布局和使用范围，分成十个组，如车床分为 10 组，用阿拉伯数字"0~9"表示，其中"5"代表立式车床组，"6"代表落地及卧式车床组。每组又划分为十个系，如"61"代表卧式车床，"62"代表马鞍车床。在机床的型号中，类别代号或通用特性代号之后为组、系代号，第一位数字表示组别，第二位数字表示系列。部分车床类的组、系划分见表 3-3。

表 3-3　部分车床类的组、系划分表

组		系		组		系	
代号	名称	代号	名　称	代号	名称	代号	名　称
0	仪表小型车床	0	仪表台式精整车床	1	单轴自动车床	0	主轴箱固定型自动车床
		1				1	单轴纵切自动车床
		2	小型排刀车床			2	单轴横切自动车床
		3	仪表转塔车床			3	单轴转塔自动车床
		4	仪表卡盘车床			4	单轴卡盘自动车床
		5	仪表精整车床			5	
		6	仪表卧式车床			6	正面操作自动车床
		7	仪表棒料车床			7	
		8	仪表轴车床			8	
		9	仪表卡盘精整车床			9	

(续)

组		系		组		系	
代号	名称	代号	名 称	代号	名称	代号	名 称
5	立式车床	0		6	落地及卧式车床	0	落地车床
		1	单柱立式车床			1	卧式车床
		2	双柱立式车床			2	马鞍车床
		3	单柱移动立式车床			3	轴车床
		4	双柱移动立式车床			4	卡盘车床
		5	工作台移动单柱立式车床			5	球面车床
		6				6	主轴箱移动型卡盘车床
		7	定梁单柱立式车床			7	
		8	定梁双柱立式车床			8	
		9				9	

（5）机床主参数代号　主参数代号反映机床的主要技术规格，常用主参数的1/10或者1/100表示。各类机床的主参数代号的含义是不同的。在型号中，第三位数字及以后的数字表示机床的主参数。部分车床主参数及折算系数见表3-4。

表3-4　部分车床主参数及折算系数

车　床	主　参　数	折算系数
单轴（纵切/横切）自动车床	最大棒料直径	1
多轴棒料自动车床	最大棒料直径	1
立式多轴半自动车床	最大车削直径	1/10
回轮车床	最大棒料直径	1
转塔仿形车床	刀架上最大车削直径	1/10
单柱及双柱移动立式车床	最大车削直径	1/100
落地车床	最大工件回转直径	1/100
卧式车床	床身上最大回转直径	1/10
铲齿车床	最大工件直径	1/10

（6）机床的重大改进顺序号　当机床的结构、性能有更高的要求，并需按新产品重新设计、试制和鉴定时，才按改进的先后顺序选用A、B、C等汉语拼音字母（但"I""O"两个字母不得选用），加在型号基本部分的尾部，以区别原机床型号。

重大改进设计不同于完全的新设计，它是在原有机床的基础上进行改进设计，因此，重大改进后的产品与原型号的产品，是一种取代关系。

凡属局部的小改进，或增减某些附件、测量装置及改变装夹工件的方法等等，因对原机床的结构、性能没有做重大的改变，故不属于重大改进，其型号不变。

（7）其他特性代号及其表示方法

1）其他特性代号，置于辅助部分之首。其中同一型号机床的变型代号，一般应放在其他特性代号之首位。

2）其他特性代号主要用以反映各类机床的特性。如，对于数控机床，可用来反映不同的控制系统等；对于加工中心，可用以反映控制系统、联动轴数、自动交换主轴头、自动交换工作台等；对于柔性加工单元，可用以反映自动交换主轴箱；对于一机多能机床，可用以补充表示某些功能；对于一般机床，可以反映同一型号机床的变型等。

3)其他特性代号,可用汉语拼音字母("I""O"两个字母除外)表示。当单个字母不够用时,可将两个字母组合起来使用,如,AB、AC、AD 等,或 BA、CA、DA 等。

其他特性代号,也可用阿拉伯数字表示,还可用阿拉伯数字和汉语拼音字母组合表示。

(8)通用机床型号示例

示例 1:北京机床研究所生产的精密卧式加工中心,其型号为 THM6350/JCS。

示例 2:大河机床有限公司生产的经过第一次重大改进,其最大钻孔直径为 25mm 的四轴立式排钻床,其型号为 Z5625×4A/DH。

示例 3:沈阳机床(集团)有限责任公司生产的最大钻孔直径为 40mm,最大跨距为 1600mm 的摇臂钻床,其型号为 Z3040×16/S2。

示例 4:瓦房店机床厂生产的最大车削直径为 1250mm,经过第一次重大改进的数显单柱立式车床,其型号为 CX5112A/WF。

示例 5:新乡特种机床制造有限责任公司生产的,光球板直径为 800mm 的立式钢球光球机,其型号为 3M7480/XX。

示例 6:最大回转直径为 400mm 的半自动曲轴磨床,其型号为 MB8240。根据加工的需要,在此型号机床的基础上变换的第一种型式的半自动曲轴磨床,其型号为 MB8240/1,变换的第二种型式的型号则为 MB8240/2,依次类推。

示例 7:某机床厂生产的最大磨削直径为 320mm 的半自动万能外圆磨床,其型号为 MBE1432。

示例 8:宁江机床(集团)股份有限公司生产的数控精密单轴纵切自动车床,其型号为 CKM1116/NG。

示例 9:某机床厂生产的,配置 MTC-2M 型数控系统的数控床身铣床,其型号为 XK714/C。

示例 10:某机床厂设计试制的第五种仪表磨床为立式双轮轴颈抛光机,这种磨床无法用一个主参数表示,故其型号为 M0405。后来,又设计了第六种轴颈抛光机,其型号为 M0406。

2. 专用机床型号

(1)专用机床型号表示方法 专用机床的型号一般由设计单位代号和设计顺序号组成。型号构成如下:

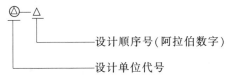

(2)设计单位代号 设计单位代号包括机床生产厂和机床研究单位代号(位于型号之首)。

(3)专用机床的设计顺序号 专用机床的设计顺序号,按该单位的设计顺序号排列,由 001 起始,位于设计单位代号之后,并用"-"隔开。

(4)专用机床的型号示例

示例 1:沈阳机床(集团)有限责任公司设计制造的第一种专用机床为专用车床,其型号为 SI-001。

示例2：上海机床厂有限公司设计制造的第15种专用机床为专用磨床，其型号为H-015。

示例3：北京第一机床厂设计制造的第100种专用机床为专用铣床，其型号为BI-100。

3. 机床自动线型号

（1）机床自动线代号　由通用机床或专用机床组成的机床自动线。其代号为"ZX"（读作"自线"），位于设计单位代号之后，并用"-"分开。

机床自动线设计顺序号的排列与专用机床的设计顺序号相同。位于机床自动线代号之后。

（2）机床自动线的型号表示方法

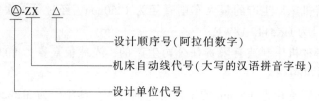

（3）机床自动线的型号示例

北京机床研究所以通用机床或专用机床为某厂设计的第一条机床自动线，其型号为JCS-ZX001。

3.3　CA6140型卧式车床

3.3.1　CA6140型卧式车床概述

车床主要用于车削加工，可以加工各种回转表面和回转体的端面。在机械制造厂中，普遍用车床加工各种轴、盘、套筒和螺纹类零件。车床在机床总量中所占的比重最大。

1. CA6140型卧式车床的主要组成部件

图3-2所示为CA6140型卧式车床的外形图，主要部件如下。

（1）主轴箱　主轴箱用来支承主轴，并通过操纵机构控制主轴正转、反转及转速变换，主轴通过卡盘带动工件旋转，实现主运动。

（2）溜板部分

1）刀架用来安装刀具。

2）溜板包括床鞍、中滑板、小滑板，用来实现各种进给运动。

3）溜板箱　与床鞍固定在一起，将进给箱传来的运动传递给床鞍和中滑板，使刀架实现纵向、横向进给和快速移动。

（3）进给部分

1）进给箱装有齿轮变速机构，可改变丝杠或光杠的转速，以获得不同的螺距和进给量。

2）丝杠在车削螺纹时使用，使车刀按要求的速比做精确的直线移动。

3）光杠将进给箱的运动传递给溜板箱，使床鞍、中滑板和刀架按要求的速度做直线进

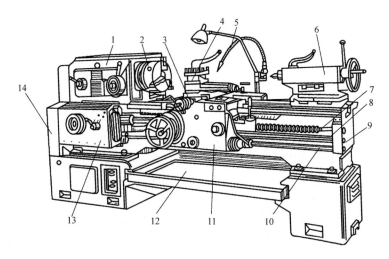

图 3-2 CA6140 型卧式车床外形图

1—主轴箱 2—卡盘 3—溜板 4—刀架 5—冷却管 6—尾座 7—丝杠 8—光杠
9—床身 10—操纵杆 11—溜板箱 12—盛液盘 13—进给箱 14—交换齿轮箱

给运动。

(4) 交换齿轮 交换齿轮位于交换齿轮箱内,将主轴的运动传递给进给箱传动轴,并与进给箱的齿轮变速机构配合,用于车削各种不同导程的螺纹。

(5) 尾座 尾座可沿导轨纵向移动,调整位置,可安装顶尖、钻头、铰刀等。

(6) 床身、床腿 床身、床腿是用来支承和连接各主要部件的基础构件。

2. CA6140 型卧式车床的主要技术参数 (表 3-5)

表 3-5 CA6140 型卧式车床的主要技术参数

项目		参数
床身上最大工件回转直径		400mm
刀架上最大工件回转直径		210mm
最大棒杆直径		47mm
最大工件长度		750mm、1000mm、1500mm、2000mm 四种
最大加工长度		650mm、900mm、1400mm、1900mm 四种
主轴转速	正转	10~1400r/min,24 级
	反转	14.5~1600r/min,12 级
进给量	纵向	0.028~6.33mm/r,共 64 级
	横向	0.014~3.16mm/r,共 64 级
螺纹加工	米制螺纹	$P=1~192$mm,44 种
	寸制螺纹	$a=2~24$ 牙/in,20 种
	模数制螺纹	$m=0.25~48$mm,39 种
	径节制螺纹	$D_p=1~96$ 牙/in,37 种
主电动机		7.5kW,1450r/min
机床外形尺寸(长×宽×高) 最大工件长度为 1500mm 的机床为		3168mm×1000mm×1267mm

3. 车床种类

车床主要分为以下几类：

1) 落地及卧式车床。图 3-2 所示为卧式车床的外形图。
2) 立式车床。立式车床的外形如图 3-3 所示。

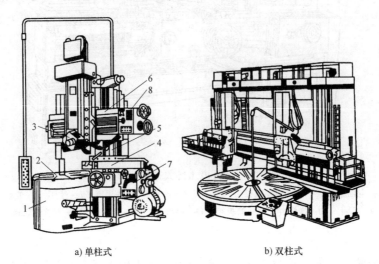

a) 单柱式　　　　　　　　b) 双柱式

图 3-3　立式车床外形图

1—底座　2—工作台　3—垂直刀架　4—侧刀架　5—立柱　6—横梁　7、8—溜板箱

3) 回转、转塔车床。图 3-4 所示为转塔式六角车床的外形图。

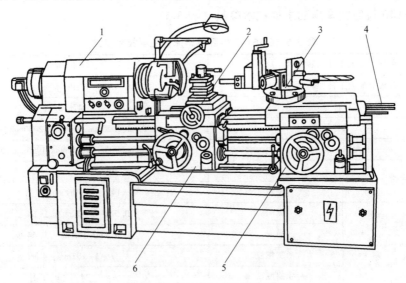

图 3-4　转塔式六角车床外形图

1—主轴箱　2—横向刀架　3—转塔刀架　4—定程机构　5、6—溜板箱

4) 仪表小型车床。
5) 仿形及多刀车床。
6) 单轴自动车床。

7) 多轴自动、半自动车床。
8) 曲轴及凸轮轴车床。
9) 轮、轴、辊、锭及铲齿车床。

此外，还有落地镗车床、单能半自动车床、气缸套镗车床、活塞车床、轴承车床、活塞环车床、钢锭模车床等其他车床。

4. 车床使用的注意事项

1) 遵守安全操作规程。如穿好工作服，戴好安全帽、防护镜，不准戴手套等。
2) 阅读交接班记录，清洁车床导轨，观察油标，给各注油点注油。
3) 检查车床各部分结构是否完好，各手柄位置是否正确。车床起动后，应使主轴低速空转 1~2min。
4) 阅读图样和工艺卡片，准备工、夹、量具，码放毛坯，整理工作场地。
5) 使用切削液时，要在导轨上涂上润滑油，并检查冷却泵的切削液是否应该更换。
6) 装卸卡盘或装夹较重工件时，应该用木板保护床面；车削铸铁时要擦去导轨上的润滑油，以免磨坏床面导轨。
7) 需要换交换齿轮时，应切断电源。
8) 工件必须装夹牢固，卡盘扳手使用完毕，随时取下。
9) 使用刀垫，调整车刀与工件轴线等高，并使刀杆与工件轴线垂直，需要拧紧至少两个紧固螺钉。刀具夹紧后，立即取下扳手。
10) 准备好清除切屑的专用钩子待用（不允许用手直接清除切屑）。
11) 主轴需要变速时，必须先停车，变换进给手柄位置应在低速下进行。
12) 车削时，小刀架应调整到合适位置，禁止床鞍和中滑板超过极限位置，防止碰撞。

3.3.2 表面成形方法与机床运动

1. 加工表面和表面成形方法

在切削加工中，机床上的刀具和工件，按一定的规律做相对运动，毛坯的多余金属被切削刃切除，形成具有一定形状、尺寸的工件表面。

零件表面一般是由平面、圆柱面、圆锥面以及各种成形面（图 3-5）等基本表面组成的。

上述基本形状的表面都属于线性表面。任何一种线性表面都是由一条母线沿着导线运动而形成的。平面是由一条直线（母线）沿着另一条直线（导线）运动而形成的（图 3-6a）。圆柱面和圆锥面是由一条直线（母线）沿着一个圆导线运动而形成的（图 3-6b、c）。普通螺纹的螺旋面是由"∧"形线（母线）沿螺旋线（导线）运动而形成的（图 3-6d）。直齿圆柱齿轮的渐开线齿廓表面是由渐开线（母线）沿直线（导线）运动而形成的（图 3-6e）。形成表面的母线和导线统称为发生线。

机床上形成发生线的方法有轨迹法、成形法、相切法和展成法。

（1）轨迹法　采用尖头车刀、刨刀等刀具加工时，切削刃与被加工表面近似为点接触，切削刃可看作一个点，为了获得所需发生线，切削刃必须沿发生线轨迹运动。如图 3-7a 所示，刨刀沿 A_1 方向做直线运动，形成了直线形的母线，刨刀沿箭头 A_2 方向做曲线运动，形

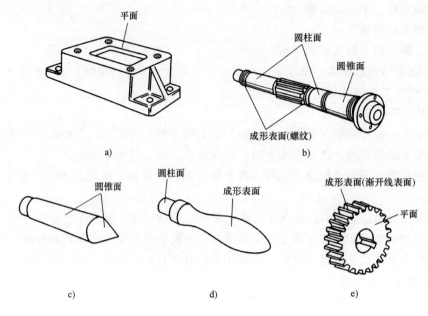

图 3-5 机械零件的基本形状表面

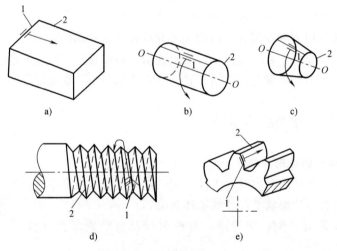

图 3-6 零件表面的形成
1—母线　2—导线

成了曲线形的导线。

（2）成形法　采用各种成形刀具加工时，切削刃是与所要形成的发生线完全吻合的切削线。如图 3-7b 所示，曲线形母线由成形刨刀的切削刃直接形成，直线形的导线则由轨迹法形成。

（3）相切法　采用铣刀、砂轮等旋转刀具加工时，在垂直于刀具旋转轴线的截面内，切削刃也可看作一个点。当该切削点绕刀具轴线做旋转运动 B_1，同时刀具轴线沿着发生线等距线做轨迹运动 A_2 时（图 3-7c），切削点运动轨迹的包络线，便是所需要的发生线。采用相切法形成发生线，需要刀具旋转、刀具与工件之间相对移动这两个彼此独立的运动共同完成。

（4）展成法　加工直齿圆柱齿轮渐开线齿廓表面时，渐开线母线是由展成法形成的。

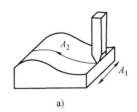
a)
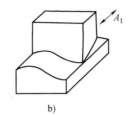
b)
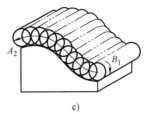
c)

图 3-7　形成发生线的方法

2. 机床运动

在机床上，为了获得所需的工件表面形状，必须使刀具和工件按上述四种方法之一完成一定的运动，这种运动称为表面成形运动。此外，还有多种辅助运动。

在卧式车床上，用车刀车削外圆柱面，属于轨迹法。工件的旋转运动产生母线（圆），刀具的纵向直线运动产生导线（直线），这是两个简单的表面成形运动。

表面成形运动又可分为两类：主运动和进给运动。在卧式车床上，工件的旋转运动是主运动，它的功用是使刀具与工件间发生相对运动，以获得所需的切削速度。主运动是实现切削的最基本运动，其特点是速度较高、消耗功率较大。车刀做平行于工件轴线的纵向移动是纵向进给运动，它的功用是将毛坯上新的金属层不断地投入切削，以便切削出整个加工表面，进给运动的速度较低、消耗功率较小。车刀做垂直于工件轴线的横向移动是横向进给运动。

此外，卧式车床还具有切入（吃刀）运动，每切削一层金属就要吃刀一次。卧式车床的切入运动是由工人用手移动中滑板或小滑板来完成的。在 CA6140 型卧式车床中还有刀架纵向及横向的快移运动，用来调整车刀与工件之间的相对位置。

3.3.3　CA6140 型卧式车床的传动系统分析

CA6140 型卧式车床的传动系统，由主运动传动系统、车螺纹进给传动系统、机动进给传动系统组成，如图 3-8 所示。

1. 主运动传动系统

在分析一个传动系统之前，首先介绍一下轴上传动件与轴的联接关系和表示方法。

固定联接：轴上传动件与轴在轴向与周向没有相对运动，即固结在一起。如图 3-8 所示 Ⅱ 轴上的 $z39$、$z22$ 和 $z30$ 与 Ⅱ 轴之间的联接关系。

滑动联接：轴上传动件与轴在轴向可相对滑移，而周向不能做相对运动，如用花键联接齿轮与轴，可将齿轮在轴上滑移到需要的位置。如图 3-8 所示 Ⅲ 轴上 $z38$、$z43$ 的双联齿轮与 Ⅲ 轴之间的联接关系。

空套联接：轴上传动件与轴在轴向不能相对滑移，而周向可做相对转动，即轴转动不影响传动件，传动件转动不影响轴。如图 3-8 所示 Ⅶ 轴上的 $z34$ 与 Ⅶ 轴之间的联接关系。

分析机床的传动系统一般按四个步骤进行，即首先找出传动链的首、末件；然后写出计算位移；再写出传动路线表达式；最后列出运动平衡方程式并分析计算。

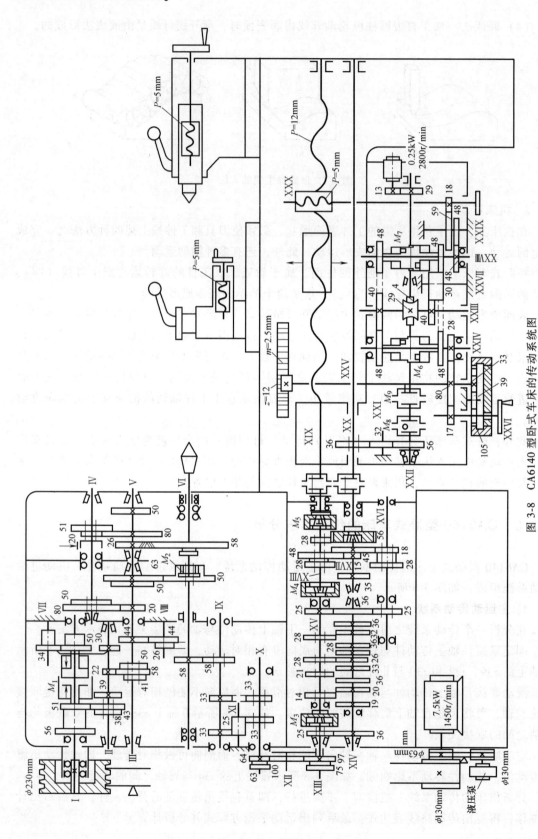

图 3-8 CA6140 型卧式车床的传动系统图

(1) 首、末件　首件为主电动机,其功率 $P=7.5\mathrm{kW}$,转速 $n=1450\mathrm{r/min}$;末件为主轴Ⅵ轴。

(2) 计算位移　所谓计算位移,就是传动链首、末端件之间相对运动量的对应关系,作为CA6140型卧式车床的主运动传动链,这是一条外联系传动链,电动机与主轴各自转动时运动量的对应关系为各自的转速,即主电动机计算位移为1450r/min,主轴计算位移为 n。

(3) 传动路线表达式　写传动路线表达式的方法是"抓两头带中间",即将首件和末端件通过中间传动件联系起来,对于CA6140型卧式车床主运动传动链来说,即主电动机经 $\phi 130\mathrm{mm}$ 带轮带动 $\phi 230\mathrm{mm}$ 带轮,从而带动Ⅰ轴;Ⅰ轴上有双向摩擦离合器 M_1,M_1 向左结合,左边的 $z51$、$z56$ 双联齿轮与Ⅰ轴一起转动,通过两对传动副 $\left[\dfrac{56}{38},\dfrac{51}{43}\right]$ 带动Ⅱ轴,实现主轴正转;M_1 向右结合,$z50$ 与Ⅰ轴一起转动,$z50$ 通过Ⅶ轴 $z34$ 将运动传动至Ⅱ轴上的 $z30$,实现主轴反转;M_1 处于中间时,则Ⅰ轴空转,既不带动左边的 $z51$、$z56$,也不带动右边的 $z50$。Ⅱ轴的运动通过Ⅱ—Ⅲ轴之间的三对传动副 $\left[\dfrac{39}{41},\dfrac{22}{58},\dfrac{30}{50}\right]$ 传动至Ⅲ轴,Ⅲ轴有两条路线将运动传至主轴,即通过Ⅵ轴上 M_2 的结合情况进行控制。M_2 向左滑移,$z63$ 与 $z50$ 啮合,使得Ⅲ轴通过传动副 $\dfrac{63}{50}$ 直接将运动传动至主轴Ⅵ轴,可实现主轴高速转动,即为450~1400r/min;若 M_2 向右结合,Ⅲ轴通过传动副 $\left[\dfrac{20}{80},\dfrac{50}{50}\right]$ 将运动传动至Ⅳ轴,Ⅳ轴通过传动副 $\left[\dfrac{20}{80},\dfrac{51}{50}\right]$ 带动Ⅴ轴,Ⅴ轴通过传动副 $\left[\dfrac{26}{58}\right]$ 带动Ⅵ轴(主轴),其传动路线表达式为:

$$主电动机 \xrightarrow{\phi 130/\phi 230} \mathrm{I} - \begin{bmatrix} \overleftarrow{M_1} - \begin{bmatrix} \dfrac{56}{38} \\ \dfrac{51}{43} \end{bmatrix} \\ M_1 \text{中间(停)} \\ \overrightarrow{M_1} - \dfrac{50}{34} \times \dfrac{34}{30} \end{bmatrix} - \mathrm{II} - \begin{bmatrix} \dfrac{39}{41} \\ \dfrac{22}{58} \\ \dfrac{30}{50} \end{bmatrix} - \mathrm{III} -$$

$$\begin{bmatrix} \overrightarrow{M_2} - \begin{bmatrix} \dfrac{20}{80} \\ \dfrac{50}{50} \end{bmatrix} - \mathrm{IV} - \begin{bmatrix} \dfrac{20}{80} \\ \dfrac{51}{50} \end{bmatrix} - \mathrm{V} - \dfrac{26}{58} \\ \overleftarrow{M_2} - \dfrac{63}{50} \end{bmatrix} - \mathrm{VI}\text{轴(主轴)}$$

(4) 列运动平衡方程式　分析计算运动平衡方程式,就是主轴转速的计算方程式,设主轴的转速为 n,则有:

$$n = 1450 \times \frac{130}{230} \varepsilon i_{\mathrm{I-II}} i_{\mathrm{II-III}} i_{\mathrm{III-IV}} \tag{3-1}$$

式中　ε——打滑系数,一般为0.98;

$i_{\mathrm{I-II}}$——Ⅰ轴至Ⅱ轴的传动比;

$i_{Ⅱ-Ⅲ}$——Ⅱ轴至Ⅲ轴的传动比;

$i_{Ⅲ-Ⅳ}$——Ⅲ轴至Ⅵ轴的传动比。

1) 计算主轴的转速。根据运动平衡方程式,可计算主轴的各级转速。

例如,计算主轴正转时的最高转速 n_{max},在计算时,$i_{Ⅰ-Ⅱ}$ 应选Ⅰ到Ⅱ轴的最大传动比,$i_{Ⅱ-Ⅲ}$ 和 $i_{Ⅲ-Ⅳ}$ 同样选用相应最大的传动比,可得主轴正转最高转速为:

$$n_{max} = \left(1450 \times \frac{130}{230} \times 0.98 \times \frac{56}{38} \times \frac{39}{41} \times \frac{63}{50}\right) \text{r/min} = 1418.62 \text{r/min}$$

同样,可方便地计算出主轴正转时的最低转速 n_{min},为:

$$n_{min} = \left(1450 \times \frac{130}{230} \times 0.98 \times \frac{51}{43} \times \frac{22}{58} \times \frac{20}{80} \times \frac{20}{80} \times \frac{26}{58}\right) \text{r/min} = 10.12 \text{r/min}$$

2) 根据传动路线表达式分析主轴的转速级数。对于主轴正转时的转速级数,从传动路线中可看出,主电动机至Ⅰ轴有 $\frac{\Phi 130}{\Phi 230}$ 一种传动比,所以Ⅰ轴具有一种转速;Ⅰ轴至Ⅱ轴有 $\frac{56}{38}$ 和 $\frac{51}{43}$ 两种传动比,所以Ⅱ轴具有两种转速;而Ⅱ轴至Ⅲ轴有三种不同的传动比,即Ⅲ轴可得6(2×3)种转速;Ⅲ轴至Ⅵ有两条路线,一条为Ⅲ轴直接带动Ⅵ轴的高速传动路线,主轴可得6级高速,即450~1400r/min。另外,Ⅲ轴经Ⅳ轴和Ⅴ轴之后带动Ⅵ轴的低速传动路线,从理论上讲其转速级数为24(2×3×2×2)级,则主轴正转时理论转速级数为30(6+24)级。进一步分析低速运动传动链中,Ⅲ—Ⅳ—Ⅴ三轴之间的传动比:

$$i_1 = \frac{20}{80} \times \frac{20}{80} = \frac{1}{16} \quad i_2 = \frac{20}{80} \times \frac{51}{50} \approx \frac{1}{4} \quad i_3 = \frac{50}{50} \times \frac{20}{80} = \frac{1}{4} \quad i_4 = \frac{50}{50} \times \frac{51}{50} \approx 1$$

由于 $i_2 \approx i_3 = \frac{1}{4}$,两个传动比基本上相等,所以理论上有4种传动比,实际上只有三种传动比,即 $\frac{1}{16}$、$\frac{1}{4}$、1。所以主轴正转时的实际转速级数为24级,其最低转速为10r/min,最高转速为1400r/min。同理,也可以分析出主轴反转时的转速级数。

2. 车螺纹进给传动系统

CA6140型卧式车床的螺纹进给传动系统,可加工米制、寸制、模数制和径节制四种标准螺纹,还可车削非标准和较精密级螺纹,加工这些螺纹可以是左旋的,也可以是右旋的。在加工四种标准螺纹时,分别有正常路线和扩大路线,以米制螺纹车削为例进行介绍。

在加工螺纹时,应满足主轴带动工件旋转一转,刀架带动刀具轴向进给所加工螺纹的一个导程。米制螺纹的标准导程见表3-6。

表3-6 米制螺纹标准导程　　　　　　　　　　（单位:mm）

—	1	—	1.25	—	1.5
1.75	2	2.25	2.5	2.75	3
3.5	4	4.5	5	5.5	6
7	8	9	10	11	12

从表3-5中可看出,每一行的导程组成等差数列,行与行之间,即列成等比数列。在车削米制螺纹的传动链中设置的换置器应能将标准螺纹加工出来,并且使传动链尽量简便。

（1）首、末件　首件为带动工件转动的主轴Ⅵ轴，末件为带动刀具移动的刀架。

（2）计算位移　主轴转一转，刀架移动距离为所加工螺纹的一个导程 P_h。

$$P_h = nP \tag{3-2}$$

式中　n——所加工螺纹的线数；

　　　P——所加工螺纹的螺距。

（3）传动路线表达式　车削正常螺距的米制螺纹时，主轴至刀架的传动路线是由Ⅵ轴经传动副 $\frac{58}{58}$ 带动Ⅸ轴，再经传动副 $\frac{33}{33}$ 或者 $\frac{33}{25} \times \frac{25}{33}$ 将运动传至Ⅹ轴。其中，传动副 $\frac{33}{33}$ 用来加工右旋螺纹，传动副 $\frac{33}{25} \times \frac{25}{33}$ 用来加工左旋螺纹。由Ⅸ轴、Ⅺ轴和Ⅹ轴及轴上传动件组成的传动机构称为"三星轮换向机构"，所谓换向是指变换所加工螺纹的旋向。Ⅹ轴经传动副 $\frac{63}{100} \times \frac{100}{75}$ 将运动传至ⅩⅢ轴，M_3 脱开，运动由传动副 $\frac{25}{36}$ 传至ⅩⅣ轴，再由ⅩⅣ轴经传动副 $\left[\frac{19}{14}, \frac{20}{14}, \frac{36}{21}, \frac{33}{21}, \frac{26}{28}, \frac{28}{28}, \frac{36}{28}, \frac{32}{28}\right]$ 传至ⅩⅤ轴。由ⅩⅣ轴、ⅩⅤ轴及轴上传动件组成的传动机构称为"双轴滑移变速机构"，其传动比从小到大为：

$$i_1 = \frac{26}{28} = \frac{6.5}{7} \quad i_2 = \frac{28}{28} = \frac{7}{7} \quad i_3 = \frac{32}{28} = \frac{8}{7} \quad i_4 = \frac{36}{28} = \frac{9}{7}$$

$$i_5 = \frac{19}{14} = \frac{9.5}{7} \quad i_6 = \frac{20}{14} = \frac{10}{7} \quad i_7 = \frac{33}{21} = \frac{11}{7} \quad i_8 = \frac{36}{21} = \frac{12}{7}$$

若不考虑 $\frac{6.5}{7}$ 和 $\frac{9.5}{7}$，其余6个传动比组成一个等差数列，这是为加工表3-5中每一行成等差导程的螺纹而设置的，是加工螺纹必不可少的变速机构，通常称为基本组，其传动比用 $i_{基}$ 表示。

运动由ⅩⅤ轴经传动副 $\frac{25}{36} \times \frac{36}{25}$ 传至ⅩⅥ轴，再由ⅩⅥ轴经 $\left[\frac{18}{45}, \frac{28}{35}\right]$ 传至ⅩⅦ轴，又经 $\left[\frac{15}{48}, \frac{35}{28}\right]$ 传至ⅩⅧ轴。由ⅩⅥ、ⅩⅦ和ⅩⅧ轴及轴上传动件组成的机构称为"三轴滑移变速机构"，其传动比从小到大为：

$$i_1 = \frac{18}{45} \times \frac{15}{48} = \frac{1}{8} \quad i_2 = \frac{28}{35} \times \frac{15}{48} = \frac{1}{4} \quad i_3 = \frac{18}{45} \times \frac{35}{28} = \frac{1}{2} \quad i_4 = \frac{28}{35} \times \frac{35}{28} = 1$$

以上传动比的数值组成等比数列，公比为2，这是为加工表3-5中的一列等比导程的螺纹而设置的，这个变速组称为增倍组，传动比用 $i_{倍}$ 表示。

运动由ⅩⅧ轴经 M_5 结合传至ⅩⅨ轴，即丝杠轴，这时开合螺母闭合，丝杠转动带动开合螺母移动，而开合螺母固定在纵滑板上。开合螺母带动纵滑板移动，纵滑板又通过中滑板带动刀架及刀具纵向移动。其传动路线表达式为：

$$\text{VI轴(主轴)} - \frac{58}{58} - \text{IX} - \begin{bmatrix} \dfrac{33}{33}\text{右旋螺纹} \\ \dfrac{33}{25} \times \dfrac{25}{33}\text{左旋螺纹} \end{bmatrix} - \text{X} - \frac{63}{100} \times \frac{100}{75} - \text{XIII} - \frac{25}{36} - \text{XIV} - \begin{bmatrix} \dfrac{26}{28} \\ \dfrac{28}{28} \\ \dfrac{28}{28} \\ \dfrac{32}{28} \\ \dfrac{36}{28} \\ \dfrac{19}{14} \\ \dfrac{20}{14} \\ \dfrac{33}{21} \\ \dfrac{36}{21} \end{bmatrix} -$$

$$-\text{XV} - \frac{25}{36} \times \frac{36}{25} - \text{XVI} - \begin{bmatrix} \dfrac{18}{45} \\ \dfrac{28}{35} \end{bmatrix} - \text{XVII} - \begin{bmatrix} \dfrac{15}{48} \\ \dfrac{35}{28} \end{bmatrix} - \text{XVIII} - M_5^+ - \text{XIX} - \frac{\text{丝杆}}{\text{螺母}}(P=12\text{mm}) - \text{刀架}$$

(4) 列运动平衡方程式并推导换置公式 主轴（VI轴）转一转，刀架移动 P_h，根据传动路线表达式，则有：

$$P_h = 1 \times \frac{58}{58} \times \frac{33}{33} \times \frac{63}{100} \times \frac{100}{75} \times \frac{25}{36} \times i_{基} \times \frac{25}{36} \times \frac{36}{25} \times i_{倍} \times 12 \tag{3-3}$$

式中　$i_{基}$——基本组传动比；

　　　$i_{倍}$——增倍组传动比。

将上式化简后得

$$P_h = 7 i_{基} i_{倍}$$

计算位移，即主轴（VI轴）转一转，刀架移动所加工螺纹一个导程的距离，若所加工的螺纹螺距为 P，螺纹线数为 n，将计算位移与运动平衡方程式联立可得：

$$nP = 7 i_{基} i_{倍}$$

$$P = \frac{7}{n} i_{基} i_{倍} \tag{3-4}$$

式（3-4）为 CA6140 型卧式车床加工米制螺纹的换置公式。

根据换置公式，可以判别要加工的螺纹能否在 CA6140 型卧式车床上加工。若能够加工，则可知道加工此螺纹时主轴（VI轴）至刀架的具体传动路线。

示例　欲在 CA6140 型卧式车床上加工左旋米制螺纹，其螺纹的螺距 $P=1.25\text{mm}$，螺纹线数 $n=2$，问：1) 能否进行加工？2) 若能够加工，传动比 $i_{基}$、$i_{倍}$ 各为多少？3) 写出加工此螺纹时主轴至刀架的具体传动路线。

解：已知 $P=1.25\text{mm}$，螺纹线数 $n=2$，代入加工米制螺纹的换置公式，看是否可取到合适的

$i_\text{基}$、$i_\text{倍}$使得等式成立，若有合适取值则说明螺纹能够加工；若无合适取值则螺纹无法加工。

取 $$i_\text{基} = \frac{10}{7} = \frac{20}{14} \qquad i_\text{倍} = \frac{1}{4} = \frac{28}{35} \times \frac{15}{48}$$

代入换置公式，等式成立，说明此螺纹能够加工。在 CA6140 型卧式车床上加工此螺纹时，主轴至刀架的具体传动路线为：

$$\text{主轴} \quad \text{VI} - \frac{58}{58} - \text{IX} - \frac{33}{25} \times \frac{25}{33} - \text{X} - \frac{63}{100} \times \frac{100}{75} - \text{XIII} - \frac{25}{36} - \text{XIV} - \frac{20}{14} -$$

$$\text{XV} - \frac{25}{36} \times \frac{36}{25} - \text{XVI} - \frac{28}{35} \times \frac{15}{48} - \text{XVIII} - M_5^\text{合} - \text{XIX} - \frac{\text{丝杠}}{\text{螺母}} - \text{刀架}$$

（5）扩大导程路线　由加工米制螺纹的传动路线可知，基本组和增倍组的最大传动比分别是 $\frac{12}{7}$ 和 1，则最大导程 $P_\text{hmax} = \left(7 \times \frac{12}{7} \times 1\right) \text{mm} = 12\text{mm}$，所以在 CA6140 型卧式车床上用正常路线加工米制螺纹时，其最大导程是 12mm。若需加工大导程螺纹，则将 VI 轴上的齿轮 $z58$ 向右滑移，与 V 轴上的齿轮 $z26$ 啮合，此时主轴（VI 轴）至刀架的传动路线为：

$$\text{VI 轴（主轴）} - \frac{58}{26} - \text{V} - \frac{80}{20} - \text{IV} - \begin{bmatrix} \frac{50}{50} \\ \frac{80}{20} \end{bmatrix} - \text{III} - \frac{44}{44} \times \frac{26}{58} - \text{IX} - \text{正常螺纹导程加工传动路线}$$

则主轴（VI 轴）至 IX 轴的传动比为：

$$i_1 = \frac{58}{26} \times \frac{80}{20} \times \frac{50}{50} \times \frac{44}{44} \times \frac{26}{58} = 4 \qquad i_2 = \frac{58}{26} \times \frac{80}{20} \times \frac{80}{20} \times \frac{44}{44} \times \frac{26}{58} = 16$$

在正常螺纹导程加工传动路线中，主轴至 IX 轴传动比为 $\frac{58}{58}$，即为 1。可见，加工螺纹时，可将正常螺纹导程加工传动路线改为扩大导程加工传动路线，加工出来的螺纹导程将扩大为原来的 4 倍或 16 倍，这个变速组称为扩大组，传动比用 $i_\text{扩}$ 表示。所以可将加工米制螺纹的螺距计算公式写成

$$P_\text{h} = nP = 7 i_\text{基} i_\text{倍} i_\text{扩} \tag{3-5}$$

式中　$i_\text{基}$——基本组传动比；

$i_\text{倍}$——增倍组传动比；

$i_\text{扩}$——扩大组传动比。

这里需要说明的是，用扩大导程路线加工螺纹时，其扩大路线中主轴（VI 轴）至 IX 轴这一段路线中所经过的 V—IV—III 路线是主运动传动路线的一部分。也就是说，此时主轴是经过 III—IV—V 来传动的，只有当主轴采用低速链传动时，才可能加工扩大导程螺纹，进一步来说，当主轴由低速链传动且必须使用下列传动路线时，才能加工扩大导程螺纹。

$$\cdots \text{III} - \begin{bmatrix} \frac{20}{80} \\ \frac{50}{50} \end{bmatrix} - \text{IV} - \frac{20}{80} - \text{V} \cdots$$

当主运动经 $\dfrac{20}{80} \times \dfrac{20}{80}$ 传动时，螺纹导程可扩大 16 倍；当主运动经 $\dfrac{50}{50} \times \dfrac{20}{80}$ 传动时，螺纹导程可扩大 4 倍；又由于传动比 $\dfrac{51}{50}$ 不能准确等于 1，所以主运动若使用 $\dfrac{51}{50}$ 传动，则不能使用扩大路线加工螺纹。

以此类推，也可以分析当 CA6140 型卧式车床用扩大 4 倍和 16 倍的扩大导程加工传动路线加工螺纹时，主轴转速级数、转速值的大小。

车削模数制螺纹、寸制螺纹和径节制螺纹时的传动路线表达式及换置公式等有关内容请参考相关资料，这里不展开叙述。

3. 机动进给传动链

机动进给传动链主要用来加工圆柱面和端面，因车床上的加工表面大多为外圆柱面和端面，为了减少螺纹传动链中丝杠及开合螺母磨损，保证螺纹传动链的精度，机动进给传动链不使用丝杠及开合螺母传动。机动进给传动链从主轴至 XVIII 轴的传动与螺纹传动链相同，之后将 M_5 与丝杠的传动断开，通过传动副 $\dfrac{28}{56}$ 带动 XX 轴（光杠），运动又由传动副 $\dfrac{36}{32} \times \dfrac{32}{56}$ 经超越离合器和安全离合器 M_8、M_9 传至 XXII 轴（蜗杆轴），通过传动副 $\dfrac{4}{29}$ 带动蜗轮轴 XXIII。运动可由 XXIII 轴经传动副 $\dfrac{40}{48}$、$\dfrac{40}{30} \times \dfrac{30}{48}$ 分别通过双向端齿离合器 M_6、M_7 传至 XIV 轴或 XXVIII 轴。XXIV 轴经传动副 $\dfrac{28}{80}$ 传动 XXV 轴，XXV 轴上的小齿轮与固定在床身上的齿条啮合，小齿轮在齿条上滚动，由于 XXV 轴装在溜板箱上，该传动将带动滑板沿床身导轨纵向移动，最终带动刀架上的刀具纵向进给，用于车外圆。运动由 M_7 传至 XXVIII 轴后，又经传动副 $\dfrac{48}{48} \times \dfrac{59}{18}$ 传动横向丝杠 XXX 轴，丝杠传动固定在中滑板上的螺母，由螺母带动中滑板，中滑板带动刀架及刀具横向进给，用于车端面及车槽等。其传动路线表达式如下：

VI 轴（主轴）—螺纹导程加工传动路线—XVIII—M_5—$\dfrac{28}{56}$—XX—$\dfrac{36}{32} \times \dfrac{32}{56}$—$M_8$—$M_9$—

XXII—$\dfrac{4}{29}$—XXIII $\begin{bmatrix} \begin{bmatrix} M_6 \uparrow - \dfrac{40}{48} \\ M_6 \text{中停} \\ M_6 \downarrow - \dfrac{40}{30} \times \dfrac{30}{48} \end{bmatrix} - \dfrac{28}{80} - \text{XXV} - \dfrac{\text{齿轮}}{\text{齿条}}\begin{pmatrix} z=12 \\ m=2.5 \end{pmatrix} - \text{刀架纵向移动} \\ \begin{bmatrix} M_7 \uparrow - \dfrac{40}{48} \\ M_7 \text{中停} \\ M_7 \downarrow - \dfrac{40}{30} \times \dfrac{30}{48} \end{bmatrix} - \dfrac{48}{48} \times \dfrac{59}{18} - \text{XXX} - \dfrac{\text{横向丝杠}}{\text{螺母}}(P=5\text{mm}) - \text{刀架横向移动} \end{bmatrix}$

根据传动路线表达式，采用米制螺纹传动路线机动纵向进给时，其运动平衡方程式为：

$$f_\text{纵} = 1 \times \frac{58}{58} \times \frac{33}{33} \times \frac{63}{100} \times \frac{100}{75} \times \frac{25}{36} \times i_\text{基} \times \frac{25}{36} \times \frac{36}{25} \times i_\text{倍} \times \frac{28}{56} \times \frac{36}{32} \times \frac{32}{56} \times \frac{4}{29} \times \frac{40}{48} \times \frac{28}{80} \times \pi \times 2.5 \times 12$$

化简后 $$f_\text{纵} = 0.711 i_\text{基} i_\text{倍} \tag{3-6}$$

改变 $i_\text{基}$ 和 $i_\text{倍}$，可以得到 32（8×4）种进给量，其范围为 0.08～1.22mm/r。若机动进给，采用正常螺距英制路线，使 $i_\text{倍}=1$，改变 $i_\text{基}$ 可得 8 级稍大进给量（0.86～1.59mm/r）；若机动进给，采用扩大导程的英制路线，可得 16 级更大进给量（1.76～6.33mm/r）。另外，主轴由高速传动链驱动，进给由主轴经 Ⅵ—Ⅲ—Ⅷ—Ⅸ 传动，传动副为 $\frac{50}{63} \times \frac{44}{44} \times \frac{26}{58}$，改变 $i_\text{基}$，使 $i_\text{倍}=1/8$，可以得到 8 级细小的进给量（0.028～0.054mm/r）。所以，机动进给量总级数为 64（32+8+16+8）种。其中，$f_\text{min}=0.028\text{mm/r}$，$f_\text{max}=6.33\text{mm/r}$。

根据传动路线表达式，同理可写出采用正常米制螺纹传动路线横向进给时的运动平衡方程式：

$$f_\text{横} = 1 \times \frac{58}{58} \times \frac{33}{33} \times \frac{63}{100} \times \frac{100}{75} \times \frac{25}{36} \times i_\text{基} \times \frac{25}{36} \times \frac{36}{25} \times i_\text{倍} \times \frac{28}{56} \times \frac{36}{32} \times \frac{32}{56} \times \frac{4}{29} \times \frac{40}{48} \times \frac{48}{48} \times \frac{59}{18} \times 5$$

化简后 $$f_\text{横} = 0.353 i_\text{基} i_\text{倍} \tag{3-7}$$

同纵向进给级数相同，横向进给级数也为 64 种。从纵、横向进给运动平衡方程式可看出

$$\frac{f_\text{横}}{f_\text{纵}} \approx \frac{1}{2}$$

由此可知，在 CA6140 型卧式车床上，当机动进给路线一定，只切换 M_6、M_7，其横向进给量即是纵向进给量的 1/2。

3.3.4 手动及快速机动进给

在 CA6140 型卧式车床上纵向、横向手动进给，可分别作为车端面和外圆时间断的切入运动，其手动纵向进给的传动路线表达式为：

$$\text{纵向进给手轮(XXVI 轴)} - \frac{17}{80} - \text{XXV} \begin{array}{l} - \dfrac{\text{齿轮}}{\text{齿条}} \binom{z=12}{m=2.5} \\ - \dfrac{33}{39} \times \dfrac{39}{105} - \text{纵向进给刻度盘} \end{array}$$

纵向进给手轮转一转，刀架的纵向位移为：$f_\text{手动} = \left(1 \times \dfrac{17}{80} \times 2.5 \times 12 \times \pi\right)\text{mm} = 20.03\text{mm}$。

CA6140 型卧式车床的纵向进给刻度盘上的圆周均匀刻了 300 格，则手轮每转一格刀架的纵向位移量为：$\left(\dfrac{1}{300} \times \dfrac{105}{39} \times \dfrac{39}{33} \times 12 \times 2.5 \times \pi\right)\text{mm} = 1\text{mm}$。

手动横向进给的传动路线表达式为：

$$\text{横向进给手轮（XXX 轴）} - \frac{\text{丝杠}}{\text{螺母}}(P=5\text{mm})$$

如果横向进给手轮的刻度盘圆周上有 100 格刻度，则手轮每转一格刀架横向位移量为：

$\frac{1}{100} \times 5\text{mm} = 0.05\text{mm}$。

在 CA6140 型卧式车床上加工零件时，为了缩短辅助时间，提高生产效率，刀架也可实现机动纵向、横向快速移动。快速电动机 $P=250\text{W}$，$n=2800\text{r/min}$，是点动控制，按下快速按钮，快速电动机起动，经传动副 $\frac{13}{29}$ 传动 XⅫ轴，通过 $\frac{4}{29}$ 蜗杆副传动 XXⅢ轴，再经 M_6、M_7 分别驱动纵向进给传动机构和横向进给传动机构。松开快速按钮，快速电动机断电，停止转动。其传动路线表达式为：

$$\text{快速电动机} \begin{pmatrix} P=0.25\text{kW} \\ n=2800\text{r/min} \end{pmatrix} - \frac{13}{29} - \text{XⅫ} - \frac{4}{29} - \text{XXⅢ} - \begin{bmatrix} M_6 \cdots \text{纵向进给传动} \\ M_7 \cdots \text{横向进给传动} \end{bmatrix}$$

刀架快速移动时的移动方向由 M_6、M_7 控制，同机动进给时的进给方向控制完全相同。在快速进给接通时，机动进给传动链必须脱开，目的是避免机动进给由光杠（经传动副 $\frac{36}{32} \times \frac{32}{56}$）及快速电动机（经传动副 $\frac{18}{24}$）同时传动 XXⅡ轴造成运动干涉，而由齿轮 $z56$ 通过安全超越离合器 M_8、M_9 传动 XXⅡ轴。

3.3.5　CA6140 型卧式车床主要部件及结构

1. 主轴箱

CA6140 型卧式车床主轴箱中主要装有主轴部件、双向多片式摩擦离合器及操纵机构、主轴变速操纵机构等。

（1）主轴部件　主轴部件是车床的关键部件。工作时，主轴通过卡盘直接带动工件做旋转运动。因此，其旋转精度、刚度和抗振性等性能对工件的加工精度和表面粗糙度都有直接的影响。

图 3-9 所示为 CA6140 型卧式车床的主轴部件结构。主轴是空心阶梯轴，中心有直径为 48mm 的通孔，可用于通过长棒料，也可用于通过钢棒以卸下顶尖，或用于通过气、液动夹具的传动杆。主轴前端有精密的莫氏 6 号锥孔，用于安装顶尖、心轴或车床夹具。主轴前端

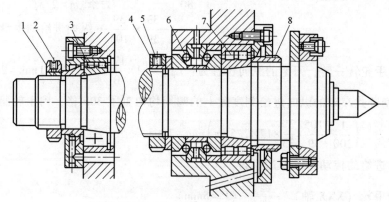

图 3-9　CA6140 型卧式车床主轴部件

1、4、8—螺母　2、5—紧定螺钉　3、7—双列短圆柱滚子轴承　6—双列向心推力球轴承

为短式法兰结构,它以短锥体和轴肩端面定位,用四个螺栓将卡盘的法兰或拨盘固定在主轴上,由主轴轴肩端面上的圆柱形端面键传递转矩。

为了提高主轴的刚性和抗振性,主轴的前、后支承处各装有一个双列短圆柱滚子轴承,中间支承处装有一个单列圆柱滚子轴承(图3-9中未画出),以承受径向力。由于圆柱滚子轴承的刚度和承载能力大,旋转精度高,而且内圈较薄,内孔是1∶12的锥孔,可通过相对主轴轴颈的轴向移动来调整轴承间隙,因而可保证主轴有较高的旋转精度和刚度。在主轴的前支承处还装有一个双列推力调心球轴承,用于承受左右两个方向的轴向力。

轴承因磨损而导致间隙过大,需要调整时,前轴承7的间隙调整可通过螺母8和螺母4进行。调整时,先松开螺母8和紧定螺钉5,然后旋转螺母4,使轴承7的内圈相对主轴锥面沿轴颈向右移动。由于锥面的作用,轴承内圈产生径向弹性膨胀,从而使滚子与内、外圈之间的间隙减小。间隙调整完成后,应将紧定螺钉5和螺母8旋紧。后轴承3的间隙可用螺母1调整。一般情况下,只需调整前轴承,当调整前轴承后仍达不到要求时,才对后轴承进行调整。

(2)双向多片式摩擦离合器及操纵机构 双向多片式摩擦离合器装在主轴箱内轴Ⅰ上,其结构如图3-10所示。离合器分为左、右两部分,结构相同。左离合器控制主轴正转,主要用于切削,需要传递较大的转矩,摩擦片的片数较多。右离合器控制主轴反转,主要用于退刀,片数较少。内摩擦片3上有花键内孔,与轴Ⅰ的花键相联接;外摩擦片2的内孔是光滑的圆孔,空套在轴Ⅰ花键外圆上,外摩擦片的外圆上有四个凸齿,可卡在空套齿轮套筒部分的缺口内。内、外摩擦片相间安装,未被压紧时,互不干涉。

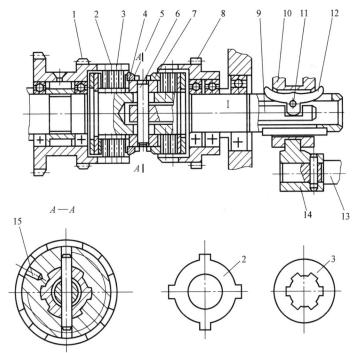

图3-10 双向多片式摩擦离合器
1、8—空套齿轮 2—外摩擦片 3—内摩擦片 4、7—加压套 5—螺圈 6—固定销 9—拉杆
10—滑环 11—销轴 12—摆杆 13—轴 14—拨叉 15—弹簧销

当操纵机构将滑环 10 向右拨动时，摆杆 12 绕销轴 11 摆动，其下端拨动拉杆 9 向左移动。位于拉杆 9 左端的固定销 6 使螺圈 5 及加压套 4 向左移动，压紧左边一组摩擦片，将转矩由轴Ⅰ传给空套齿轮 1，此时主轴正转。

当操纵机构将滑环 10 左推时，右边一组摩擦片被压紧，主轴反转。当滑环 10 处于中间位置时，左、右两组摩擦片都处于松开状态，这时轴Ⅰ虽然转动，但是主轴仍处于停止状态。摩擦离合器除了传递转矩外，还具有过载保护功能。当车床过载时，摩擦片打滑，保护车床。

如图 3-11 所示，摩擦离合器的接合与脱开由手柄 1 操纵。为便于操纵，在操纵杆 2 上有两个操纵手柄，分别位于进给箱和溜板箱的右侧。向上扳动手柄 1 时，轴 4 向外移动，并通过杠杆 5 带动轴 6 和扇形齿轮 7 顺时针方向转动，从而使齿条轴 8 右移，使主轴正转。向下扳动手柄 1 时，主轴反转。当手柄扳到中间位置时，传动链断开，主轴处于停止状态。

（3）主轴变速操纵机构　主轴箱内共有 7 组滑移齿轮，其中 5 组用于改变主轴转速。这 5 组滑移齿轮分别由两套机构操纵。其中，轴Ⅱ和轴Ⅲ上滑移齿轮的操纵机构如图 3-12 所示。

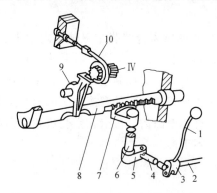

图 3-11　摩擦离合、制动器的操作机构
1—手柄　2—操纵杆　3、5、9—杠杆　4、6—轴
7—扇形齿轮　8—齿条轴　10—制动带

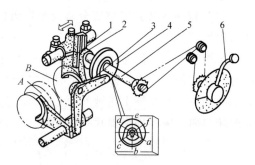

图 3-12　轴Ⅱ和轴Ⅲ上滑移齿轮的操纵机构
1—拨叉　2—曲柄　3—杠杆　4—凸轮
5—轴　6—手柄

这套变速机构由单手柄操纵，可使轴Ⅲ得到 6 种不同的转速。操纵变速手柄 6 时，手柄通过链条使轴 5 转动，轴 5 上装有固定盘形凸轮 4 和曲柄 2。凸轮 4 上有一条封闭的曲线槽，它由两段不同半径的圆弧和过渡直线组成，有六个变速位置（$a \sim f$）。其中 a、b、c 位置对应于凸轮曲线的大半径，d、e、f 位置对应于小半径。凸轮槽通过杠杆 3 操纵轴Ⅱ上的双联滑移齿轮 A。当杠杆 3 的滚子处于凸轮曲线槽大半径区间时，齿轮 A 在左端位置；若滚子处于凸轮曲线槽小半径区间，则齿轮 A 被移到右端位置。曲柄 2 上的圆销滚子装在拨叉 1 的长槽中。曲柄 2 随着轴 5 转动时，可拨动滑移齿轮 B，使其处于左、中、右三个不同位置。转动手柄 6 到不同变速位置，就可使两组滑移齿轮 A、B 的轴向位置实现六种不同的组合，即使轴Ⅲ得到六种不同的转速。

图 3-13 所示为 CA6140 型卧式车床主轴箱展开图。

2. 进给箱

进给箱中主要有变换螺纹导程和进给量的变速机构、变换螺纹种类的移换机构、丝杠和光杠的转换机构，以及相应的操纵机构等。

3. 溜板箱

溜板箱由单向超越离合器、安全离合器、开合螺母机构、机动进给操纵机构和互锁机构

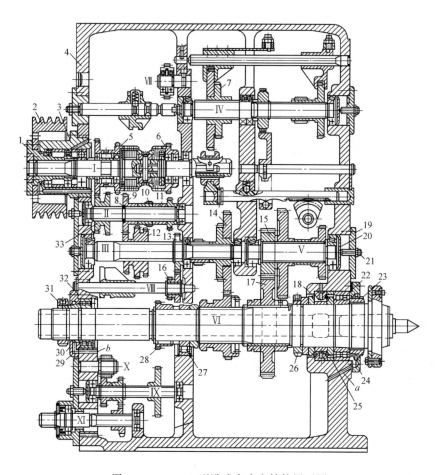

图 3-13 CA6140 型卧式车床主轴箱展开图

1—花键套 2—带轮 3—法兰 4—主轴箱体 5—双联空套齿轮 6—空套齿轮 7、33—双联滑移齿轮 8—半圆环
9、10、13、28—固定齿轮 11、25—隔套 12—三联滑移齿轮 14—双联固定齿轮 15、17—斜齿轮 16—套筒
18—双列向心球推力轴承 19—盖板 20—轴承压盖 21—调整螺钉 22、32—双列短圆柱滚子轴承
23、26、31—螺母 24—轴承盖 27—向心短圆柱滚子轴承 29—轴承端盖 30—套筒

等组成。

（1）单向超越离合器　CA6140 型卧式车床的溜板箱内具有快速移动装置。单向超越离合器能实现快速移动和慢速移动的自动转换，其工作原理如图 3-14 所示。单向超越离合器由星形体 4、三个滚柱 3、三个弹簧销 7 以及与齿轮 2 联成一体的套筒 m 等组成。齿轮 2 空套在轴Ⅱ上，星形体 4 用键与轴Ⅱ联接。当慢速运动由轴Ⅰ经齿轮 1、2 传来，套筒 m 逆时针方向转动，依靠摩擦力带动滚柱 3，楔紧在星形体 4 和套筒 m 之间，带动星形体 4 和轴Ⅱ一起旋转。在齿轮 2 慢速转动的同时，起动快速电动机 M，其运动经齿轮 6、5 传给轴Ⅱ，带动星形体 4 逆时针方向快速转动。由于星形体 4 的运动超前于套筒 m，于是滚柱 3 压缩弹簧销 7 并离开楔缝，套筒 m 与星形体之间的运动联系便自动断开。当快速电动机停止转动时，慢速运动又重新接通。这种单向超越离合器传入的快速和慢速运动是单方向的，轴Ⅱ传出的快、慢速运动方向是固定不变的。

（2）安全离合器　安全离合器 M_6 是进给过载保护装置（图 3-8），其工作原理如图 3-15

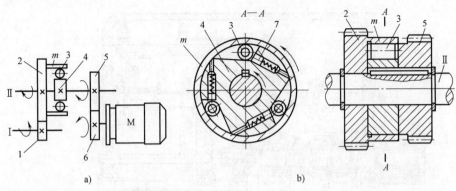

图 3-14 单向超越离合器
1、2、5、6—齿轮 3—滚柱 4—星形体 7—弹簧销

所示。安全离合器由端面带螺旋形齿爪的左、右两部分 3、2 和弹簧 1 组成。左半部由光杠带动旋转，空套在轴 XII 上，右半部通过键与轴 XII 联接。正常机动进给时，在弹簧 1 的压力作用下，两半部相互啮合，把光杠的运动传至轴 XII。当进给运动出现过载时，轴 XII 转矩增大，这时通过安全离合器端面螺旋齿传递的转矩也随之增大，致使端面螺旋齿处的轴向推力超过了弹簧 1 的压力，离合器右半部被推开（图 3-15b）；离合器左半部继续旋转，而右半部却不能被带动，两者之间出现打滑现象（图 3-15c），将传动链断开，使传动机构不致因过载而损坏。过载现象消失后，在弹簧 1 的作用下，安全离合器将自动地恢复到原来的正常状态，运动重新接通。

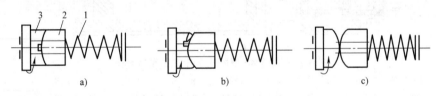

图 3-15 安全离合器
1—弹簧 2—离合器右半部 3—离合器左半部

（3）开合螺母机构 开合螺母机构主要用于车削螺纹，其工作原理如图 3-16 所示。机构可以接通或断开从丝杠传来的运动。合上开合螺母，丝杠通过开合螺母带动溜板箱与刀架运动；脱开时，传动停止。

开合螺母由上、下两个半螺母 1 和 2 组成。上半螺母与下半螺母装在燕尾槽中，且能同时上、下移动。上、下半螺母背面各装一个圆柱销 3，其伸出部分分别嵌在槽盘的两个曲线槽中。顺时针方向扳动手柄 6，经轴 7 使槽盘转动，曲线槽使两圆柱销接近，上、下半螺母相互合拢，与丝杠抱合。逆时针方向扳动手柄，可使开合螺母与丝杠脱开。适当调整调节螺钉，改变镶条 5 的位置，能够调整燕尾导轨间隙。

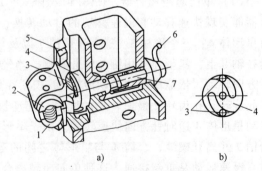

图 3-16 开合螺母机构
1、2—半螺母 3—圆柱销 4—槽盘
5—镶条 6—手柄 7—轴

(4) 机动进给操纵机构 如图3-17所示，向左或向右扳动手柄1，使手柄座3绕销钉2摆动（销钉2装在轴向固定的轴23上），手柄座下端的开口通过球头销4拨动轴5轴向移动；再经杠杆10和连杆11使凸轮12转动，凸轮上的曲线槽又通过销钉13带动轴14以及固定在它上面的拨叉15向前或向后移动；拨叉拨动离合器M_6，使之与轴XXIV上相应的空套齿轮啮合（参看图3-8），于是纵向机动进给传动链接通，刀架向左或向右移动。

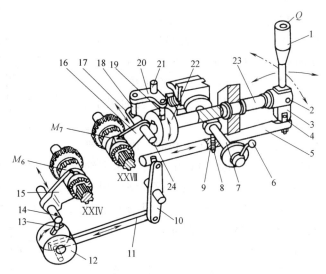

图3-17 机动进给操纵机构
1、6—手柄 2—销钉 3—手柄座 4、8、9—球头销
5、7、14、17、23、24—轴 10、20—杠杆 11—连杆
12、22—凸轮 13、18、19—销钉 15、16—拨叉 21—轴销

向前或向后扳动手柄1，通过手柄座3、轴23、使凸轮22转动，又通过嵌入凸轮曲线槽里的销钉19带动杠杆20绕轴销21摆动；再经销钉18带动轴24及拨叉16轴向移动，拨动离合器M_7，使之与轴XXVII上相应的空套齿轮啮合（参看图3-8），于是横向机动进给传动链接通，刀架向前或向后移动。

手柄扳至中间位置直立时，离合器M_6和M_7处于中间位置，机构进给传动链断开。

当手柄扳至左、右、前、后任一位置时，如按下装在手柄1顶端的按钮Q，则快速电动机起动。

(5) 互锁机构 互锁机构是防止操作错误的安全装置。主要原理是，使机床在接通机动进给传动链时，开合螺母不能合上；反之，在合上开合螺母时，机动进给传动链就不能接通。图3-18所示为互锁机构的工作原理图，它由凸肩a、固定套4和机动操作机构轴1上的球头销2、弹簧7等组成。

图3-18a所示为停车状态下的互锁机构，即机动进给（或快速移动）传动链未接通，开合螺母处于脱开状态。这时，可以任意接通开合螺母或机动进给传动链。图3-18b所示为开合螺母合上时的情况，由于手柄转过一定角度，它的平轴肩旋入到轴5的槽中，使轴5不能转动。同时，轴6转动使V形槽转动一定角度，将装在固定套4横向孔中的球头销3往下压，使其下端插入轴1的孔中，将轴1锁住，使其不能左右移动。所以，合上开合螺母时，机动进给手柄即被锁住。图3-18c所示为向左右扳动机动进给手柄，接通纵向机动进给传动链时的情况。由于轴1沿轴向移动了位置，其上的横向孔不再与球头销3对准，使球头销不能向下移动，因而轴6被锁住，开合螺母不能闭合。图3-18d所示为向前、向后扳动机动进给手柄，接通横向进给传动链时的情况。由于轴5转动改变了位置，其上的沟槽不再对准轴6上的凸肩a，因此轴6无法转动，开合螺母不能闭合。

4. 机床附件

(1) 三爪自定心卡盘 三爪自定心卡盘是一种通用夹具，用来装夹成形圆钢、六角钢，或规则的铸、锻圆件、六角件。它能自动定心，工件装夹后一般不需找正。与四爪单动卡盘相比，效率高、夹紧力小。

它是车床上使用最多的一种夹具，常用的三爪自定心卡盘规格有 φ200mm、φ250mm、φ320mm、φ400mm 四种。

（2）四爪单动卡盘　四爪单动卡盘是一种通用夹具，用来装夹表面粗糙、形状不规则、尺寸较大的工件。由于它的四个爪是各自独立运动的，因此需要通过找正使工件的回转中心与车床主轴的回转中心重合，才能进行车削。四爪单动卡盘的夹紧力较大。常用的四爪单动卡盘规格有 φ250mm、φ320mm、φ400mm 三种。

（3）顶尖　顶尖又称顶针，用来支顶细长及加工工序复杂的工件，起定位、承受工件重量以及切削力的作用，有前顶尖和后顶尖两种。插在主轴锥孔内，与主轴一起旋转的顶尖称为前顶尖。前顶尖随工件一起转动，二者无相对运动，不发生摩擦。

插在车床尾座套筒内的顶尖称为后顶尖，后顶尖又分为死顶尖和活顶尖两种。在车削加工中，死顶尖与工件中心孔发生滑动摩擦而产生大量的热量，目前多使用硬质合金顶尖，即在 60°顶尖处镶焊 YG8 硬质合金；活顶尖将与工件中心孔间的滑动摩擦改成顶尖内部轴承的滚动摩擦，能承受很高的转速。

（4）拨盘和鸡心夹头　装在前、后顶尖间的工件由鸡心夹头夹持。拨盘与主轴前端短锥配合，由主轴带动旋转；拨盘拨动鸡心夹头转动，从而使工件旋转。

顶尖、拨盘和鸡心夹头的配合使用如图3-19所示。

（5）中心架　中心架直接安装在工件中间位置，如图 3-20 所示。车细长轴时，使用中心架可以提高工件刚性。

（6）跟刀架　跟刀架固定在床鞍上，可以随车刀移动，如图3-21所示。跟刀架主要用于辅助车削不允许接刀的细长轴，其支承爪可抵消径向力，增加工件刚度，减轻变形。

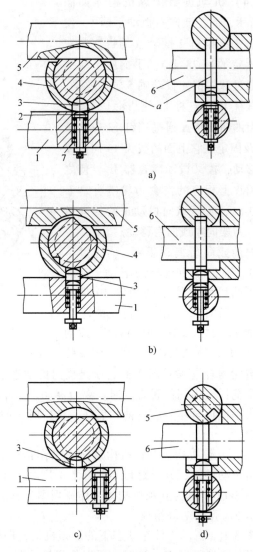

图 3-18　互锁机构
1、5、6—轴　2、3—球头销　4—固定套　7—弹簧

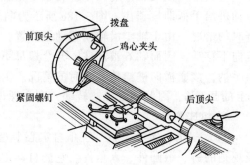

图 3-19　顶尖、拨盘和鸡心夹头装夹工件

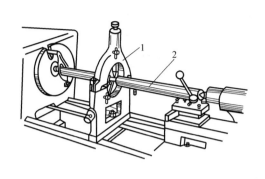

图 3-20 使用中心架车削工件
1—中心架 2—工件

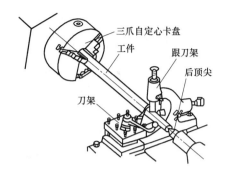

图 3-21 跟刀架

3.4 铣床

铣床是用铣刀进行铣削加工的机床。通常，铣削的主运动是铣刀的旋转，与刨削相比，主运动部件没有动态不平衡力的作用，这有利于采用高速切削，而且是多刃连续切削，故铣床生产效率比刨床高。铣床适用的工艺范围较广，可加工各种平面（图 3-22a）、台阶（图 3-22b）、键槽（图 3-22c）、T形槽（图 3-22d）、燕尾槽（图 3-22e）、齿轮（图 3-22f）、螺旋面（图 3-22g、图 3-22h）和成形面（图 3-22i、图 3-22j）等。如装上分度头，还可进行分度加工。

铣床的主要类型有升降台式铣床、床身式铣床、龙门铣床、工具铣床、仿形铣床以及技术不断成熟的数控铣床等。

3.4.1 升降台式铣床

升降台式铣床按主轴在铣床上布置方式的不同，分为卧式和立式两种类型。

1. 卧式升降台铣床

卧式升降台铣床又称"卧铣"，是一种主轴水平布置的升降台式铣床，如图 3-23 所示。工件安装在工作台 4 上，工作台安装在床鞍 5 的水平导轨上，工件可沿垂直于主轴 3 的轴线方向纵向移动。床鞍 5 安装在升降台 7 的水平导轨上，可沿主轴 3 的轴线方向横向移动。升降台 7 安装在床身 1 的垂直导轨上，可上下垂直移动。这样，工件便可在三个方向上进行位置调整或做进给运动。床身 1 固定在底座 8 上，床身内部装有主传动机构，顶部导轨上装有悬臂 2，悬臂上装有安装铣刀主轴 3（心轴）的支架 6，铣刀安装在主轴上。在卧式升降台铣床上还可安装由主轴驱动的立铣头附件。

图 3-24 所示为万能升降台铣床，它与卧式升降台铣床的区别在于其工作台与床鞍之间增装了一层转盘，转盘相对于床鞍可在水平面内扳转一定的角度（-45°~45°），以便加工螺旋槽等表面。

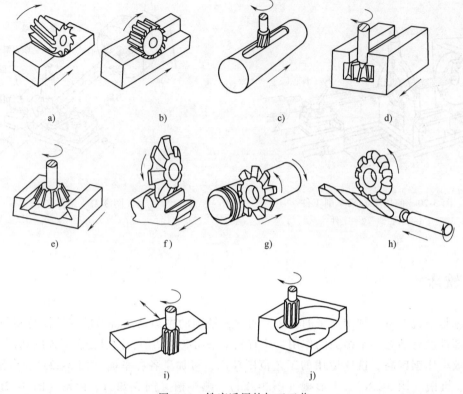

图 3-22 铣床适用的加工工艺

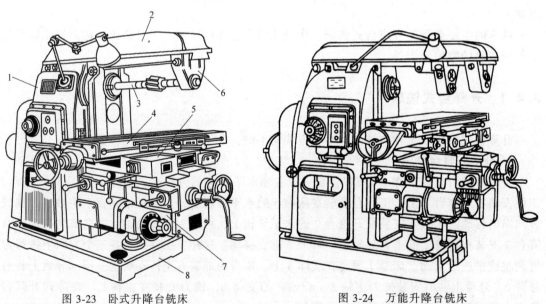

图 3-23 卧式升降台铣床
1—床身 2—悬臂 3—主轴 4—工作台 5—床鞍
6—支架 7—升降台 8—底座

图 3-24 万能升降台铣床

图 3-25 所示为 XA6132 型万能升降台铣床传动系统图,主运动和进给运动分别采用独立的驱动装置,其运动分析可参照 CA6140 型卧式车床的运动分析方法进行。

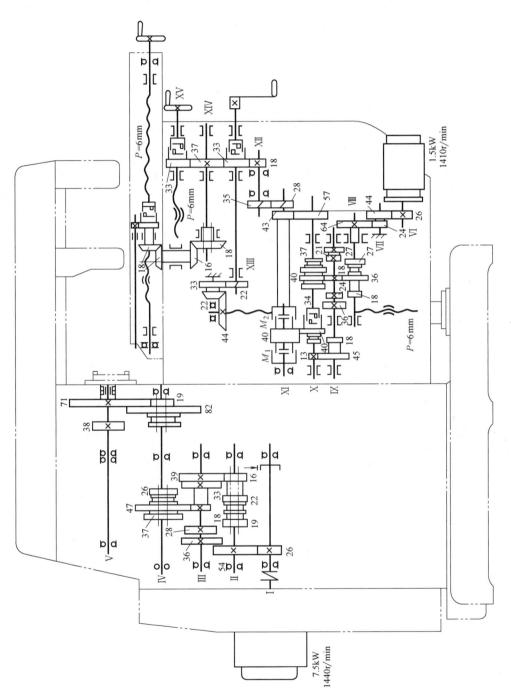

图 3-25 XA6132 型万能升降台铣床传动系统图

2. 立式升降台铣床

立式升降台铣床又称"立铣",是一种主轴垂直布置的升降台铣床,如图 3-26 所示。主轴 2 上可安装立铣刀、面铣刀等刀具。铣刀的旋转为主运动,立铣头 1 可绕水平轴线扳转一个角度,工作台结构与卧式升降台铣床相同。

3.4.2 床身式铣床

床身式铣床的工作台不做升降运动,也就是说,这是一种工作台不升降的铣床。机床的垂直运动由安装在立柱上的主轴箱来实现,这样可以提高机床的刚度,便于采用较大的切削用量。此类机床常用于加工中等尺寸的零件,床身式铣床的工作台有圆形和矩形两种类型。

图 3-27 所示为双立轴圆形工作台铣床,主要用于粗铣和半精铣顶平面。工件安装在工作台的夹具内,圆形工作台做回转进给运动。工作台上可同时安装多套夹具,装卸工件时无需停止工作台转动,可实现连续加工。同时,主轴箱的两个主轴上可分别安装粗铣和半精铣面铣刀,工件从铣刀下经过,即可完成粗铣和半精铣加工。这种机床的生产率较高,但需专用夹具装夹工件,适用于成批或大量铣削加工中、小型工件的顶平面。

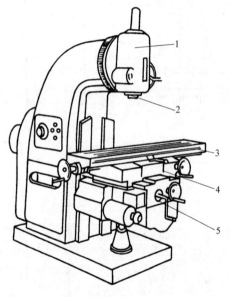

图 3-26 立式升降台铣床
1—立铣头 2—主轴 3—工作台
4—床鞍 5—升降台

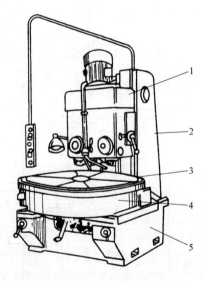

图 3-27 双立轴圆形工作台铣床
1—主轴箱 2—立柱 3—圆形工作台
4—滑座 5—底座

3.4.3 龙门铣床

龙门铣床主要用来加工大型工件的平面和沟槽,是一种大型高效通用铣床。机床主体结构呈龙门式框架,如图 3-28 所示。横梁 5 可以在立柱 4 上升降,以适应不同高度的工件加工。横梁上装有两个立铣头 3、6,两个立柱上分别装有两个卧铣头 2、8。每个铣头是一个独立部件，内装主运动变速机构、主轴及操纵机构。

工件装在工作台上，工作台可在床身1上做水平的纵向运动，立铣头可在横梁上做水平的横向运动，卧铣头可在立柱上升降。这些运动都可以是进给运动，也可以是调整铣头与工件间相对位置的快速调位运动；铣刀的旋转为主运动。龙门铣床刚度高，可多刀同时加工多个工件或多个表面，生产率高，适用于成批和大量生产。

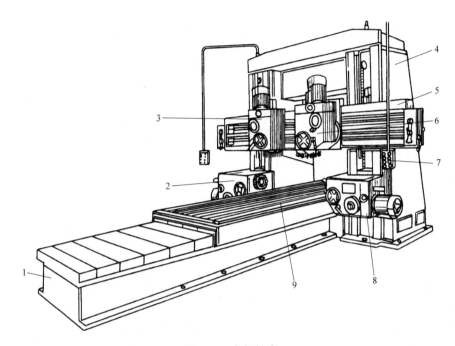

图3-28 龙门铣床

1—床身 2、8—卧铣头 3、6—立铣头 4—立柱 5—横梁 7—控制器 9—工作台

3.5 磨床

3.5.1 概述

磨床是以磨料磨具（砂轮、砂带、油石、研磨料等）为工具对工件进行切削加工的机床，是由于精加工和硬表面加工的需要而发展起来的，目前也有少数应用于粗加工的高效磨床。

科学技术的不断发展，对机器及仪器零件在几何精度和强度、硬度等方面的要求越来越高。在一般磨削加工中，加工尺寸的公差等级可达IT5~IT7级，表面粗糙度Ra达0.1~0.8μm；在超精磨削和镜面磨削中，表面粗糙度可分别达到0.04~0.08μm和0.01μm。磨削加工还能够磨削硬度很高的淬硬钢及其他高硬度的特殊金属材料和非金属材料。同时，随着毛坯制造工艺水平的提高，如精密铸造与精密锻造工艺的大量使用，毛坯可直接磨削加工成成品。此外，高速磨削和强力磨削工艺的发展，也进一步提高了磨削效率。因此，磨床的使用范围日益扩大,它在金属切削机床中所占的比重不断上升。

为了适应各种加工表面、工件形状及批量生产的磨削要求,磨床的种类很多,主要类型有:

(1) 外圆磨床　包括普通外圆磨床、万能外圆磨床、无心外圆磨床等。

(2) 内圆磨床　包括内圆磨床、无心内圆磨床、行星式内圆磨床等。

(3) 平面磨床　包括卧轴矩台平面磨床、立轴矩台平面磨床、卧轴圆台平面磨床、立轴圆台平面磨床等。

(4) 工具磨床　包括工具曲线磨床、钻头沟槽磨床、丝锥沟槽磨床等。

(5) 刀具刃磨磨床　包括万能工具磨床、拉刀刃磨床、滚刀刃磨床等。

(6) 专门化磨床　专门用于磨削某一类零件的磨床,如曲轴磨床、凸轮轴磨床、轧辊磨床、叶片磨床、齿轮磨床、螺纹磨床等。

(7) 其他磨床　包括珩磨机、抛光机、超精加工机床、砂带磨床、研磨机、砂轮机等。

3.5.2　M1432B 型万能外圆磨床

1. 机床的用途

图 3-29 所示为 M1432B 型万能外圆磨床,主要用于磨削圆柱或圆锥的外圆和内孔,也能磨削阶梯轴的轴肩和端平面。工件最大磨削直径为 320mm。该磨床属于普通精度级,加工精度圆度可达 5μm,表面粗糙度 Ra 可达 $0.16\sim0.32\mu m$;通用性较强,但自动化程度不高,磨削效率较低,适用于工具车间、机修车间和单件、小批生产的车间。

2. 机床的运动

图 3-30 所示为万能外圆磨床磨削外圆面、磨削长圆锥面、切入式磨削短圆锥面和磨削内锥孔的情况。

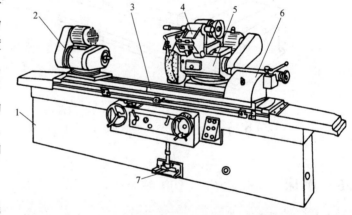

图 3-29　万能外圆磨床的外形图
1—床身　2—头架　3—工作台　4—内圆磨头
5—砂轮架　6—尾座　7—脚踏操纵板

为了实现上述磨削加工,机床应具有以下运动:

(1) 砂轮旋转运动　这是磨削加工的主运动,用转速 n_1 或线速度 v_1 表示。

(2) 工件旋转运动　也是工件的圆周进给运动,用工件的转速 n_2 或线速度 v_2 表示。

(3) 工件纵向往复运动　工件沿砂轮轴向的进给运动,是磨削全长所需要的运动,用 f_1 表示。

(4) 砂轮横向进给运动　沿砂轮径向的切入进给运动,用 f_2 表示。图 3-30a、b、d 中的 f_2 是间歇的,图 3-30c 中的 f_2 是连续的。

3. 机床的机械传动系统

M1432B 型万能外圆磨床的运动由机械和液压联合传动。工作台的纵向往复运动、砂轮

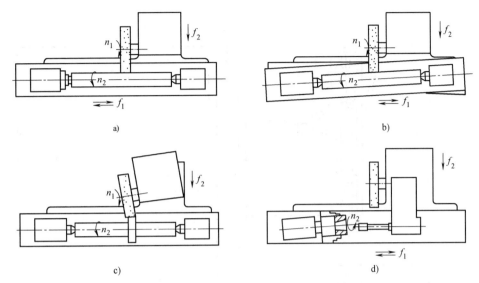

图 3-30 万能外圆磨床典型工艺加工示意图

架的快速进退和周期自动切入进给,以及尾座顶尖套筒的缩回为液压传动,液压传动具有运动和换向平稳、可无级调速、易于实现自动化控制等优点。此外,其余运动都是机械传动,机械传动系统如图 3-31 所示。

(1) 头架拨盘(带动工件)的传动 这一传动用于实现工件的圆周进给运动,其传动路线表达式为:

$$头架电动机—Ⅰ—\begin{Bmatrix}\dfrac{\phi 49}{\phi 165}\\[2pt]\dfrac{\phi 112}{\phi 110}\\[2pt]\dfrac{\phi 131}{\phi 91}\end{Bmatrix}—Ⅱ—\dfrac{\phi 61}{\phi 184}—Ⅲ—\dfrac{\phi 68}{\phi 178}—拨盘(工件转动)$$

头架电动机是双速电动机(700/1360r/min,0.55/1.1kW),轴Ⅰ和轴Ⅱ之间有 3 级变速,故工件可获得 6 级转速。

(2) 砂轮的传动 外圆磨削砂轮主轴只有一种转速,由电动机(4kW,1440r/min)通过 4 根 V 带和带轮传动 $\left(\dfrac{\phi 127}{\phi 133}\right)$。一般外圆磨削时取 $v_1 \approx 35\text{m/s}$。

内圆磨削砂轮主轴由电动机(1.1kW,2840r/min)经平带和带轮传动 $\left(\dfrac{\phi 127}{\phi 133}\text{或}\dfrac{\phi 170}{\phi 32}\right)$,可获得两种转速。

(3) 砂轮架的横向进给运动 砂轮架的横向进给是由操作手轮 H_1 实现的,手轮 H_1 固定在轴Ⅷ上,由手轮至砂轮架的传动路线为:

$$手轮 H_1—Ⅷ—\begin{Bmatrix}\dfrac{50}{50}(粗进给)\\[2pt]\dfrac{20}{80}(细进给)\end{Bmatrix}—Ⅸ—\dfrac{44}{88}横向进给丝杠(P_h=4\text{mm})—砂轮架$$

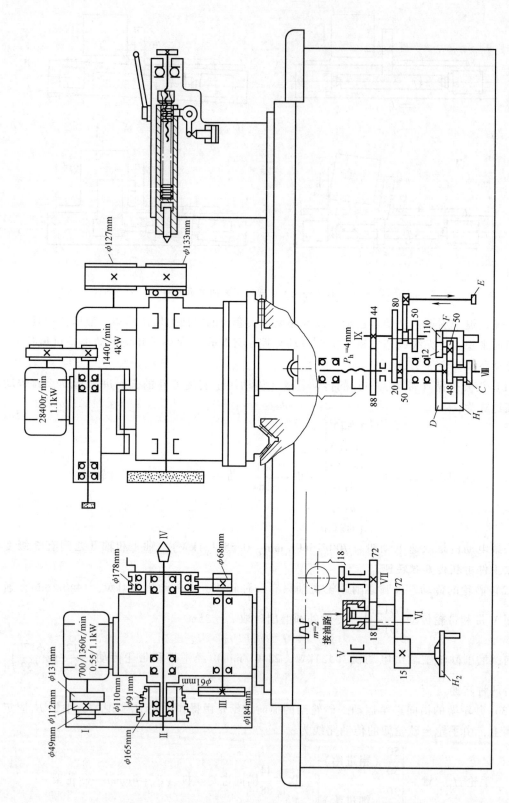

图 3-31 M1432B 型万能外圆磨床机械传动系统图

采用粗进给时，轴Ⅷ和轴Ⅸ间由齿轮副 $\frac{50}{50}$ 传动，手轮 H_1 转一转，砂轮架横向移动 2mm，而手轮刻度盘的圆周分度为 200 格，故每格的进给量为 0.01mm；采用细进给时，传动齿轮副为 $\frac{20}{80}$，故每格进给量为 0.0025mm。

（4）工作台的手动驱动 工作台的液压驱动和手动驱动之间有互锁装置。当工作台由液压驱动做纵向进给运动时，压力油进入液压缸，推动轴Ⅵ上双联滑移齿轮，使齿轮 18 与轴Ⅶ上齿轮 72 脱离啮合，此时工作台移动而 H_2 不转，故可避免因工作台移动带动手轮转动可能引起的伤人事故。

3.5.3 其他磨床

1. 普通外圆磨床

普通外圆磨床的结构与万能外圆磨床基本相同，所不同的是：

1）普通外圆磨床头架和砂轮架不能绕轴心在水平面内调整角度。

2）普通外圆磨床头架主轴直接固定在箱体上，不能转动，工件只能用顶尖支承进行磨削。

3）不配置内圆磨头装置。

因此，普通外圆磨床的工艺范围较窄，但由于减少了主要部件的结构层次，头架主轴又固定不转，故机床及头架主轴部件的刚度高，工件的旋转精度好。这种磨床适用于中批量及大批量磨削加工外圆柱面、锥度不大的外圆锥面及阶梯轴轴肩等。

2. 无心磨床

无心磨床通常指无心外圆磨床，无心磨削示意图如图 3-32 所示。

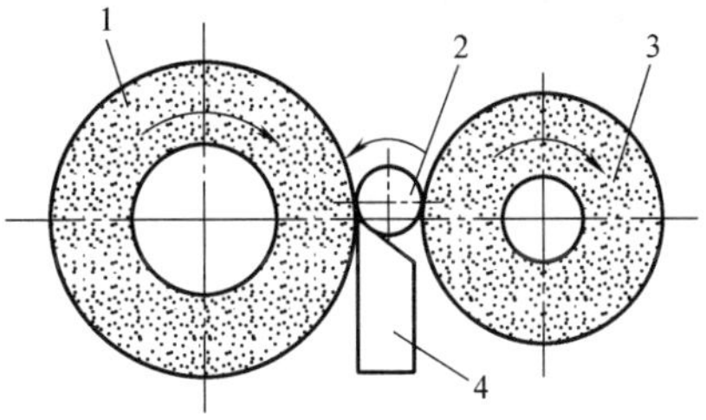

无心磨削的特点是：工件 2 不用顶尖支承或卡盘夹持，而置于磨削砂轮 1 和导轮 3 之间并用托板 4 支承定位，工件中心略高于两轮中心的连线，并在摩擦力作用下由导轮带动旋转。

图 3-32 无心磨削
1—磨削砂轮 2—工件 3—导轮 4—托板

导轮为刚玉砂轮，它以树脂或橡胶为结合剂，与工件间有较大的摩擦因数，线速度范围为 10～50m/s，工件的线速度基本上等于导轮的线速度。磨削砂轮采用一般的外圆磨砂轮，通常不变速，线速度很高，一般为 35m/s 左右，所以磨削砂轮与工件之间有较大的相对速度，这就是工件磨削的切削速度。

为了避免磨削出棱圆形工件，工件中心必须高于磨削砂轮和导轮的连心线。这样，可使工件在多次转动中逐步被磨圆。

无心磨削通常有纵磨法（贯穿磨法）和横磨法（切入磨法）两种，如图 3-33 所示。

图 3-33a 所示为纵磨法，导轮轴线相对于工件轴线偏转 α 角度（1°～4°），粗磨时取较大值，精磨时取较小值。此偏转角使工件获得轴向进给速度 $v_{进} = v_{导} \sin\alpha$。

图 3-33b 所示为横磨法，工件无轴向运动，导轮做横向送给运动，为了使工件在磨削时

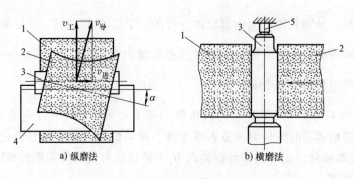

图 3-33 无心磨削的两种方法
1—磨削砂轮 2—导轮 3—工件 4—托板 5—挡块

紧靠挡块，一般取偏转角 $\alpha = 0.5° \sim 1°$。

无心磨床适用于大批量生产中细长轴以及不带中心孔的轴、套、销等零件的磨削，它的主参数以最大磨削直径表示。

3. 内圆磨床

内圆磨床有普通内圆磨床、无心内圆磨床和行星内圆磨床等多种类型，用于磨削圆柱孔和圆锥孔。按自动化程度分，有普通、半自动和全自动内圆磨床三类。普通内圆磨床比较常用，主参数以最大磨削孔径的 1/10 表示。

内圆磨削一般采用纵磨法，如图 3-34a 所示。头架安装在工作台上，可随同工作台沿床身导轨做纵向往复运动，还可在水平面内调整角度以磨削圆锥孔。工件装夹在头架上，由主轴带动做圆周进给运动。内圆磨砂轮由砂轮架主轴带动做旋转运动，砂轮架可由手动或液压传动沿床鞍做横向进给，工作台每往复一次，砂轮架做横向进给一次。

砂轮装在加长杆上，加长杆锥柄与主轴前端锥孔相配合，如图 3-34b 所示，可根据磨孔的不同直径和长度进行更换，砂轮的线速度通常为 15~25m/s，这种磨床适用于单件小批生产。

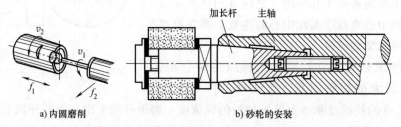

图 3-34 内圆磨削及砂轮的安装

4. 平面磨床

平面磨床用于磨削各种零件的平面。根据砂轮的工作面不同，平面磨床可分为用砂轮轮缘（即圆周）进行磨削和用砂轮端面进行磨削两类。用砂轮轮缘磨削的平面磨床，砂轮主轴常处于水平位置（卧式）；而用砂轮端面磨削的平面磨床，砂轮主轴常为立式。根据工作台的形状不同，平面磨床工作台又可分为矩形工作台和圆形工作台两类。所以，根据砂轮工作面和工作台形状的不同，平面磨床主要有四种类型：卧轴矩台平面磨床、卧轴圆台平面磨床、立轴矩台平面磨床和立轴圆台平面磨床。其中，卧轴矩台平面磨床和立轴圆台平面磨床最为常见。

（1）卧轴矩台平面磨床　如图3-35所示，这种磨床主要采用周磨法磨削平面，主参数以工作台面宽度的1/10表示。磨削时，工件放在工作台上，由电磁吸盘吸住，机床做如下运动：1）砂轮的旋转运动v_1，速度v_1一般为20～35m/s；2）工件的纵向往复运动f_1；3）砂轮的间歇横向进给f_2（手动或液压传动）；4）砂轮的间歇垂直进给f_3（手动）。

这种磨床的工艺范围较宽，除了用周磨法磨削水平面外，还可用砂轮端面磨削沟槽及台阶等垂直侧平面。这种磨削方法中，砂轮与工件的接触面积小，发热量少，冷却和排屑条件好，故可获得较高的加工精度和较好的表面质量，但磨削效率较低。

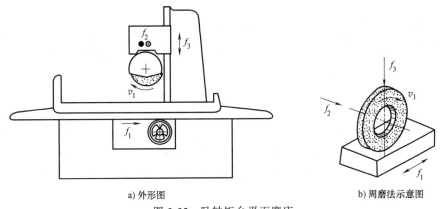

图3-35　卧轴矩台平面磨床

（2）立轴圆台平面磨床　如图3-36所示，这种磨床采用端磨法磨削平面，主参数以工作台直径的1/10表示。磨削时，工件装夹在电磁工作台上，机床做如下运动：1）砂轮的旋转运动v_1；2）工作台的圆周进给运动v_2；3）砂轮的间歇垂直进给f_3。圆工作台还可沿床身导轨做纵向移动v_3，以便装卸工件。

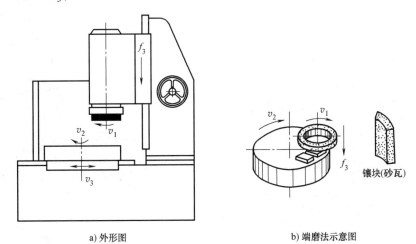

图3-36　立轴圆台平面磨床外形及磨削示意图

由于采用端面磨削，砂轮与工件的接触面积大，故生产率较高；但磨削时发热量大，冷却和排屑条件差，故加工精度和表面质量一般不如矩台平面磨床。这种磨床主要用于成批生产中进行粗磨或磨削精度要求不高的工件。砂轮常采用镶块式,以利于切削液的注入和排屑,砂轮的镶块又称砂瓦,如图3-36b所示。

3.6 其他机床

刨床与拉床是主运动为直线运动的机床,主要用于各种平面、沟槽、通孔及其他成形表面的加工。

3.6.1 刨床与插床

刨床类机床主要包括刨床和插床。刨床做水平方向的主运动,插床则做垂直方向的主运动,机床的主运动和进给运动均为直线运动。由于机床的主运动是直线往复运动,运动部件换向时需克服惯性力,形成冲击载荷,使得主运动速度难以提高,故切削速度较低。但由于机床和刀具较为简单,应用较灵活,因此,刨床常在单件、小批量生产中用于加工各种平面(水平面、斜面、垂直面)、沟槽(T形槽、燕尾槽等)以及纵向成形表面等。

(1) 牛头刨床　结构如图3-37所示。底座6上装有床身5,滑枕4带着刀架3做往复主运动。工件安装在工作台1上,工作台1在滑座2上做横向进给运动,进给是间歇运动。滑座2可在床身上升降,以适应加工不同高度的工件。牛头刨床多用于加工与安装基面平行的平面。

(2) 插床　结构如图3-38所示。插床多用于加工与安装基面垂直的平面,为立式机床。滑枕5带动刀具做上下往复运动,工件安装在圆工作台4上,可做纵、横两个方向的移动。因圆工作台4还可做分度运动,所以可插削按一定角度分布的键槽等。

由于牛头刨床和插床生产率较低,目前在很大程度上已分别被铣床和拉床代替。

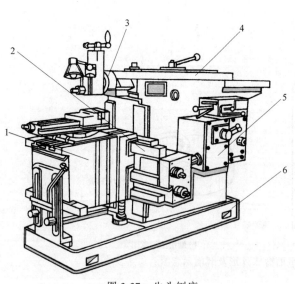

图3-37　牛头刨床
1—工作台　2—滑座　3—刀架　4—滑枕
5—床身　6—底座

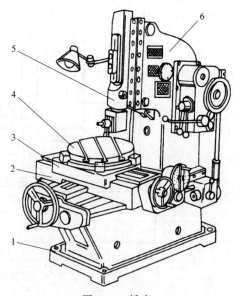

图3-38　插床
1—底座　2—托板　3—滑台　4—圆工作台
5—滑枕　6—立柱

（3）龙门刨床　龙门刨床主要用于中、小批量生产及在修理车间中加工大平面，尤其是长而窄的平面，如导轨面和沟槽，也可在工作台上同时安装多个工件进行加工。其机床结构呈龙门式布局，以保证机床有较高的刚度。同时，为避免加工较大平面时，像牛头刨床那样滑枕悬伸过长，龙门刨床采用工作台往复运动的形式。

龙门刨床结构如图3-39所示，工件安装在工作台2上，工作台沿床身1的导轨做纵向往复运动。安装在横梁3上的两个立刀架4可沿横梁导轨做横向运动，立柱6上的两个侧刀架9可沿立柱做升降运动。这两个运动都可以是间歇进给运动，也可以是快速调位运动。两个立刀架的上滑板还可扳转一定的角度，以便做斜向进给运动来加工斜面。横梁3可沿立柱6的垂直导轨做调整运动，以适应加工不同高度的工件。

大型龙门刨床往往还附有铣头和磨头等部件，以便使工件在一次装夹中完成刨、铣及磨等工作，这种机床又称为"龙门刨铣床"或"龙门刨铣磨床"。

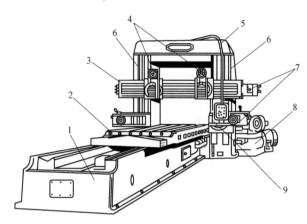

图3-39　龙门刨床
1—床身　2—工作台　3—横梁　4—立刀架　5—上横梁
6—立柱　7—进给箱　8—变速箱　9—侧刀架

3.6.2　拉床

拉床是用拉刀加工各种内、外成形表面的机床，图3-40所示为适用于拉削加工的典型表面形状。拉削时，拉刀使被加工表面一次拉削成形，所以拉床只有主运动，没有进给运动，进给量是由拉刀的齿升量来实现的。拉床的主运动为直线运动，由于拉刀在拉削时承受的切削力较大，拉床的主运动多采用液压驱动。由于拉削时切削速度很低（一般为 $v_c = 1 \sim 8 \text{m/min}$）、拉削过程平稳、切削厚度小（一般精切齿齿升量 a_f 为 $0.005 \sim 0.015 \text{mm}$），因此可加工出公差等级为IT7级、表面粗糙度不大于 $0.8 \mu \text{m}$ 的工件。若拉刀尾部加装浮动挤压环，则加工表面粗糙度可达 $0.2 \sim 0.4 \mu \text{m}$。

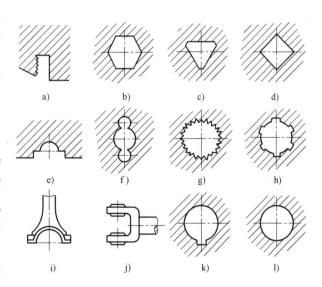

图3-40　拉削加工件的典型表面形状

拉床的主参数是额定拉力，通常为50~400kN。

拉床按加工表面种类不同可分为内拉床和外拉床，前者用于拉削工件的内表面，后者用于拉削工件的外表面。

按机床的布局不同又可分为卧式和立式两类。图 3-41a 所示为卧式内拉床，是拉床中最常用的，用以拉削花键孔、键槽和精加工孔。图 3-41b 所示为立式内拉床，常用于齿轮淬火后校正花键孔的变形。图 3-41c 所示为立式外拉床，用于汽车、拖拉机行业加工气缸体等零件的平面。图 3-41d 所示为连续式外拉床，它的生产率高，适用于在大批量生产中加工小型零件。

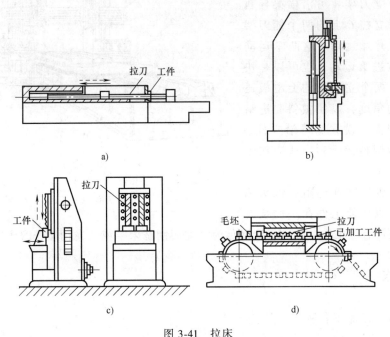

图 3-41 拉床
a）卧式内拉床 b）立式内拉床 c）立式外拉床 d）连续式外拉床

3.6.3 钻床

钻床是加工孔的主要机床，在钻床上主要用钻头进行钻孔。在车床上钻孔时，工件旋转，刀具做进给运动；而在钻床上钻孔时，工件不动，刀具做旋转主运动，同时沿轴向移动做进给运动。故钻床适用于加工没有对称回转轴线的工件上的孔，尤其适用于多孔加工，如加工箱体、机架等零件上的孔。除钻孔外，钻床还可完成扩孔、铰孔、锪平面以及攻螺纹等工作，其加工方法如图 3-42 所示。

钻床的主参数是最大钻孔直径。根据用途和结构的不同，钻床可分为立式钻床、摇臂钻床、台式钻床、深孔钻床以及其他钻床等。

（1）立式钻床　立式钻床是一种将主轴箱和工作台安置在立柱上，主轴垂直布置的钻床，结构如图 3-43 所示。加工时，工件直接或通过夹具装夹在工作台上，主轴的旋转运动由电动机经主轴箱传动，加工时主轴既做旋转的主运动，又做轴向的进给运动。工作台和进给箱可沿立柱上的导轨调整其上下位置，以适应对不同高度的工件进行钻削加工。

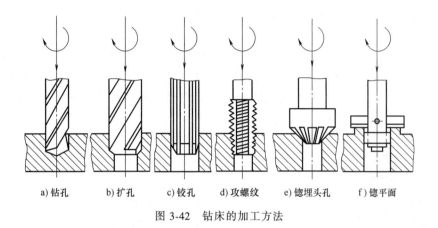

图 3-42 钻床的加工方法

a) 钻孔　b) 扩孔　c) 铰孔　d) 攻螺纹　e) 锪埋头孔　f) 锪平面

在立式钻床上,通过移动工件位置使被加工孔的中心与主轴中心对中,因而操作很不方便,不适用于加工大型零件,生产率也不高。此外,立式钻床的自动化程度一般较低,故常用在单件、小批量生产中加工中小型工件,在大批量生产中通常为组合钻床所代替。

立式钻床的另一种类型是立式排钻床,如图 3-44 所示,这种钻床在床身上排列有两个或两个以上装有主轴箱和立柱的立式钻床。各个主轴用于顺次地加工同一工件不同孔径的孔,或分别进行各种孔加工工序(钻、扩、铰、攻螺纹等)。由于可节省换刀时间,所以主要用于小型工件的中批或小批量生产加工。图 3-45 所示是可调多轴立式钻床,它具有多个主轴且轴间距离可根据加工需要进行调整。加工时,由主轴箱带动全部主轴转动,进给运动由进给箱带动。这种机床同时加工多孔,生产率较高,适用于成批生产。

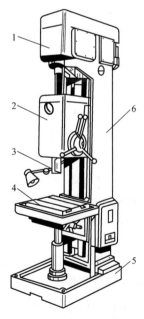

图 3-43 立式钻床

1—主轴箱　2—进给箱　3—主轴
4—工作台　5—底座　6—立柱

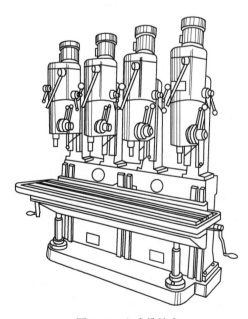

图 3-44 立式排钻床

(2) 摇臂钻床　摇臂钻床是一种摇臂可绕立柱回转和升降、主轴箱又可在摇臂上做水平移动的钻床。图 3-46 所示为摇臂钻床结构图。工件固定在底座 1 的工作台上，主轴 8 的旋转和轴向进给运动是由电动机 6 通过主轴箱 7 来实现的。主轴箱可在摇臂 3 的导轨上移动，摇臂借助电动机 5 及丝杠 4 的传动，可沿立柱 2 上下移动。立柱 2 由内立柱和外立柱组成，外立柱可绕内立柱在 ±180° 范围内回转。主轴能很容易地被调整到所需的加工位置上，这为在单件、小批量生产中加工大而重工件上的孔带来了很大的方便。

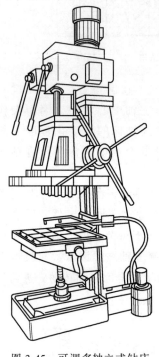

图 3-45　可调多轴立式钻床

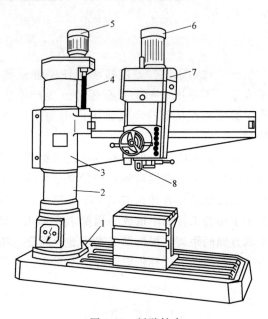

图 3-46　摇臂钻床
1—底座　2—立柱　3—摇臂　4—丝杠　5、6—电动机
7—主轴箱　8—主轴

图 3-47 所示为 Z3040×16 型摇臂钻床的传动系统图。主运动传动链如下：功率为 3kW 的主电动机将运动传入主轴箱，轴Ⅱ上的双向片式摩擦离合器可使主轴正转、反转或停车。当离合器向上接通时，主轴正转；通过液压预选阀和各液压缸（图 3-47 中从略）分别操纵轴Ⅲ、Ⅳ、Ⅴ、Ⅵ上的 4 个双联滑移齿轮，主轴Ⅶ便可得到 16 级转速。当离合器向下接通时，主轴即得到 16 级较高的反向转速。进给运动的传动链是：运动由主轴传出，经过轴Ⅷ、Ⅸ、Ⅹ、Ⅺ、Ⅻ、ⅩⅢ 上的 4 个双联滑移齿轮，内齿离合器 38、蜗杆副 2/77、齿轮 13 传至套筒齿条，带动主轴实现 16 级进给。

(3) 其他钻床　深孔钻床（图 3-48）是用特制的深孔钻头专门加工深孔的钻床，深孔一般指孔深超过 5 倍直径的孔，如可加工炮筒、枪管和机床主轴等零件的深孔。为减少孔中心线的偏斜，通常由工件转动作为主运动，钻头只做直线进给运动而不旋转。为避免机床过高和便于排除切屑，深孔钻床一般采用卧式布局，与卧式车床的布局类似。为保证获得好的冷却效果及避免切屑排出对工件表面质量的影响，在深孔钻床上配有排屑装置及切削液输送装置，使切削液由刀具内部输入至切削部位。

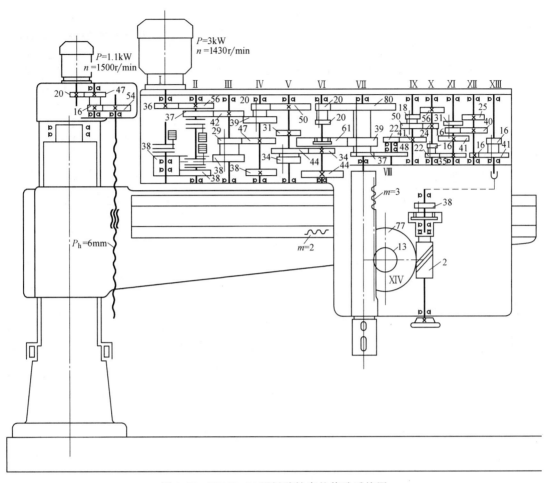

图 3-47　Z3040×16 型摇臂钻床的传动系统图

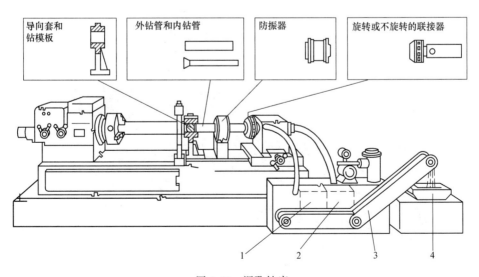

图 3-48　深孔钻床

1—过滤器　2—冷却器　3—切屑输送机　4—切屑离心机

目前，已开发出三种深孔钻系统，它们是喷吸钻（双管系统）、单管钻和枪钻系统。喷吸钻适合在镗床、车床上使用；单管钻适合在专用深孔钻床上批量生产工件时使用；枪钻适合加工难断屑材料和小直径工件。

台式钻床（图 3-49）是一种主轴垂直布置的小型钻床，钻孔直径一般在 15mm 以下。由于加工孔径较小，台钻主轴的转速可以很高，一般可达每分钟几万转。台钻小巧灵活，使用方便，但一般自动化程度较低，适用于单件、小批量生产中加工小型零件上的各种孔。

3.6.4 镗床

镗床是一种主要用镗刀加工有预制孔工件的机床。通常，镗刀旋转为主运动，镗刀或工件的移动为进给运动。它适合加工各种复杂和大型工件上的孔，特别是分布在不同表面上、孔距和位置精度要求较高的孔，尤其适合于加工直径较大的孔，以及内成形表面或孔内环槽。镗孔的尺寸精度及位置精度均比钻孔高。在镗床上，除镗孔外，还可以进行铣削、钻孔、铰孔等工作，因此镗床的工艺范围较广。根据用途，镗床可分为卧式镗床、坐标镗床、金刚镗床、落地镗床以及数控镗铣床等。

（1）卧式镗床 卧式镗床结构如图 3-50 所示。卧式镗床的主轴水平布置并可轴向进给，主轴箱可沿前立柱导轨垂直移动，工作台可旋转并实现纵、横向进给，在卧式镗床上也可进行铣削加工。卧式镗床的主要参数是主轴直径。

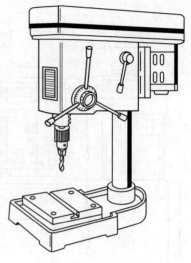

图 3-49 台式钻床

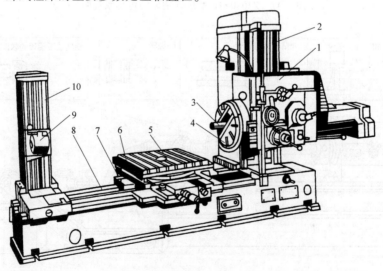

图 3-50 卧式镗床

1—主轴箱 2—前立柱 3—主轴 4—平旋盘 5—工作台 6—上滑座
7—下滑座 8—床身导轨 9—后支承套 10—后立柱

卧式镗床所适应的工艺范围较广，除镗孔外，还可钻、扩、铰孔，车削内外螺纹、攻螺纹，车削外圆柱面和端面，以及用面铣刀或圆柱铣刀铣平面等。如利用特殊附件和夹具，其工艺范围还可扩大。工件在一次装夹的情况下，即可完成多种表面的加工，这对于加工大而重的工件是特别有利的。但由于卧式镗床结构复杂，生产率一般又较低，故在大批量生产中加工箱体零件时多采用组合机床和专用机床。

（2）坐标镗床　坐标镗床是指具有精密坐标定位装置的镗床，是一种用途较为广泛的精密机床。主要用于镗削尺寸、形状及位置精度要求比较高的孔系，还能进行钻孔、扩孔、铰孔、锪端面、切槽、铣削等工作。此外，在坐标镗床上还能进行精密刻度、样板的精密划线，孔间距及直线尺寸的精密测量等。它不仅适用于在工具车间加工精密钻模、模具及量具等，而且也适用于在生产车间成批地加工孔距精度要求较高的箱体及其他零件。

坐标镗床有立式和卧式之分。立式坐标镗床适用于加工轴线与安装基面（底面）垂直的孔系和铣削顶面；卧式坐标镗床适用于加工轴线与安装基面平行的孔系和铣削侧面。

立式坐标镗床还有单柱和双柱两种形式。

立式单柱坐标镗床如图 3-51 所示。工件固定在工作台 3 上，坐标位置的确定分别由工作台 3 沿床鞍 2 导轨的纵向（x 向）移动和床鞍 2 沿床身 1 导轨的横向（y 向）移动来实现。此类形式多为中、小型坐标镗床。

立式双柱坐标镗床如图 3-52 所示。两个立柱、顶梁和床身呈龙门框架结构。两个坐标方向的移动，分别由主轴箱 2 沿横梁 1 导轨的横向（y 向）移动和工作台 4 沿床身 5 导轨的纵向（x 向）移动来实现。工作台和床身之间的结构层次比单柱式少，所以刚度较高。大、中型坐标镗床多采用此种布局。

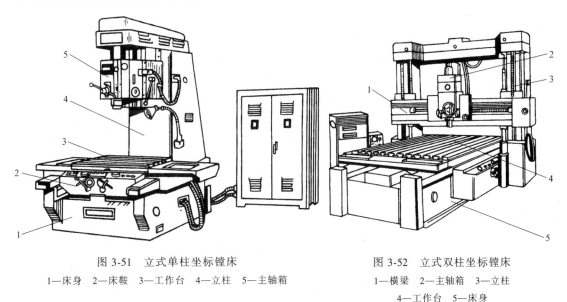

图 3-51　立式单柱坐标镗床　　　　　图 3-52　立式双柱坐标镗床
1—床身　2—床鞍　3—工作台　4—立柱　5—主轴箱　　1—横梁　2—主轴箱　3—立柱
　　　　　　　　　　　　　　　　　　　　　　　4—工作台　5—床身

卧式坐标镗床如图 3-53 所示。主轴水平布置，两个坐标方向的移动分别由横向滑座 1 沿床身 6 导轨的横向（x 向）移动和主轴箱 5 沿立柱 4 导轨的上下（y 向）移动来实现。回转工作台 3 可以在水平面内回转一定角度，以进行精密分度。

为了保证坐标镗床准确的定位精度和高的表面加工质量，除了在机械结构上采用高刚

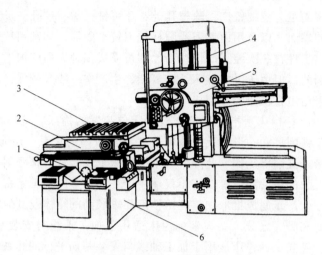

图 3-53 卧式坐标镗床
1—横向滑座　2—纵向滑座　3—回转工作台　4—立柱
5—主轴箱　6—床身

度、高精度的措施外,很关键的一点是采用了高精度的测量装置,精确地测量移动量并确定坐标位置。坐标测量装置的种类很多,如精密丝杠测量装置、光屏—金属刻线尺光学坐标测量装置、光栅坐标测量装置、激光干涉测量装置等。随着科学技术的发展,原有的测量方法还将不断改进。

本 章 小 结

本章首先阐述了金属切削机床的作用、发展与机床加工的生产模式;然后介绍了机床的分类与型号编制方法。本章主要以 CA6140 型卧式车床为例,分析它的主要部件结构、作用、主要附件的选用和工件的安装;还分析了 CA6140 型卧式车床主运动、车螺纹运动、机动进给运动、快速运动等传动路线。接着分析了 M1432B 型磨床结构特点和传动路线,以及 XA6132 型万能升降台铣床传动系统图和主要技术参数。最后对钻床、镗床、刨床、插床和拉床等常见机床的组成、分类、特点和应用场合进行了简明扼要的分析与说明,使学生对各种机床有一个明确而系统的认识。

复习思考题

3-1　举例说明通用机床、专门化机床和专用机床的主要区别是什么?

3-2　说出下列机床的名称和主参数,并说明它们的结构特性:CM6132、C1336、C2150×6、Z3040×16、T6112、T4163B、XK5040、B2021A、MGB1432。

3-3　切削加工时,零件的表面是如何形成的?发生线的成形方法有哪几种?分别是什么?

3-4　写出 CA6140 型卧式车床主运动链的高速传动路线和低速传动路线中最高转速和最低转速的计算式。

3-5　CA6140 型卧式车床主运动、车螺纹运动、机动进给运动、快速运动等传动链中,哪些传动链的两端件之间具有严格的传动比?

3-6　简述CA6140型卧式车床主轴箱中双向多片式摩擦离合器及其操纵机构的结构、特点。

3-7　在CA6140型卧式车床上车削米制螺纹：$P=3$mm，$n=2$；$P=8$mm，$n=2$。试写出其传动路线表达式，并说明车削这些螺纹时可采用的主轴转速范围及采用理由。

3-8　当CA6140型卧式车床上的主轴转速为450~1400r/min（500r/min除外），为什么能够获得细进给量？在进给箱传动路线一定的情况下，细进给量与常用进给量的比值是多少？

3-9　各类机床中，可用来加工外圆表面、内孔、平面和沟槽的分别有哪些机床？它们的适用范围如何区别？

3-10　将CA6140型卧式车床和M1432B型万能外圆磨床相比较，从传动和结构特点两方面说明为什么万能外圆磨床的加工精度和表面质量比卧式车床的高？

3-11　万能外圆磨床的砂轮主轴和头架主轴能否采用齿轮传动？为什么？

3-12　分析CA6140型卧式车床传动系统：

1）证明$f_{横}=0.5f_{纵}$。

2）主轴高速转动时能否加工扩大导程螺纹？

3）当主轴转速分别为40r/min、160r/min及400r/min时，能否实现螺距扩大4倍及16倍？为什么？

4）如果快速电动机的转动方向接（电源）反了，机床是否能正常工作？

5）M_3、M_4和M_5的功用是什么？是否可取消其中之一？

3-13　卧式铣床、立式铣床、龙门铣床和龙门刨床在结构以及使用范围方面有何区别？

3-14　车床、钻床、镗床、刨床和铣床各自能进行哪些加工？分别使用何种刀具？试画出加工简图并标出切削运动。

3-15　台式钻床、立式钻床和摇臂钻床各适用于何种场合？

3-16　外圆磨床、内圆磨床、平面磨床各自能进行哪些加工？工件如何安装？试画出加工简图并标出切削运动。

第4章 机械加工工艺规程

学习目标与要求

了解机械加工工艺规程制订的方法和一般步骤；掌握工序、工步、走刀等基本概念；掌握生产类型及工艺特点；了解毛坯的选择原则；了解零件结构工艺性分析的方法；掌握加工表面技术条件分析的方法；掌握六点定位原理；了解定位基准选择的原则；熟悉定位元件的结构和选用方法；掌握加工顺序安排的原则；掌握工序尺寸及公差计算方法；了解提高生产率和技术经济分析的方法。具有正确选择定位基准和定位方案的能力；具有正确选择表面加工方案的能力；具有合理安排加工顺序的能力。

4.1 机械加工工艺规程概述

4.1.1 生产过程和工艺过程

产品的生产过程是把原材料变为成品的全过程。机械产品的生产过程一般包括：1）生产与技术的准备；2）毛坯的铸造、锻造、冲压等；3）零件的切削加工、热处理、表面处理等；4）产品的装配、调试检验和油漆等；5）原材料、外购件和工具的供应、运输、保管等。

在生产过程中改变生产对象的形状、尺寸、相对位置和性质等，使其成为成品或半成品的过程，称为工艺过程。如毛坯的制造、机械加工、热处理、装配等均属于工艺过程。

工艺过程中，用机械加工的方法直接改变生产对象的形状、尺寸和表面质量，使之成为合格零件的加工过程，称为机械加工工艺过程。

4.1.2 机械加工工艺过程的组成

机械加工工艺过程是由一个或若干个顺序排列的工序组成的，而每个工序又可分为若干个安装、工位、工步和走刀。

（1）工序 工序是指一个或一组工人，在一个工作地对一个或同时对几个工件所连续完成的那一部分工艺过程。

区分工序的主要依据是，工作地（或设备）是否变动，以及完成的那部分工艺内容是否连续。

图4-1所示圆盘零件，单件小批量生产时其机械加工工艺过程见表4-1；成批生产时其加工工艺过程见表4-2。

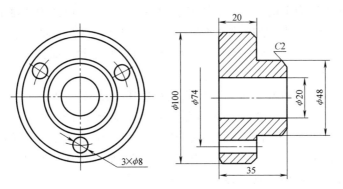

图4-1 圆盘零件

表4-1 圆盘零件单件小批量生产机械加工工艺过程

工序号	工序名称	安装	工步	工序内容	设备
1	车削	Ⅰ	1 2 3 4	（用三爪自定心卡盘夹紧毛坯小端外圆） 车大端端面 车大端外圆至φ100mm 钻φ20mm孔 倒角	车床
		Ⅱ	5 6 7	（工件调头，用三爪自定心卡盘夹紧大端外圆） 车小端端面，保证尺寸35mm 车小端外圆至φ48mm，保证尺寸20mm 倒角	
2	钻削	Ⅰ	1 2	（用夹具装夹工件） 依次加工3个φ8mm孔 在夹具中修去孔口的锐边及毛刺	钻床

表4-2 圆盘零件成批生产机械加工工艺过程

工序号	工序名称	安装	工步	工序内容	设备
1	车削	Ⅰ	1 2 3 4	（用三爪自定心卡盘夹紧毛坯小端外圆） 车大端端面 车大端外圆至φ100mm 钻φ20mm孔 倒角	车床
2	车削	Ⅰ	1 2 3	（以大端面及胀胎心轴装夹工件） 车小端端面，保证尺寸35mm 车小端外圆至φ48mm，保证尺寸20mm 倒角	车床
3	钻削	Ⅰ	1	（钻床夹具） 钻3×φ8mm孔	钻床
4	钳	Ⅰ	1	修去孔口的锐边及毛刺	工作台

由表 4-1 可知，圆盘零件的机械加工分车削和钻削两道工序，因为两者的操作工人、机床设备及加工的连续性均已发生变化。车削加工工序，虽然含有多个加工表面和多种加工方法（车削、钻削），但其划分工序的要素未改变，故同属车削工序。表 4-2 中的 4 道工序，虽然工序 1 和工序 2 同为车削，但由于加工连续性发生变化，因此为两道工序；同样，工序 4 中修孔口锐边及毛刺，因为使用的设备和工作地点均已变化，因此也应作为单独工序。

工序不仅是组成工艺过程的基本单元，也是制订时间定额、配备工人、安排作业和进行质量检验的基本单元。

（2）安装与工位　工件在加工前，将工件在机床上或夹具中定位、夹紧的过程称为装夹。工件（或装配单元）经一次装夹后所完成的那一部分工序称为安装，一道工序可以包含一个或多个安装。表 4-1 中工序 1 即有两个安装，而工序 2 只有一个安装。工件加工应尽量减少装夹次数，因为多一次装夹就多一次装夹误差，而且增加辅助时间。因此，生产中常用各种回转类工作台、回转夹具、移动夹具等，以便工件一次装夹后，可使其处于不同的位置进行加工。

为完成一定的工序内容，一次装夹工件后，工件（或装配单元）与夹具或设备的可动部分一起相对刀具或设备的固定部分所占据的每一个位置，称为工位。

图 4-2 所示的加工示例利用回转工作台在一次装夹后可顺序完成装卸工件、钻孔、扩孔和铰孔四个工位加工。

（3）工步与走刀　为了便于分析和描述工序的内容，工序还可以进一步划分为工步。

工步是指在加工表面（或装配时的连续表面）和加工（或装配）工具不变的情况下，所连续完成的那一部分工序。一道工序可以包含多个工步，也可以只

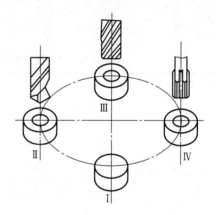

图 4-2　多工位加工
Ⅰ—装卸工件　Ⅱ—钻孔　Ⅲ—扩孔　Ⅳ—铰孔

有一个工步。表 4-1 中工序 1，在安装 Ⅰ 中进行车大端端面、车大端外圆、钻 $\phi 20$ mm 孔、倒角等加工，由于加工表面和使用刀具的不同，分成 4 个工步。

一般来说，构成工步的任一要素（加工表面、加工刀具及加工连续性）发生改变，即成为另一个工步。但如下情况应视为一个工步：

1）对于一次装夹中连续进行的若干相同的工步，应视为一个工步。如图 4-1 所示，圆盘零件上 3 个 $\phi 8$ mm 孔的钻削，可以作为一个工步，即钻 $3 \times \phi 8$ mm 孔。

2）为了提高生产率，有时用几把刀具同时加工几个表面，也应视为一个工步，称为复合工步。加工方案示例如图 4-3 所示。

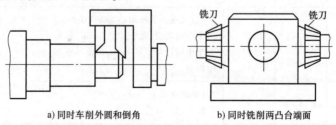

a）同时车削外圆和倒角　　b）同时铣削两凸台端面

图 4-3　复合工步

在一个工步内,若加工表面需切去的金属层很厚,需分多次切削,则每进行一次切削称为一次走刀。一个工步可以包含一次走刀或多次走刀。

4.1.3 机械加工生产类型

(1) 生产纲领 企业在计划期内应当生产的产品产量和进度计划称为生产纲领。某零件的年生产纲领可按下式计算:

$$N = Qn(1+a\%+b\%) \tag{4-1}$$

式中 N——零件的年生产纲领,单位为件/年;
Q——产品的年生产纲领,单位为台/年;
n——每台产品中该零件的数量,单位为件/台;
$a\%$——零件备品的百分率;
$b\%$——零件废品的百分率。

生产纲领的大小对生产组织形式和零件加工过程起着重要的作用,它决定了各工序所需专业化和自动化的程度,决定了所应选用的工艺方法和工艺装备。

(2) 生产类型及工艺特点 企业(或车间、工段、班组、工作地)生产专业化程度的分类称为生产类型。生产类型一般可分为单件生产、成批生产、大量生产三种类型。

1) 单件生产。单件生产的基本特点是:生产的产品种类繁多,每种产品的产量很少,而且很少重复生产。例如,重型机械产品制造和新产品试制等都属于单件生产。

2) 成批生产。成批生产的基本特点是:分批生产相同的产品,生产呈周期性重复。例如,机床制造、电机制造等属于成批生产。成批生产又可按其批量大小分为小批生产、中批生产、大批生产三种类型。其中,小批生产和大批生产的工艺特点分别与单件生产和大量生产的工艺特点类似;中批生产的工艺特点介于小批生产和大批生产之间。

3) 大量生产。大量生产的基本特点是:产量大、品种少,大多数工作地长期重复地进行某个零件的某一道工序的加工。例如,汽车、拖拉机、轴承等产品的制造都属于大量生产。

生产类型的划分除了与生产纲领有关外,还应考虑产品的大小及复杂程度。表 4-3 列出了生产纲领与生产类型的关系,可供确定生产类型参考。

表 4-3 生产纲领与生产类型的关系

生产类型	零件的年生产纲领(件/年)		
	重型零件	中型零件	轻型零件
单件生产	<5	<10	<100
小批生产	5~100	10~200	100~500
中批生产	100~300	200~500	500~5000
大批生产	300~1000	500~5000	5000~50000
大量生产	>1000	>5000	>50000

生产类型不同,产品制造的工艺方法、所用的设备和工艺装备以及生产的组织形式等均不同。大批、大量生产应尽可能采用高效率的设备和工艺方法,以提高生产率;单件、小批

生产应采用通用设备和工艺装备,也可采用先进的数控机床,以降低生产成本。各生产类型的工艺特征可参考表4-4。

表4-4 各生产类型的工艺特征

工艺特征	生产类型		
	单件、小批	中批	大批、大量
零件的互换性	采用修配法,钳工修配,缺乏互换性	大部分具有互换性。装配精度要求高时,灵活应用分组装配法和调整法,同时还保留某些修配法	具有广泛的互换性。少数装配精度较高时,采用分组装配法和调整法
毛坯的制造方法与加工余量	采用木模手工造型或自由锻造。毛坯精度低,加工余量大	部分采用金属模铸造或模锻。毛坯精度和加工余量中等	广泛采用金属模机器造型、模锻或其他高效方法。毛坯精度高,加工余量小
机床设备及其布置形式	通用机床。按机床类别采用机群式布置	部分通用机床和高效机床。按工件类别分工段排列设备	广泛采用高效专用机床及自动机床。按流水线和自动线排列设备
工艺装备	大多采用通用夹具、标准附件、通用刀具和万能量具。靠划线和试切法达到精度要求	广泛采用专用夹具,部分靠找正装夹达到精度要求。较多采用专用刀具和量具	广泛采用专用高效夹具、复合刀具、专用量具或自动检验装置。靠调整法达到精度要求
工人技术要求	需技术水平较高的工人	需具有一定技术水平的工人	对调整工的技术水平要求高,对操作工的技术水平要求较低
工艺文件	有工艺过程卡,关键工序要有工序卡	有工艺过程卡,关键工序要有工序卡	有工艺过程卡和工序卡,关键工序要有调整卡和检验卡
成本	较高	中等	较低

4.1.4 机械加工工艺规程的制订

机械加工工艺规程是规定零件机械加工工艺过程和操作方法等内容的工艺文件,它是机械制造工厂最主要的技术文件。

(1) 制订工艺规程的原则 工艺规程的制订原则是保证产品的优质、高产、低成本,即在保证产品质量的前提下,争取最好的经济效益。制定工艺规程时,应注意下列问题:

1) 技术上的先进性。在制订工艺规程时,要了解国内外本行业工艺技术的发展水平,通过必要的工艺试验,积极采用先进的工艺和工艺装备。

2) 经济上的合理性。在一定的生产条件下,可能会出现多种能保证零件技术要求的工艺方案,此时应通过核算或相互对比,选择经济性最合理的方案,使产品的能源、材料消耗和生产成本最低。

3）有良好的劳动条件并重视环境保护。在制订工艺规程时，要注意保证工人操作时有良好而安全的劳动条件，以减轻工人繁杂的体力劳动；同时，重视对环境的保护。

(2) 制订工艺规程的原始资料

1）产品图样及技术条件。

2）产品验收质量标准、毛坯资料等。

3）产品零部件工艺路线表或车间分工明细表，以便了解产品及企业的管理情况。

4）产品的生产纲领（年产量），以便确定生产类型。

5）企业的生产条件。

6）有关工艺标准，如各种工艺手册和图表，以及生产企业的企业标准和行业标准。

7）有关设备及工艺装备的资料。

8）国内外同类产品的有关工艺资料。

(3) 制订工艺规程的步骤

1）计算零件的生产纲领，确定生产类型。

2）分析产品装配图样和零件图样，了解零件在产品中的功用及其主要加工表面的技术要求。

3）确定毛坯的类型、结构形状、制造方法等。

4）选择定位基准、确定各表面的加工方法、划分加工阶段、确定工序的集中和分散程度、合理安排加工顺序。

5）确定各工序的加工余量，计算工序尺寸及公差。

6）选择加工设备及工艺装备。

7）确定切削用量并计算时间定额。

8）填写工艺文件。

(4) 填写工艺文件　零件的机械加工工艺规程制订好以后，必须将上述各项内容填写在工艺文件上，以便遵照执行。目前，在生产企业中广泛使用的机械加工工艺文件有机械加工工艺过程卡片、机械加工工艺卡片和机械加工工序卡片，三种工艺文件的格式及内容依次见表4-5、表4-6和表4-7。

机械加工工艺过程卡片是以工序为单位，简要说明整个零部件的加工过程（包括毛坯制造、机械加工和热处理等）的工艺文件。它是制订其他工艺文件的基础，也是生产技术准备、编排作业计划和组织生产的依据。这种卡片由于各工序内容的说明不够具体，故多用于生产管理方面。在单件、小批生产中，这种卡片也用于指导工人操作。

机械加工工艺卡片是以工序为单元，详细说明产品（或零部件）在某一工艺阶段中的工序号、工序名称、工序内容、工艺参数、操作要求以及采用设备和工艺装备的工艺文件。它可用来指导工人生产，帮助车间管理人员、技术人员掌握整个零件加工过程，广泛用于成批生产零件和小批生产中重要零件的加工过程指导。它与机械加工工艺过程卡片的显著区别在于对每一道切削加工工序都规定了工艺参数、操作要求等内容。

机械加工工序卡片是在工艺过程卡片和工艺卡片的基础上，按每道工序编制的一种技术文件。较之前两种卡片，它更详细地说明了整个零件各道工序的加工要求，卡片上附有工序图，注明了工序中每一工步的加工内容、工艺参数、操作要求及所用设备和工艺装备等。它用于在大批大量生产的零件加工过程中具体指导工人操作。

表 4-5 机械加工工艺过程卡片

机械加工工艺过程卡片				产品型号	(3)	零件图号	(4)	共 页	第 页
				产品名称		零件名称			(6)
材料牌号	(1)	毛坯种类	(2)	毛坯外形尺寸		每毛坯可制件数	每台件数 (5)	备注	
工序号	工序名称	工序内容		车间	工段	设备	工艺装备	工时	
								准终 (14)	单件 (15)
(7)	(8)	(9)		(10)	(11)	(12)	(13)		
			设计(日期)	审核(日期)	标准化(日期)	会签(日期)			
标记	处数	更改文件号	签字	日期	标记	处数	更改文件号	签字	日期

第4章 机械加工工艺规程

表 4-6 机械加工工艺卡片

(工厂名)	机械加工工艺卡片		产品型号		零(部)件图号		共 页	
			产品名称		零(部)件名称		第 页	
材料牌号	毛坯种类	毛坯外形尺寸		每毛坯件数		每台件数	备注	
工序	安装	工步	工序内容	同时加工零件数	切削用量			
					背吃刀量 /mm	切削速度 /(m/min)	每分钟转数或往复次数	进给量 /mm

设备名称及编号	工艺装备名称及编号			技术等级	工时定额	
	夹具	刀具	量具		准终	单件

			编制 (日期)	审核 (日期)	会签 (日期)
标记	处数	更改文件号	签字	日期	
标记	处数	更改文件号	签字	日期	

表4-7 机械加工工序卡片

机械加工工序卡片		产品型号		零件图号			共 页
		产品名称		零件名称			第 页
车间	工序号	工序名称		材料牌号			
(1)	(2)	(3)		(4)			
毛坯种类	毛坯外形尺寸	每毛坯可制件数		每台件数			
(5)	(6)	(7)		(8)			
设备名称	设备型号	设备编号		同时加工件数			
(9)	(10)	(11)		(12)			
夹具编号	夹具名称			切削液			
(13)	(14)			(15)			
工位器具编号	工位器具名称			工序工时			
				准终	单件		
(16)	(17)			(18)	(19)		
工步号	工步内容	工艺设备	主轴转速 r/min	切削速度 m/min	进给量 mm/r	切削深度 mm	进给次数	工步工时
								机动	辅助
(20)	(21)	(22)	(23)	(24)	(25)	(26)	(27)	(28)	(29)

		设计(日期)	审核(日期)	标准化(日期)	会签(日期)
标记	处数	更改文件号	签字	日期	
标记	处数	更改文件号	签字	日期	

4.2 零件的工艺分析及毛坯的选择

4.2.1 零件结构工艺性分析

零件的结构工艺性是指所设计的零件在满足使用要求的前提下，制造该零件的可行性和经济性。下面从零件的机械加工和装配两个方面，对零件的结构工艺性进行分析。

（1）机械加工对零件结构的要求（表4-8）

表4-8 零件结构机械加工工艺性实例

序号	工艺性不好的结构 A	工艺性好的结构 B	说　明
1	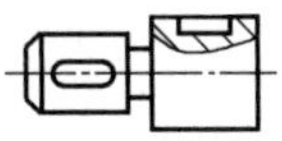	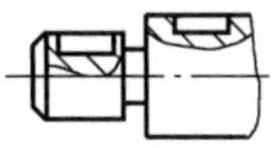	结构 B 键槽的尺寸、方位相同，则可在一次装夹中加工出全部键槽，以提高生产率
2	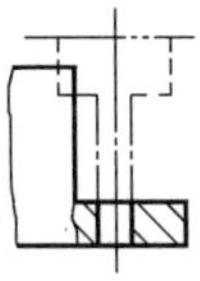	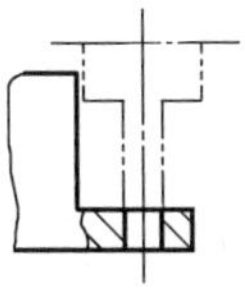	结构 A 在加工时不便引入刀具
3		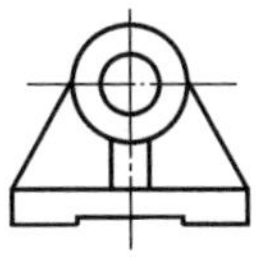	结构 B 的底面接触面积小，加工量小，稳定性好
4	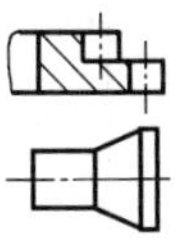	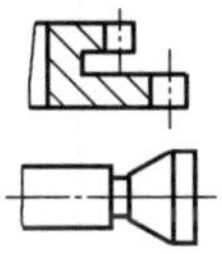	结构 B 有退刀槽，保证了加工的可能性，可减少刀具（砂轮）的磨损
5		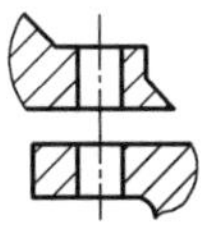	加工结构 A 上的孔时，钻头容易引偏或折断
6	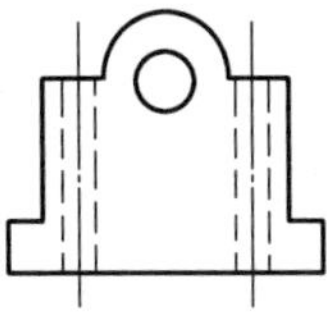	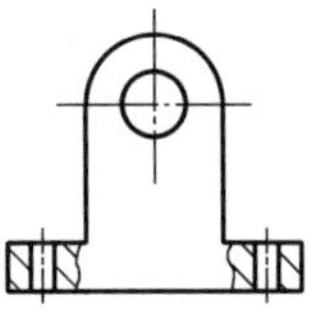	结构 B 避免了深孔加工，节约了零件材料，紧固联接稳定可靠
7	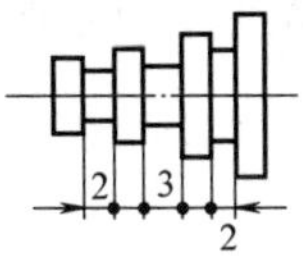	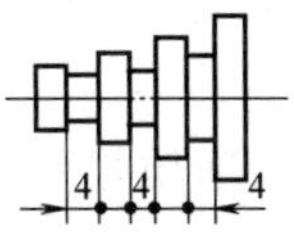	结构 B 凹槽尺寸相同，可减少刀具种类，减少换刀时间

（2）装配和维修对零件结构工艺性的要求　零件的结构应便于装配和维修时的拆装。图 4-4a 左图所示的结构无透气口，销钉孔内的空气难以排出，故销钉不易装入；改进后的结构如图 4-4a 右图所示。图 4-4b 所示的结构为保证轴肩与支承面紧贴，可在轴肩处切槽或在孔口处倒角。图 4-4c 所示结构为两个零件配合，由于同一方向只能有一个定位基面，故图 4-4c 左图所示的结构不合理，图 4-4c 右图所示为合理的结构。图 4-4d 左图所示的结构中螺钉装配空间太小，无法装配，改进后的结构如图 4-4d 右图所示。

图 4-5 所示为便于拆卸的零件结构示例。图 4-5a 左图所示的结构，由于轴肩高度超过轴承内圈，轴承内圈无法拆卸；改进后结构如图 4-5a 右图所示。图 4-5b 所示为压入式衬套结构，在外壳端面设计几个螺孔，如图 4-5b 右图所示，则拆卸时可用螺钉将衬套顶出。

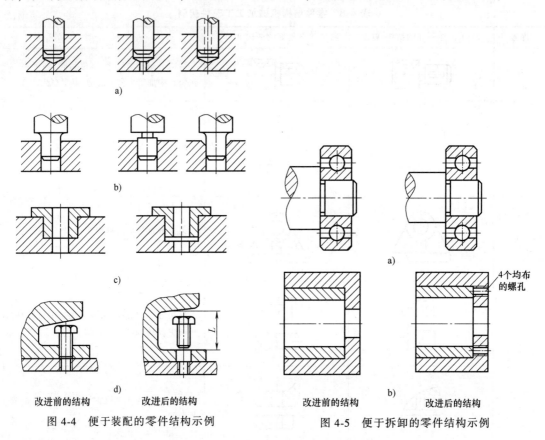

图 4-4　便于装配的零件结构示例　　　　图 4-5　便于拆卸的零件结构示例

4.2.2　零件技术要求分析

零件加工的技术要求主要包含：
1）加工表面的尺寸精度。
2）加工表面的几何精度，如主要加工表面之间的相互位置精度（包括距离尺寸和位置公差）。
3）加工表面的粗糙度及其他方面的表面质量要求。
4）热处理及其他要求。

通过对零件技术要求进行分析,可以区分主要表面和次要表面。上述四个方面均为要求较高的表面,即为主要表面,要采用各种工艺措施予以重点保证。

在对零件的结构工艺性和技术要求进行分析后,会对零件的加工工艺路线及加工方法形成一个初步的想法,从而为下一步制定工艺规程做好准备。

若在工艺分析时发现零件的结构工艺性不好,技术要求不合理或存在其他问题,就可对零件设计提出修改意见,经设计人员同意和履行规定的批准手续后,由设计人员进行修改。

4.2.3 毛坯的选择

在制订零件机械加工工艺规程前,还要确定毛坯,包括选择毛坯类型及制造方法、确定毛坯精度。零件机械加工的工序数量、材料消耗和劳动量,在很大程度上与毛坯有关。例如,毛坯的形状和尺寸越接近成品零件,即毛坯精度越高,则零件的机械加工劳动量越少,材料消耗也越少,机械加工的生产率越高、成本越低;但是,毛坯的制造费用也提高了。因此,确定毛坯要从机械加工和毛坯制造两方面综合考虑,以求得最佳效果。

(1) 常见的毛坯种类 常见的毛坯有以下几种:

1) 铸件。形状较复杂的毛坯,一般可用铸造方法制造。目前,大多数铸件采用砂型铸造;对尺寸精度要求较高的小型铸件,可采用特种铸造,如金属模铸造、精密铸造、压力铸造、熔模铸造和离心铸造等。

2) 锻件。毛坯材料经锻造可得到连续和均匀的金属纤维组织,因此锻件的力学性能较好,常用于受力复杂的重要钢质零件。其中,自由锻件的尺寸精度和生产率较低,主要用于小批生产和大型锻件;模型锻造件的尺寸精度和生产效率较高,主要用于产量较大的中小型锻件。

3) 型材。型材主要有板材、棒材、线材等,常用截面形状有圆形、方形、六角形和特殊截面形状。按其制造方法,型材可分为热轧和冷拉两大类。热轧型材尺寸较大、精度较低,用于一般的机械零件;冷拉型材尺寸较小、精度较高,主要用于毛坯精度要求较高的中小型零件。

4) 焊接件。焊接件主要用于单件小批生产零件、大型零件及样机试制。其优点是制造简单、生产周期短、节省材料、重量较轻;但其抗振性较差,变形大,需经时效处理才能进行机械加工。

5) 其他毛坯。其他毛坯包括冲压件、粉末冶金件、冷挤件、塑料压制件等。

(2) 毛坯的选择原则 确定毛坯时要考虑的因素如下:

1) 零件的材料及其力学性能。零件的材料选定后,毛坯的类型就大致确定了。例如,材料是铸铁,则选择铸造毛坯;材料是钢材,且力学性能要求较高时,可选锻件;材料是钢材,当力学性能要求较低时,可选型材或铸钢。

2) 零件的形状和尺寸。形状复杂的毛坯,常采用铸造方法。薄壁零件不可用砂型铸造,尺寸大的铸件宜用砂型铸造,中、小型零件可用较先进的铸造方法。常见的一般用途钢质阶梯轴零件,如各台阶的直径相差不大,可用棒料;如各台阶的直径相差较大,宜用锻件。尺寸大的零件,受设备限制,一般用自由锻;中、小型零件可选模锻;形状复杂的钢质零件不宜用自由锻。

3) 生产类型。大量生产应选精度和生产率都比较高的毛坯制造方法,用于毛坯制造的昂贵费用可由材料消耗的减少和机械加工费用的降低来补偿。例如,大量生产时,铸件应采用金属模机器铸造或精密铸造,锻件应采用模锻,冷轧和冷拉型材等;单件小批生产则应采用木模手工造型或自由锻。

4) 具体生产条件。确定毛坯必须结合具体生产条件,如毛坯现场制造的实际水平和能力、外协的可能性等。有条件时,应积极组织地区专业化生产,统一供应毛坯。

5) 充分考虑利用新工艺、新技术和新材料的可能性。为节约材料和能源,随着毛坯制造向专业化生产发展,目前毛坯制造方面的新工艺、新技术和新材料发展很快。例如,精铸、精锻、冷轧、冷挤压、粉末冶金和工程塑料等工艺和材料的应用日益广泛,可大大减少机械加工量,有时甚至可不再进行机械加工,其经济效果非常显著。

4.3 基准与工件定位

制定机械加工工艺规程时,正确选择定位基准对保证零件各加工表面间的位置要求(位置尺寸和位置精度)和加工顺序安排都有很大的影响。用夹具装夹时,定位基准的选择还会影响到夹具的结构。因此,定位基准的选择是一个很重要的工艺问题。本节内容包括基准的概念、工件定位原理及基准的选择原则。

4.3.1 基准概述

1. 基准的概念

基准是用来确定生产对象上几何要素之间的几何关系所依据的那些点、线、面。一个几何关系就要有一个基准。

2. 基准的分类

基准根据作用的不同,可分为设计基准和工艺基准两大类。

(1) 设计基准 设计基准是设计图样上所采用的基准(国标中仅指零件图样上采用的基准,未包括装配图样上采用的基准)。

图 4-6 所示为三个零件图样,对于图 4-6a 所示尺寸 20mm 而言,B 面是 A 面的设计基准,或者 A 面是 B 面的设计基准,二者互为设计基准,一般说来,设计基准是可逆的。对于图 4-6b 所示同轴度而言,ϕ50mm 外圆柱面的轴线是 ϕ30mm 外圆柱面轴线的设计基准;ϕ50mm 外圆柱面的设计基准是 ϕ50mm 外圆柱面的轴线,ϕ30mm 外圆柱面的设计基准是 ϕ30mm 外圆柱面的轴线,但不应笼统地说,轴的中心线是两个圆柱面的设计基准。对于图 4-6c 所示尺寸 45mm 而言,圆柱面的下素线 D 是槽底面 C 的设计基准。

在图 4-7 所示主轴箱箱体图样中,顶面 F 的设计基准是底面 D,孔Ⅲ和孔Ⅳ轴线的设计基准是底面 D 和导向侧面 E,孔Ⅱ轴线的设计基准是孔Ⅲ和孔Ⅳ的轴线。

(2) 工艺基准 工艺基准是在加工工艺过程中所采用的基准,包括:

1) 工序基准。它是在工序图上用来确定本工序所加工表面加工后的尺寸、形状、位置的基准。简言之,它是工序图上的基准。

2) 定位基准。它是在加工时用于工件定位的基准。用夹具装夹时,定位基准就是工件上直接与夹具定位元件相接触的点、线、面。

3）测量基准。它是测量工件时所采用的基准。

4）装配基准。它是装配时用来确定零件或部件在产品中的相对位置所采用的基准。图 4-7 所示主轴箱箱体的 D 面和 E 面是确定箱体在机床床身上相对位置的平面，它们就是装配基准。

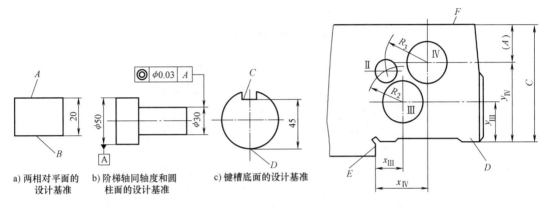

a) 两相对平面的设计基准　　b) 阶梯轴同轴度和圆柱面的设计基准　　c) 键槽底面的设计基准

图 4-6　设计基准实例　　　　　　　　图 4-7　主轴箱箱体图样

现以图 4-8 所示实例说明各种基准及其相互关系。图 4-8a 所示短阶梯轴图样中有三个设计尺寸 d、D 和 C，圆柱面 Ⅰ 的设计基准是 d 尺寸对应的轴线，圆柱面 Ⅱ 的设计基准是 D 尺寸对应的轴线，平面 Ⅲ 的设计基准是过 D 尺寸对应轴线并与其平行的平面。

图 4-8b 所示是平面 Ⅲ（图 4-8a）的加工工序简图，定位基准是 d 尺寸对应的圆柱面 Ⅰ；有时可用轴线替代圆柱面，但替代后会产生误差。为了区别圆柱面和轴线，也可把轴线称为定位基准、把圆柱面称为定位基面（基面实质上仍是基准）。加工工序简图中有两种工序基准方案（图 4-8b）：第一方案的工序要求是尺寸 C，即工序基准是过 D 尺寸对应轴线并与平面 Ⅲ 平行的平面；第二方案的工序要求是尺寸 C+D/2，即工序基准是圆柱面 Ⅱ 的下素线。

图 4-8c 所示是平面 Ⅲ 的两种测量方案。第一方案以外圆柱面 Ⅰ 的上素线为测量基准，第二方案以外圆柱面 Ⅱ 的素线为测量基准。

3. 基准的分析

分析基准时应注意以下两点：

1）基准是依据，必然都是客观存在的。有时，基准是轮廓要素，如圆柱面、平面等，这些基准比较直观，也易直接接触到；有时，基准是中心要素，如球心、轴线、中心平面等，这些基准不像轮廓要素那样看得见、摸得着，但它们却是客观存在的。随着测量技术的发展，终会把这些中心要素反映出来，圆度仪即通过测量圆柱面来确定其客观存在的圆心。

2）基准要确切。要分清基准是圆柱面还是圆柱面对应的轴线，两者有所不同。为了使用上的方便，有时两者可以相互替代（不是体现），但应引入替代后的误差。还要分清轴线的区段，如阶梯轴中的轴线必定要说明是对应哪段阶梯的轴线，不可笼统说明。相关问题，国家标准 GB/T 1182—2008《产品几何技术规范（GPS）　几何公差　形状、方向、位置和跳动公差标注》规定得很清楚，在此不再赘述。

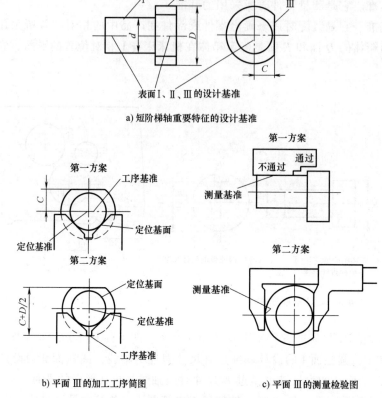

图 4-8 基准应用实例

4.3.2 工件的定位原理

在切削加工中,要使工件各个加工表面的尺寸、形状及位置精度符合规定的要求,必须使工件在机床或夹具中占有一个确定的位置。使工件在机床上或夹具中占有正确位置的过程称为定位。

工件的定位可以通过找正实现,也可以由工件的定位表面与夹具的定位元件接触来实现。

(1) 六点定位原理 物体在空间的任何运动,都可以在坐标轴相互垂直的空间坐标系中分解为六种运动。其中三个是沿坐标轴的平行移动,分别以 $\vec{x}$、$\vec{y}$ 及 $\vec{z}$ 表示,另三个是绕三个坐标轴的旋转运动,分别以 $\hat{x}$、$\hat{y}$ 及 $\hat{z}$ 表示,如图 4-9 所示。这六种运动的可能性,称为物体的六个自由度。

在夹具中适当地布置六个支承,使工件与六个支承接触,就可限制工件的六个自由度,使工件的位置完全确定。这种通过布置恰当的六个支承点来限制工件六个自由度的方法,称为 "六点定位"。如图 4-10 所示,xOy 坐标平面上的三个支承点共同限制了 $\vec{z}$、$\hat{x}$、$\hat{y}$ 三个自由度;yOz 坐标平面上的两个支承点共同限制了 $\vec{x}$ 和 $\hat{z}$ 两个自由度;xOz 坐标平面上的一个支承点限制了 $\vec{y}$ 这一个自由度。

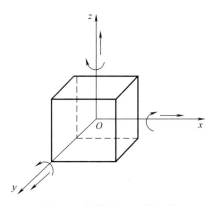

图 4-9 物体的六个自由度

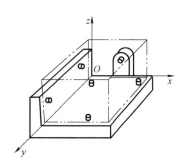

图 4-10 六点定位原理

（2）常见定位方式限制的自由度（表 4-9）

表 4-9 常见定位方式限制的自由度

定位基面	定位元件	定位简图	限制的自由度
圆孔	短定位销（短心轴）		$\vec{x}$、$\vec{y}$
	长定位销（长心轴）		$\vec{x}$、$\vec{y}$、$\hat{x}$、$\hat{y}$
	锥销（顶尖）		固定销 1 限制 $\vec{x}$、$\vec{y}$、$\vec{z}$ 活动销 2 限制 $\hat{x}$、$\hat{y}$
外圆柱面	窄 V 形块		$\vec{x}$、$\vec{z}$
	宽 V 形块		$\vec{x}$、$\vec{z}$、$\hat{x}$、$\hat{z}$
	短定位套		$\vec{y}$、$\vec{z}$

(续)

定位基面	定位元件	定位简图	限制的自由度
外圆柱面	长定位套		$\vec{y}$、$\vec{z}$、$\hat{y}$、$\hat{z}$
	锥套		$\vec{x}$、$\vec{y}$、$\vec{z}$
			固定套1限制 $\vec{x}$、$\vec{y}$、$\vec{z}$ 活动套2限制 $\hat{y}$、$\hat{z}$

(3) 六点定位的应用

1) 完全定位。工件在夹具中定位时，如果夹具中的六个支承点恰好限制了工件的6个自由度，使工件在夹具中占有完全确定的位置，这种定位方式称为完全定位。图4-10所示工件的定位方式是完全定位。

2) 不完全定位。在实际生产中，并不是所有的工件都需要完全定位，而是要根据各工序的加工要求，确定必须限制的自由度数目。可以仅限制三个、四个或五个自由度，没有限制全部自由度（六个）的定位方式称为不完全定位。

例如，在铣床上铣图4-11a所示工件的阶梯面，其底面和左侧面为高度和宽度方向的定位基准，阶梯槽前后贯通，因此只需限制五个自由度（底面A设三个支承点，侧面B设两个支承点）。

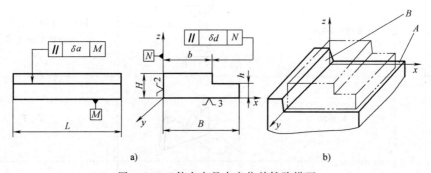

图4-11 工件在夹具中定位并铣阶梯面

图4-12a所示工件，为保证工件厚度H及平行度，需在平面磨床的电磁吸盘上磨削平面，工件在吸盘上定位时，其前、后、左、右方向的移动及在平面内的转动，都不会影响加工要求，因此只需以工件底面定位，限制 $\vec{z}$、$\hat{x}$、$\hat{y}$ 三个自由度就可以满足加工要求。

图4-13所示拨杆的第一道工序为钻、扩、铰大孔，该工序加工要求保证孔与毛坯外圆同轴，可以看出，沿孔轴线的移动自由度和绕孔轴线的转动自由度都不需要限制，只需限制四个自由度即可满足加工要求。

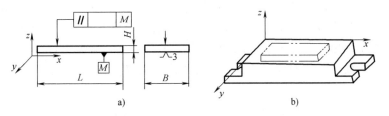

图 4-12 工件在电磁吸盘上定位并磨削平面

以上示例说明，只要满足加工工艺要求，限制的自由度少于 6 个也是合理的，而且可以简化夹具的结构。

3）欠定位。工件定位时，定位元件所能限制的自由度数若少于加工工艺要求所需限制的自由度数，这种定位方式称为欠定位。欠定位不能保证加工精度要求，因此不允许在欠定位情况下进行加工。例如，在铣床上铣图 4-14 所示工件的不通槽，如果端面没有定位点 C，铣不通槽时，其槽的长度尺寸就不能确定，因此无法满足加工要求，这是欠定位。

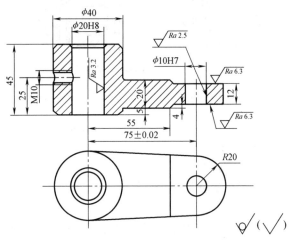

图 4-13 拨杆

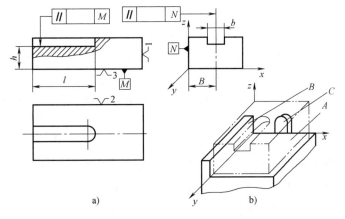

图 4-14 工件在夹具中安装铣不通槽

4）过定位。定位元件的支承点多于所能限制的自由度数，即工件的某一自由度被两个或两个以上支承点重复限制定位，这种定位方式称为过定位，也称重复定位。图 4-15a 所示装夹方法中，较长的心轴对内孔定位，消除了 $\vec{y}$、$\vec{z}$、$\hat{y}$、$\hat{z}$ 四个自由度，夹具平面 P 对工件大端面定位，消除了 $\vec{x}$、$\hat{y}$、$\hat{z}$ 三个自由度，$\hat{y}$ 和 $\hat{z}$ 被心轴和平面 P 重复限制，所以该定位是过定位。

由于工件与定位元件都存在误差，无法使工件的定位表面同时与两个重复定位的定位元件接触，如果强行夹紧，工件与定位元件将产生变形，甚至损坏。图 4-15b、c 所示为改进后的定位方法。图 4-15b 所示定位方式采用短圆柱、大平面定位，短圆柱仅限制了 $\vec{y}$、$\vec{z}$ 两个自由度，避免了过定位，主要保证加工表面与大端面的位置要求。图 4-15c 所示定位方式采用长圆柱、小平面定位，小平面仅限制了 $\vec{x}$ 一个自由度，避免了过定位，主要保证加工表面与内孔的位置要求。这两种定位方式都是正确的定位方法。

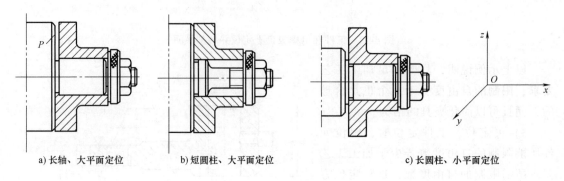

a) 长轴、大平面定位　　b) 短圆柱、大平面定位　　c) 长圆柱、小平面定位

图 4-15　工件的过定位及改进

4.3.3　定位基准的选择

未经加工的毛坯表面作定位基准，这种基准称为粗基准；加工过的表面作定位基准，则称为精基准。

选择定位基准是为了保证工件精度，因而分析定位基准选择的顺序就应从精基准到粗基准。

1. 精基准的选择

选择精基准时，应能保证加工精度和装夹可靠方便，可按下列原则选取：

（1）基准重合原则　采用设计基准作为定位基准称为基准重合。为避免基准不重合引起的基准不重合误差，保证加工精度，应遵循基准重合原则。例如，图 4-7 所示主轴箱箱体，孔Ⅳ轴线在铅垂方向的设计基准是底面 D。若加工孔Ⅳ时采用设计基准作定位基准，就能直接保证尺寸 $y_{Ⅳ}$ 的精度，即遵循基准重合原则。如图 4-16 所示，但若由夹具装夹、采用调整法加工，为了在镗模（镗孔夹具）上布置固定的中间导向支承，提高镗杆的刚性，就需把主轴箱箱体倒放，采用面 F 作定位基准。采用这种定位方式加工的主轴箱箱体，由于镗模能直接保证尺寸 A，而设计要求保证尺寸 B（即尺寸 $y_{Ⅳ}$），两者不同，所以尺寸 B 只能通过控制尺寸 A 和 C 间接保证，控制尺寸 A 和 C 就是控制它们的误差变化范围。假设尺寸 A、B、C 的公差带对称分布，即上、下极限偏差与其公差值的关系为 $\pm\dfrac{T_A}{2}$、$\pm\dfrac{T_B}{2}$、$\pm\dfrac{T_C}{2}$，那么在调整好镗杆加工出一批主轴箱箱体后，尺寸 B 可能的极限尺寸为：

$$B_{\max} = C_{\max} - A_{\min}$$
$$B_{\min} = C_{\min} - A_{\max}$$

将上述两式相减，可得到：

$$B_{\max} - B_{\min} = C_{\max} - A_{\min} - (C_{\min} - A_{\max})$$

即
$$T_B = T_C + T_A \quad (4\text{-}2)$$
可见，尺寸 B 可能产生的误差变化范围是尺寸 C 和尺寸 A 误差变化范围之和。

从上述分析可知，零件图样上原设计要求是保证尺寸 C 和尺寸 B，是分别单独要求的，彼此无关。但是，由于加工时定位基准与设计基准不重合，尺寸 B 的加工误差中引入了定位基准和设计基准之间尺寸 C 的误差，这个误差称为基准不重合误差。

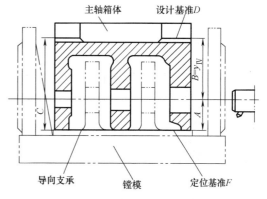

图 4-16 设计基准与定位基准不重合

为了加深对基准不重合误差的理解，下面通过具体数据来做进一步说明。设零件图样要求：$T_B = 0.6\text{mm}$，$T_C = 0.4\text{mm}$。在基准重合时，尺寸 B 可直接获得，加工误差在 $\pm 0.3\text{mm}$ 范围内就达到要求。如采用顶面定位，即基准不重合，由关系式（4-2）可得：$T_A = T_B - T_C = (0.6 - 0.4)\text{mm} = 0.2\text{mm}$。原零件图样上并未严格要求尺寸 A，现在必须将其加工误差控制在 $\pm 0.1\text{mm}$ 范围内，显然其加工要求提高了。

上面分析的是设计基准与定位基准不重合而产生的基准不重合误差，它是在加工的定位过程中产生的。同样，基准不重合误差也可引申到其他基准不重合的场合，如装配基准与设计基准、设计基准与工序基准、工序基准与定位基准、工序基准与测量基准、设计基准与测量基准等基准不重合时，都会产生基准不重合误差。

在应用本规律时，要注意应用条件。定位过程中的基准不重合误差是在用夹具装夹、采用调整法加工一批工件时产生的；若用试切法加工，每一个箱体都可直接测量尺寸 B，从而直接保证尺寸 B，就不存在基准不重合误差。

（2）基准统一原则　在工件的加工过程中尽可能地采用统一的定位基准，称为基准统一原则，也称基准单一原则或基准不变原则。

工件上往往有多个表面需要加工，会有多个设计基准。要遵循基准重合原则，就会有较多定位基准，因而需要的夹具种类也较多。为了减少夹具种类，简化夹具结构，可设法在工件上找到一组基准，或者在工件上专门设计一组定位面，用它们来定位加工工件上的多个表面，遵循基准统一原则。为满足工艺需要，在工件上专门设计的定位面称为辅助基准。常见的辅助基准有轴类工件的中心孔、箱体类工件的两工艺孔、工艺凸台和活塞类工件的内止口和中心孔（图 4-17）等。

在自动线加工中，为了减少工件的装夹次数，也须遵循基准统一原则。

采用基准统一原则时，若统一的基准面和设计基准一致，则又符合基准重合原则。此时，既能获得较高的精度，又能减少夹具种类，是最理想的方案。例如，图 4-18 所示盘形齿轮的 $\phi30H7$ 孔既是装配基准，又是设计基准。用孔作定位基准加工外圆、端面和齿面，既符合基准重合原则，又符合基准统一原则。

若统一的基准面和设计基准不一致，遵循基准统一原则时，增加了一个辅助基准和设计基准之间的基准不重合误差，加工面之间的位置精度虽不如基准重合时那样高，但是仍比基准多次转换时的精度高，因为多次转换基准会引入多个基准不重合误差。

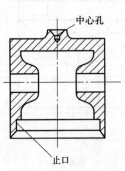
图 4-17 活塞的辅助基准

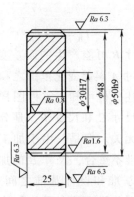
图 4-18 盘形齿轮

若采用一次装夹后加工多个表面,那么多个表面间的相对位置尺寸、精度和定位基准的选择无关,而是取决于加工各个表面时主轴与刀具间的位置精度和调整精度。箱体类工件上孔系(若干个孔)的加工常采用一次装夹加工,孔系间的位置精度和定位基准选择无关,常用基准统一原则。

当采用基准统一原则后,而无法保证表面间位置精度时,往往是先确定基准统一原则,然后在最后工序中用基准重合原则保证表面间的位置精度。例如,加工活塞时,用内止口作基准加工所有表面后,最后采用基准重合原则,用活塞外圆定位加工活塞销孔,保证活塞外圆和活塞销孔的位置精度。

(3) 自为基准原则　当某些表面精加工要求加工余量小而均匀时,选择加工表面本身作为定位基准称为自为基准原则。遵循自为基准原则时,不能提高加工面的位置精度,只是提高加工面本身的尺寸精度和表面质量。如图 4-19 所示,在导轨磨床上,以自为基准原则磨削床身导轨。方法是用百分表(或观察磨削火花)找正工件的导轨面,然后加工导轨面并保证导轨面余量均匀,以满足对导轨面质量的要求。另外,采用拉刀、浮动镗刀、浮动铰刀和珩磨等方法加工孔,也都是自为基准的实例。

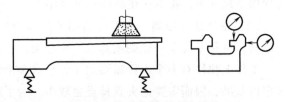
图 4-19 床身导轨面自为基准

(4) 互为基准原则　为了使加工面间有较高的位置精度,同时使其加工余量小而均匀,可采取反复加工、互为基准的原则。

例如,加工精密齿轮时,高频感应淬火把齿面淬硬后需进行磨齿。因齿面淬硬层较薄,所以要求磨削余量小而均匀。这时,先以齿面为基准磨孔,再以孔为基准磨齿面。从而保证齿面余量均匀,且孔和齿面间又有较高的位置精度。

(5) 保证工件定位准确、夹紧可靠、操作方便的原则　所选精基准应能保证工件定位准确、稳定,夹紧可靠。精基准应该是精度较高、表面粗糙度值较小、支承面积较大的表面。

图 4-20 所示为锻压机立柱铣削加工的两种定位方案。已知底面与导轨面的长度尺寸比 $a:b=1:3$,若以已加工的底面为精基准加工导轨面,方案如图 4-20a 所示,设在底面产生 0.1mm 的装夹误差,则在导轨面上引起的实际误差为 0.3mm。如果先加工导轨面,然后以

导轨面为定位基准加工底面，方案如图 4-20b 所示，当仍有同样的装夹误差（0.1mm）时，则在底面引起的实际误差约为 0.03mm。可见，图 4-20b 所示方案更好。

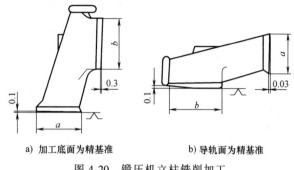

a) 加工底面为精基准　　　　b) 导轨面为精基准

图 4-20　锻压机立柱铣削加工

当用夹具装夹时，选择的精基准面还应使夹具结构简单、操作方便。

2. 粗基准的选择

粗基准的选择应能保证加工面与非加工面之间的位置要求并合理分配各加工面的余量，同时要为后续工序提供精基准。可按下列原则进行选择：

（1）为了保证加工面与非加工面之间的位置要求，应选非加工面为粗基准

如图 4-21 所示的毛坯，铸造时孔 B 和外圆 A 有偏心。若采用非加工面（外圆 A）为粗基准加工孔 B，则加工后的孔 B 与外圆 A 的轴线是同轴的，即壁厚是均匀的，但孔 B 的加工余量不均匀。

当工件上有多个非加工面与加工面之间有位置要求时，则应以其中要求较高的非加工面为粗基准。

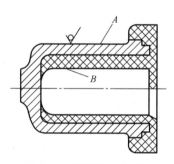

图 4-21　粗基准选择实例
A—外圆　B—孔

（2）合理分配各加工面的余量　在分配加工余量时，应考虑以下两点：

1）为了保证各加工面都有足够的加工余量，应选择毛坯余量最小的面为粗基准。图 4-22 所示阶梯轴，因 φ55mm 外圆的余量较小，应选 φ55mm 外圆为粗基准。如果选 φ108mm 外圆为粗基准加工 φ50mm 外圆，当两外圆轴线有 3mm 的偏心时，则有可能导致 φ50mm 外圆的余量不足而使工件报废。

2）为了保证重要加工面的余量均匀，应选重要加工面为粗基准。例如，加工床身时，为保证导

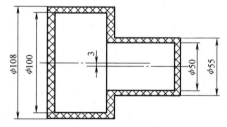

图 4-22　阶梯轴加工的粗基准选择

轨面有均匀的金相组织和较高的耐磨性，应使其加工余量小而均匀。为此，先选择导轨面为粗基准加工床腿底面，如图 4-23a 所示；然后，以底面为精基准加工导轨面，保证导轨面的加工余量小而均匀，如图 4-23b 所示。

当工件上有多个重要加工面都要求保证余量均匀时，应选余量要求最严的面为粗基准。

（3）粗基准应避免重复使用　在同一尺寸方向上（即同一自由度方向上），通常只允许用一次。

粗基准是毛面，一般来说表面较粗糙，形状误差也大，如重复使用就会造成较大的定位误差。例如图 4-24 所示小轴，如重复使用毛坯面 B 定位加工表面 A 和表面 C，则必然会使表面 A 与表面 C 的轴线产生较大的同轴度误差。因此，粗基准避免重复使用，以粗基准定位首先把精基准加工好，为后续工序准备好精基准。

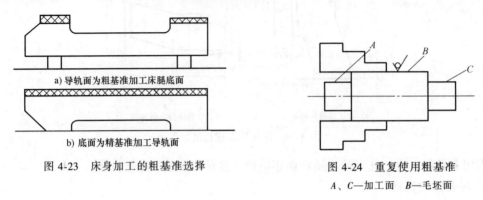

图 4-23　床身加工的粗基准选择

图 4-24　重复使用粗基准
A、C—加工面　B—毛坯面

（4）选作粗基准的表面应平整光洁　要避开锻造飞边和铸造浇冒口、分型面、毛刺等缺陷，以保证定位准确、夹紧可靠。当用夹具装夹时，选择的粗基准面还应使夹具结构简单、操作方便。

选择精、粗基准的各条原则，是从不同方面提出的要求。有时，这些要求会出现相互矛盾的情况，甚至在一条原则内也会存在相互矛盾的情况，这就要求全面、辩证地分析，分清主次，解决主要矛盾。例如，在选择箱体零件的粗基准时，既要保证主轴孔和内腔壁（加工面与非加工面）的位置要求，又要求主轴孔的余量足够且均匀，或者要求孔系中各孔的余量都足够且均匀，这就会产生相互矛盾的情况。此时，要在保证加工质量的前提下，结合具体生产类型和生产条件，灵活运用各条原则。当中、小批生产或箱体零件的毛坯精度要求较低时，常用划线找正装夹，兼顾各项要求，解决多方面矛盾。

4.4　工艺路线的拟订

拟订工艺路线的主要工作内容，除选择定位基准外，还包括选择各加工表面的加工方法、安排工序的先后顺序、确定工序的集中与分散程度，以及选择设备与工艺装备等。拟订工艺路线是制订工艺规程的关键阶段。设计者一般应提出多种方案，通过分析对比，从中选择最佳方案。关于工艺路线的拟订，目前还没有一套精确的计算方法，而是采用生产实践中总结出的一些具有经验性和综合性的原则。在应用这些原则时，要结合具体生产类型和生产条件灵活应用。

4.4.1　表面加工方法的选择

为了正确选择加工方法，应了解各种加工方法的特点，并掌握加工经济精度及经济表面粗糙度的概念。

1. 加工经济精度和经济表面粗糙度的概念

加工过程中，影响精度的因素很多。每种加工方法在不同的工作条件下，所能达到的精度会有所不同。例如，采用精细的操作和选择较低的切削用量，就能得到较高的精度。但是，这样会降低生产率，增加成本；反之，增加切削用量可提高生产率，虽然成本能降低，但会增大加工误差而使精度下降。

统计资料表明，各种加工方法的加工误差和加工成本之间的关系呈负指数函数曲线形状，如图 4-25 所示，横坐标代表加工误差 Δ，横坐标的反方向代表加工精度，纵坐标代表成本 Q。由图 4-25 所示图线可知，每种加工方法欲获得较高的精度（即加工误差小），则成本就要加大；反之，精度降低，则成本下降。但是，上述关系只在一定范围内适用，曲线在 AB 段变化比较明显。在 A 点左侧，精度不易提高，且有一极限值 Δ_j；在 B 点右侧，成本不易降低，也有一极限值 Q_j。曲线 AB 段的精度区间属经济精度范围。

加工经济精度是指在正常加工条件下（采用符合质量标准的设备、工艺装备和标准技术等级的工人，不延长加工时间）所能保证的加工精度。延长加工时间，就会增加成本，虽然精度能提高，但经济性差。

经济表面粗糙度的概念类同于经济精度的概念。

各种加工方法所能达到的经济精度和经济表面粗糙度等级，以及各种典型表面的加工方法均已制成表格，在各种机械加工手册中都能查到。

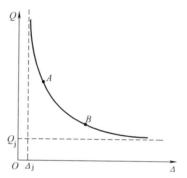

图 4-25 加工误差和加工成本的关系

还须指出，经济精度的数值不是一成不变的，随着科学技术的发展、工艺的改进、设备及工艺装备的更新，加工经济精度会逐步提高。

2. 选择表面加工方法时应考虑的因素

表面加工方法常常根据经验或查表确定，再根据实际情况或通过工艺试验进行修改。满足同样精度要求的加工方法有若干种，所以选择时还应考虑下列因素：

1）工件材料的性质。例如，淬火钢的精加工要用磨削；磨削有色金属时，为避免堵塞砂轮，则要用高速精细车或精细镗（金刚镗）。

2）工件的形状和尺寸。例如，对于公差等级为 IT7 的孔采用镗、铰、拉和磨削等工艺都可以。但是，箱体上的孔一般不宜采用拉或磨，而常常选择镗孔（大孔）或铰孔（小孔）。

3）生产类型、生产率和经济性。选择加工方法要与生产类型相适应。大批大量生产应选用生产率高和质量稳定的加工方法。例如，平面和孔均可采用拉削加工，单件小批生产则采用刨削、铣削平面和钻、扩、铰孔；为保证质量可靠和稳定，保证较高的成品率，在大批大量生产中采用珩磨和超精加工工艺加工较精密零件时，常常降级使用高精度加工方法。同时，大批大量生产可选用精密毛坯，例如，用粉末冶金制造液压泵齿轮，精锻锥齿轮，精铸中、小零件等，可简化机械加工，在毛坯制造后直接进行磨削加工。

4）具体生产条件。应充分利用现有设备和工艺手段，发挥群众的创造性，挖掘企业潜力。有时，因设备负荷的原因，需改用其他加工方法。

5）充分考虑利用新工艺、新技术的可能性，提高工艺水平。

6）特殊要求。如加工表面纹路方向的要求，孔铰削和镗削的纹路方向与拉削的纹路方向不同，应根据设计的特殊要求选择相应的加工方法。

4.4.2 加工工序的安排

复杂工件的机械加工工艺路线中要安排切削加工、热处理和辅助工序。因此，在拟订工艺路线时，工艺人员要全面地把切削加工、热处理和辅助工序三者一起加以考虑，各部分安排原则分别介绍如下。

1. 机械加工工序的安排原则

（1）先加工基准面　选为精基准的表面应安排在起始工序先进行加工，以便尽快为后续工序的加工提供精基准。

（2）划分加工阶段　工件的加工质量要求较高时，都应划分加工阶段。一般可分为粗加工、半精加工和精加工三个阶段。加工精度和表面质量要求特别高时，还可增设光整加工和超精密加工阶段。

各加工阶段的主要任务：

1）粗加工阶段是从坯料上切除较多余量，所能达到的精度和表面质量都比较低的加工过程。

2）半精加工阶段是在粗加工和精加工之间所进行的切削加工过程。

3）精加工阶段是从工件上切除较少余量，所得精度和表面质量都比较高的加工过程。

4）光整加工阶段是精加工后，从工件上不切除或切除极薄金属层，以获得很光洁表面或强化其表面的加工过程。一般不用来提高尺寸精度和位置精度。

5）超精密加工阶段是按照超稳定、超微量切削等原则，使加工尺寸误差和形状误差在 $0.1\mu m$ 以下的加工过程。

当毛坯余量特别大，表面非常粗糙时，在粗加工阶段前还有荒加工阶段。为及时发现毛坯缺陷，减少运输量，荒加工阶段常在毛坯准备车间进行。

划分加工阶段的原因：

1）保证加工质量。工件加工划分阶段后，因粗加工的加工余量大、切削力大等因素造成的加工误差，可通过半精加工和精加工逐步得到纠正，以保证加工质量。

2）有利于合理使用设备。粗加工要求使用功率大、刚性好、生产率高、精度要求不高的设备；精加工则要求使用精度高的设备。划分加工阶段后，就可充分发挥粗、精加工设备的特点，避免以精干粗，做到合理使用设备。

3）便于安排热处理工序，使冷、热加工工序配合得更好。例如，粗加工后工件残余应力大，可安排时效处理，消除残余应力；热处理引起的变形又可在精加工中消除等。

4）便于及时发现毛坯缺陷。毛坯的各种缺陷，如气孔、砂眼和加工余量不足等，在粗加工后即可发现，便于及时修补或决定报废，以免继续加工后造成工时和费用的浪费。

5）精加工、光整加工安排在后，可保护精加工和光整加工过的表面少受磕碰损坏。

上述划分加工阶段的原则在应用时要灵活掌握。例如，对于那些加工质量要求不高、刚性好、毛坯精度较高、余量小的工件，可少划分几个阶段或不划分阶段。对于有些刚性好的重型工件，由于装夹及运输很费时，也常在一次装夹下完成全部粗、精加工；为了弥补不分阶段带来的缺陷，重型工件在粗加工后，松开夹紧机构，让工件有变形的可能，然后用较小的夹紧力重新夹紧工件，继续精加工。

应当指出，划分加工阶段是对整个工艺过程而言的，因而应以工件的主要加工面来分析，不应以个别表面（或次要表面）和个别工序来判断。

（3）先面后孔　对于箱体、支架和连杆等工件，应先加工平面后加工孔。这是因为平面的轮廓平整，安放和定位比较稳定可靠，若先加工好平面，就能以平面定位加工孔，保证平面和孔的位置精度。此外，由于平面先加工好，给平面上孔的加工也带来方便，使刀具的初始切削条件能得到改善。

（4）次要表面穿插加工　次要表面一般加工量都较少，加工比较方便。若把次要表面的加工穿插在各加工阶段之间进行，就能使加工阶段更加明显，又增加了阶段间的间隔时间，便于工件有足够时间使残余应力重新分布并变形，以便在后续工序中纠正其变形。

综上所述，一般机械加工的工序顺序是：加工精基准→粗加工主要表面→精加工主要表面→光整加工主要表面→超精密加工主要表面，次要表面的加工穿插在各阶段之间进行。

2. 热处理工序的安排

热处理是用于提高材料力学性能、改善金属加工性能以及消除残余应力的加工工序。制订工艺规程时，工艺人员应根据设计和工艺要求全面考虑。

（1）最终热处理　最终热处理的目的是提高材料力学性能，如调质、淬火、渗碳淬火、液体碳氮共渗和渗氮等，都属最终热处理，应安排在精加工前后。变形较大的热处理，如渗碳淬火，应安排在精加工磨削前进行，以便在精加工磨削时纠正热处理的变形，调质也应安排在精加工前进行。变形较小的热处理，如渗氮等，应安排在精加工后。

表面装饰性镀层和发蓝处理，一般都安排在机械加工完毕后进行。

（2）预备热处理　预备热处理的目的是改善加工性能，为最终热处理做好准备和消除残余应力，如正火、退火和时效处理等。它应安排在粗加工前后和需要消除应力处。安排在粗加工前，可改善粗加工时材料的加工性能，并可减少车间之间的运输工作量；安排在粗加工后，有利于粗加工后工件残余应力的消除。调质处理能得到组织均匀细致的回火索氏体，有时也作为预备热处理，常安排在粗加工后。

精度要求较高的精密丝杠和主轴等工件，常需安排多次时效处理，以消除残余应力，减少变形。

3. 辅助工序的安排

辅助工序的种类较多，包括检验、去毛刺、倒棱、清洗、防锈、去磁及平衡等。辅助工序也是必要的工序，若安排不当或遗漏，将会给后续工序和装配带来困难，影响产品质量，甚至使机器无法使用。例如，未去净的毛刺将影响装夹精度、测量精度、装配精度以及工人安全；润滑油中未去净的切屑，将影响机器的使用质量；研磨、珩磨后未清洗的工件会带入残存的砂粒，加剧工件在使用中的磨损；用磁力夹紧的工件若没有安排去磁工序，会使带有磁性的工件进入装配线，影响装配质量。因此，要重视辅助工序的安排。辅助工序的安排不难掌握，关键是不可遗忘。

检验是必不可少的工序，它对保证质量、防止废品产生起到重要作用。除了各工序中自检环节外，需要在下列场合单独安排检验工序：

1）粗加工阶段结束后。
2）重要工序前后。
3）工件送往外车间加工前后，如热处理工序前后。

4) 全部加工工序完成后。

有些特殊的检验，如探伤等检查工件内部质量的工序，一般都安排在精加工阶段。密封性检验、工件的平衡和重量检验，一般都安排在工艺过程最后进行。

4.4.3 工序集中与工序分散的确定

工序集中与工序分散，是拟订工艺路线时确定工序数目（或工序内容多少）的两种不同的原则，它和设备类型的选择有密切的关系。

1. 工序集中和工序分散的概念

工序集中是将工件的加工集中在少数几道工序内完成。每道工序的加工内容较多。工序集中可采用技术上的措施集中，称为机械集中，如采用多刃、多刀和多轴机床，以及自动机床、数控机床、加工中心等；也可采用人为的组织措施集中，称为组织集中，如采用卧式车床的顺序加工。

工序分散是将工件的加工分散在多道工序内进行。每道工序的加工内容很少，最少时一道工序仅为一个简单工步。

2. 工序集中和工序分散的特点

（1）工序集中的特点（指机械集中）

1) 采用高效专用设备及工艺装备，生产率高。

2) 工件装夹次数减少，易于保证表面间位置精度，还能减少工序间运输量，缩短生产周期。

3) 工序数目少，可减少机床数量、操作工人数量和生产面积，还可简化生产计划和生产组织工作（本特点也适用于组织集中）。

4) 因采用结构复杂的专用设备及工艺装备，投资大、调整和维修复杂、生产准备工作量大、转换新产品比较费时。

（2）工序分散的特点

1) 设备及工艺装备比较简单，调整和维修方便，工人容易掌握，生产准备工作量少，又易于平衡工序时间，易适应产品更换。

2) 可采用最合理的切削用量，减少基本时间。

3) 设备数量多，操作工人多，占用生产面积大。

3. 工序集中和工序分散的选用

工序集中与工序分散各有利弊，应对生产类型、现有生产条件、工件结构特点和技术要求等因素进行综合分析后选用。

单件小批生产采用组织集中，以便简化生产组织工作。大批大量生产可采用较复杂的机械集中，如采用多刀、多轴机床，各种高效组合机床和自动机加工；对一些结构较简单的产品，如轴承生产，也可采用分散的原则。成批生产应尽可能采用效率较高的机床，如转塔车床、多刀半自动车床、数控机床等，使工序适当集中。对于重型零件，为了减少工件装卸和运输的劳动量，工序应适当集中；对于刚性差且精度高的精密工件，工序应适当分散。

目前的发展趋势更倾向于工序集中。

4.4.4 设备与工艺装备的选择

1. 设备的选择

确定了工序集中或工序分散的原则后,基本上也就确定了设备的类型。若采用机械集中,则选用高效自动加工的设备,如多刀、多轴机床;若采用组织集中,则选用通用设备;若采用工序分散,则加工设备可较简单。此外,选择设备时还应考虑:

1) 机床精度与工件精度相适应。
2) 机床规格与工件的外形尺寸相适应。
3) 与现有加工条件相适应,如设备负荷的平衡状况等。如果没有现成设备可供选用,经过方案的技术经济分析后,也可提出专用设备的设计任务书或改装旧设备。

2. 工艺装备的选择

工艺装备的选择合理与否,将直接影响工件的加工精度、生产率和经济性。应根据生产类型、具体加工条件、工件结构特点和技术要求等选择工艺装备。

(1) 夹具的选择　单件小批生产首先采用各种通用夹具和机床附件,如卡盘、机用平口虎钳、分度头等。有组合夹具的,可采用组合夹具。对于中批、大批和大量生产,为提高劳动生产率可采用专用高效夹具。中批、小批生产应用成组技术时,可采用可调夹具和成组夹具。

(2) 刀具的选择　一般优先采用标准刀具。若采用机械集中,则应采用各种高效的专用刀具、复合刀具和多刃刀具等。刀具的类型、规格和精度等级应符合加工要求。

(3) 量具的选择　单件小批生产应广泛采用通用量具,如游标卡尺、百分表和千分尺等。大批大量生产应采用极限量块和高效的专用检验夹具和量仪等。量具的精度必须与加工精度相适应。

4.5 确定加工余量、工序尺寸及其公差

工艺路线拟订之后要进行工序设计,确定各工序的具体内容。本节首先分析保证质量要求的设计计算,即正确确定各工序加工应达到的尺寸——工序尺寸及其公差。工序尺寸的确定除了与工件设计尺寸有关外,还与各工序的加工余量有密切的关系,本节先介绍加工余量的概念,然后分析基准重合时工序尺寸及其公差的确定方法;基准不重合时,工序尺寸及其公差的确定方法将在工艺尺寸链部分进行讨论。

4.5.1 确定加工余量

1. 加工余量的概念

加工余量是指加工过程中所需切去的金属层厚度。余量有工序余量和加工总余量(毛坯余量)之分。工序余量是相邻两工序的工序尺寸之差,加工总余量是毛坯尺寸与零件图样的设计尺寸之差。由于工序尺寸有公差,故实际切除的余量大小不等。

图4-26所示为工序余量与工序尺寸的关系。工序余量的基本尺寸(基本余量或公称余

量）Z 可按下式计算：

对于被包容面，Z = 上道工序尺寸 − 本道工序尺寸

对于包容面，Z = 本道工序尺寸 − 上道工序尺寸

为了便于加工，工序尺寸都按"入体原则"标注极限偏差，即被包容面的工序尺寸取上极限偏差为零；包容面的工序尺寸取下极限偏差为零。毛坯尺寸则双向布置上、下极限偏差。工序余量和工序尺寸及其公差的计算公式如下：

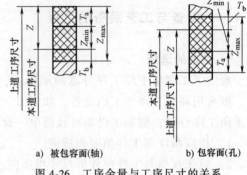

a) 被包容面(轴)　　b) 包容面(孔)

图 4-26　工序余量与工序尺寸的关系

$$Z = Z_{\min} + T_a$$
$$Z_{\max} = Z + T_b = Z_{\min} + T_a + T_b$$

式中　$Z_{\min}$——最小工序余量；

　　　$Z_{\max}$——最大工序余量；

　　　T_a——上道工序尺寸的公差；

　　　T_b——本道工序尺寸的公差。

图 4-27 所示为加工总余量与工序余量的关系。对于包容面和被包容面，加工总余量 Z_0（4-3）可按下式计算：

$$Z_0 = Z_1 + Z_2 + \cdots + Z_n = \sum_{i=1}^{n} Z_i \tag{4-3}$$

式中　Z_0——加工总余量（毛坯余量）；

　　　Z_i——各工序余量；

　　　n——工序数。

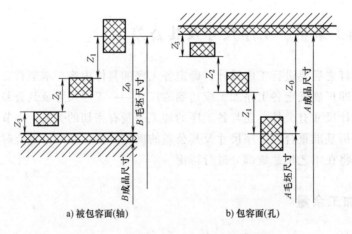

a) 被包容面(轴)　　b) 包容面(孔)

图 4-27　加工总余量与工序余量的关系

加工余量有双边余量和单边余量之分。对于外圆和孔等回转表面，加工余量指双边余量，即沿直径方向计算，实际切削的金属层厚度为加工余量的一半。平面的加工余量则是单边余量，等于实际切削的金属层厚度。

2. 加工余量的影响因素

加工余量的大小对于工件的加工质量和生产率均有较大的影响。加工余量过大，不仅增加机械加工的劳动量，降低了生产率，而且增加材料、工具和电力的消耗，提高了加工成本。若加工余量过小，则既不能消除上工序的各种表面缺陷和误差，又不能补偿本工序加工时工件的装夹误差，易造成废品。因此，应当合理地确定加工余量。确定加工余量的基本原则是，在保证加工质量的前提下加工余量越小越好。下面分析影响加工余量的各个因素。

（1）上道工序的各种表面缺陷和误差

1）表面粗糙度和缺陷层。本工序必须把上工序留下的表面粗糙度层（高度参数 Ra）全部切除，还应切除上道工序在表面留下的已遭破坏的金属组织缺陷层（高度参数 D_a），如图 4-28 所示。各种加工方法所得试验数据 Ra 和 D_a 见表 4-10。

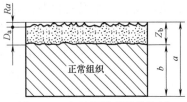

图 4-28 表面粗糙度及缺陷层

表 4-10 各种加工方法所得试验数据 Ra 和 D_a （单位：μm）

加工方法	Ra	D_a	加工方法	Ra	D_a
粗车	15~100	40~60	精扩孔	25~100	30~40
精车	5~45	30~40	粗铰	25~100	25~30
磨外圆	1.7~15	15~25	精铰	8.5~25	10~20
钻	45~225	40~60	粗车端面	15~225	40~60
扩钻	25~225	35~60	精车端面	5~54	30~40
粗镗	25~225	30~50	磨端面	1.7~15	15~35
精镗	5~25	25~40	磨内圆	1.7~15	20~30
粗扩孔	25~225	40~60	拉削	1.7~8.5	10~20
粗刨	15~100	40~50	磨平面	1.7~15	20~30
粗插	25~100	50~60	切断	45~225	40~60
精刨	5~45	25~40	研磨	0~1.6	3~5
精插	5~45	35~50	超级光磨	0~0.8	0.2~0.3
粗铣	15~225	40~60	抛光	0.06~1.6	2~5
精铣	5~45	25~40			

2）上道工序的尺寸公差。如图 4-26 所示，工序的基本余量中包括了上道工序的尺寸公差 T_a。

3）上道工序的几何误差（也称空间误差）。几何误差 ρ_a 是不由尺寸公差 T_a 所控制的，加工余量中要包括上道工序加工后的几何误差 ρ_a。如图 4-29 所示，当小轴轴线有直线度误差 ω 时，须在本道工序中进行纠正，因而直径方向的加工余量应增加 2ω。

ρ_a 具有矢量性质。ρ_a 的数值与加工方法和热处理方法有关，可由相关工艺资料查得或通过试验确定。

（2）本道工序加工时的装夹误差　装夹误差

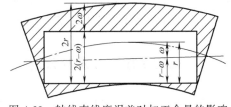

图 4-29 轴线直线度误差对加工余量的影响

ε_b 包括工件的定位误差和夹紧误差,若使用夹具装夹,还包括夹具在机床上的装夹误差。这些误差会使工件在加工时的位置发生偏移,所以加工余量还必须考虑装夹误差的影响。如图 4-30 所示,用三爪自定心卡盘夹持工件外圆磨削孔时,三爪自定心卡盘定心不准,使工件轴线偏离主轴旋转轴线 e,造成孔的磨削余量不均匀。因此,为确保上道工序各项误差和缺陷的切除,孔的直径加工余量应增加 $2e$。

ε_b 也具有矢量性质。装夹误差 ε_b 的数值,可在分别求出定位误差、夹紧误差和夹具的装夹误差后再相加而得。

综上所述,加工余量的基本计算公式为:

$$Z_b = T_a + Ra + D_a + |\rho_a + \varepsilon_b| \quad (单边余量) \quad (4-4)$$

$$2Z_b = T_a + 2(Ra + D_a) + 2|\rho_a + \varepsilon_b| \quad (双边余量) \quad (4-5)$$

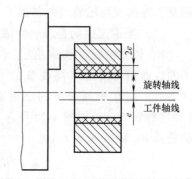

图 4-30 三爪自定心卡盘装夹误差对加工余量的影响

在应用上述公式时,要结合具体情况进行修正。例如,在无心磨床上加工小轴或用浮动铰刀、浮动镗刀和拉刀加工孔时,都采用自为基准原则,不计装夹误差 ε_b。几何误差 ρ_a 中仅剩形状误差,不计位置误差,故加工余量的计算公式为:

$$2Z_b = T_a + 2(Ra + D_a) + 2\rho_a \quad (4-6)$$

对于研磨、珩磨、超精磨和抛光等光整加工,若主要是为了改善表面粗糙度,则加工余量的计算公式为:

$$2Z_b = 2Ra \quad (4-7)$$

若还需提高尺寸精度和形状精度,则加工余量的计算公式为

$$2Z_b = T_a + Ra + 2|\rho_a| \quad (4-8)$$

3. 加工余量的确定方法

加工余量的确定方法主要有以下三种。

(1) 查表法 根据各工厂生产实践和试验研究积累的数据,制成各种表格,再汇集成手册。确定加工余量时查阅这些手册,再结合工厂的实际情况进行适当修正。目前,我国各工厂广泛采用查表法。

(2) 经验估计法 本法是根据实际经验确定加工余量。一般情况下,为防止因加工余量过小而产生废品,经验估计的数值总是偏大。经验估计法常用于单件小批生产。

(3) 分析计算法 本法是根据上述加工余量计算公式和一定的试验资料,对影响加工余量的各项因素进行分析,计算确定加工余量。这种方法得出的结果比较合理,但必须有比较全面和可靠的试验资料。目前,分析计算法只在材料十分贵重,以及军工生产或少数大量生产时采用。

在确定加工余量时,要分别确定加工总余量和工序余量。加工总余量的大小与所选择毛坯的制造精度有关。用查表法确定工序余量时,粗加工工序余量不能用查表法得到,而是由总余量减去其他各工序余量而得。

4.5.2 确定工序尺寸及其公差

零件图样上的设计尺寸及其公差是经过各加工工序得到的。每道工序的工序尺寸都不相

同，是逐步接近设计尺寸的。为了最终保证零件的设计要求，需要规定各工序的工序尺寸及其公差。

工序余量确定之后，就可计算工序尺寸。工序尺寸公差的确定，则要根据工序基准或定位基准与设计基准是否重合，采取不同的计算方法。

1. 基准重合时工序尺寸及其公差的计算

这是指工序基准或定位基准与设计基准重合，表面需多次加工时，工序尺寸及其公差的计算。工件上外圆和孔的多工序加工即属于这种情况，此时，工序尺寸及其公差与工序余量的关系如图4-26和图4-27所示。计算顺序是：先确定各工序余量的工序尺寸；再由后向前逐个工序推算，即由零件的设计尺寸开始，从最后一道工序开始向前道工序推算，直到毛坯尺寸。工序尺寸的公差则都按各工序的经济精度确定，并按"入体原则"确定上、下偏差。

例4-1 某主轴箱箱体的主轴孔，设计要求为 $\phi100JS6$mm，表面粗糙度为 $Ra0.8\mu$m，加工工序为"粗镗—半精镗—精镗—浮动镗"四道工序。试确定各工序尺寸及其公差。

解：先根据有关手册及工厂实践经验确定各工序的基本余量，具体数值见表4-11第二列；再根据各种加工方法的经济精度表格确定各工序尺寸的公差，具体数值见表4-11第三列；最后由后工序向前工序逐个计算工序尺寸，具体数值见表4-11第四列；最终得到各工序尺寸及其公差和 Ra，见表4-11第五列。

表4-11 主轴孔各工序的工序尺寸及其公差 （单位：mm）

工序名称	工序基本余量	工序尺寸公差	工序尺寸	工序尺寸及其公差	表面粗糙度
浮动镗	0.1	JS6(±0.011)	100	$\phi100\pm0.011$	$Ra0.8\mu$m
精镗	0.5	H7($^{+0.035}_{0}$)	100−0.1=99.9	$\phi99.9^{+0.035}_{0}$	$Ra1.6\mu$m
半精镗	2.4	H10($^{+0.14}_{0}$)	99.9−0.5=99.4	$\phi99.4^{+0.14}_{0}$	$Ra3.2\mu$m
粗镗	5	H13($^{+0.54}_{0}$)	99.4−2.4=97.0	$\phi97^{+0.54}_{0}$	$Ra6.4\mu$m
毛坯孔	8	±1.3	97.0−5=92.0	$\phi92\pm1.3$	

2. 基准不重合时工序尺寸及其公差的计算

工序基准或定位基准与设计基准不重合时，工序尺寸及其公差的计算比较复杂，需用工艺尺寸链来进行分析计算，下面进行详细介绍。

4.6 工艺尺寸链

在工序设计中确定工序尺寸及其公差时，经常会遇到工序基准或定位基准等与设计基准不重合的情况，此时工序尺寸的求解需要借助尺寸链。

4.6.1 尺寸链的概念和组成

1. 尺寸链的概念

尺寸链是在机器装配或零件加工过程中，由相互连接的尺寸形成的封闭的尺寸组合。尺寸链由一个自然形成的尺寸与若干个直接获得的尺寸组成，并且各尺寸按一定的顺序首尾相接，如图4-31所示。

图 4-31a 所示为一个定位套，A_0 与 A_1 为图样上已标注的尺寸。按零件图进行加工时，尺寸 A_0 不便直接测量，但可以通过测量尺寸 A_2 进行加工，间接保证 A_0 的要求。此时，尺寸 A_2 就需要应用工艺尺寸链来确定。

图 4-31b 所示为一个轴的装配图，其装配精度 A_0 是装配后间接形成的。为保证装配精度的要求，必须采用尺寸链理论，分析研究尺寸 A_1、A_2 与 A_0 的内在关系，确定尺寸 A_1、A_2。

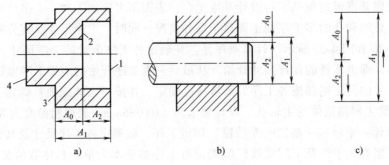

图 4-31 尺寸链示例

2. 尺寸链的组成

（1）环　列入尺寸链中的每一个尺寸均称为尺寸链的环。

（2）封闭环　指尺寸链中在装配或加工过程中最后形成的一环，它的大小是由组成环间接保证的。

（3）组成环　指尺寸链中除封闭环以外的，且对封闭环有影响的其他各环。组成环又可分为增环与减环。

1）增环。在其他组成环不变的前提下，若该环增大引起封闭环增大，该环减小引起封闭环减小，则该环为增环，用 $\vec{A}_i$ 表示。

2）减环。在其他组成环不变的前提下，若该环增大引起封闭环减小，该环减小引起封闭环增大，则该环为减环，用 $\overleftarrow{A}_i$ 表示。

尺寸链有多种分类形式：按环的几何特征可分为全部环为长度尺寸的长度尺寸链和全部环为角度尺寸的角度尺寸链；按尺寸链的应用场合可分为由有关装配尺寸组成的装配尺寸链和由零件有关工艺尺寸组成的工艺尺寸链；按尺寸的空间位置还可分为直线尺寸链、平面尺寸链和空间尺寸链。下面将详细介绍工艺尺寸链的计算和应用。

4.6.2　工艺尺寸链的计算

工艺尺寸链的计算有极值法和概率法两种。极值法应用十分广泛，它考虑了组成环可能出现的最不利的情况，因此计算结果可靠，而且计算方法简单。但是采用极值法计算工序尺寸，当封闭环公差较小时，常使各组成环的公差太小而导致制造困难；而且在成批生产中，各环出现极限尺寸的可能性并不大，特别是在组成环数较多的尺寸链中，所有环均出现极限尺寸的可能性更小，因此用极值法计算显得过于保守。此时可根据各环尺寸的分布状态，采用概率法计算工序尺寸，用概率法计算出的各组成环平均公差较极值法放大了若干倍，从而使零件加工精度降低，加工成本下降。

本节只介绍采用极值法时工序尺寸的计算，概率法计算方法请查阅有关资料。

(1) 封闭环的基本尺寸计算

$$A_0 = \sum_{i=1}^{m} \vec{A}_i - \sum_{i=1}^{n} \overleftarrow{A}_i \quad (4\text{-}9)$$

式中　m——增环数；
　　　n——减环数。

(2) 封闭环的极限尺寸计算

$$A_{0\max} = \sum_{i=1}^{m} \vec{A}_{i\max} - \sum_{i=1}^{n} \overleftarrow{A}_{i\min} \quad (4\text{-}10)$$

$$A_{0\min} = \sum_{i=1}^{m} \vec{A}_{i\min} - \sum_{i=1}^{n} \overleftarrow{A}_{i\max} \quad (4\text{-}11)$$

式中　$A_{0\max}$——封闭环的最大值；
　　　$A_{0\min}$——封闭环的最小值；
　　　$\vec{A}_{i\max}$——增环的最大值；
　　　$\vec{A}_{i\min}$——增环的最小值；
　　　$\overleftarrow{A}_{i\max}$——减环的最大值；
　　　$\overleftarrow{A}_{i\min}$——减环的最小值。

(3) 封闭环的上、下极限偏差的计算

$$\text{ES}(A_0) = \sum_{i=1}^{m} \text{ES}(\vec{A}_i) - \sum_{i=1}^{n} \text{EI}(\overleftarrow{A}_i) \quad (4\text{-}12)$$

$$\text{EI}(A_0) = \sum_{i=1}^{m} \text{EI}(\vec{A}_i) - \sum_{i=1}^{n} \text{ES}(\overleftarrow{A}_i) \quad (4\text{-}13)$$

式中　$\text{ES}(A_0)$——封闭环的上极限偏差；
　　　$\text{EI}(A_0)$——封闭环的下极限偏差；
　　　$\text{ES}(\vec{A}_i)$——增环的上极限偏差；
　　　$\text{EI}(\vec{A}_i)$——增环的下极限偏差；
　　　$\text{ES}(\overleftarrow{A}_i)$——减环的上极限偏差；
　　　$\text{EI}(\overleftarrow{A}_i)$——减环的下极限偏差。

(4) 封闭环公差的计算

$$T_0 = \sum_{i=1}^{m+n} T_i \quad (4\text{-}14)$$

式中　T_0——封闭环公差；
　　　T_i——组成环公差。

(5) 组成环平均公差计算

$$T_M = \frac{T_0}{m+n}$$

式中　T_M——组成环平均公差。

4.6.3 工艺尺寸链的建立和解算

1. 工艺尺寸链的建立

（1）确定封闭环　在工艺尺寸链中，由于封闭环是加工过程中自然形成的尺寸，所以当零件的加工方案变化时，封闭环也将随之变化。如图 4-31a 所示的定位套零件，分别采用以下两种方法进行加工时，尺寸链的封闭环将会发生相应变化。

1）以表面 3 定位，车削表面 1 获得尺寸 A_1；然后再以表面 1 为测量基准，车削表面 2 获得尺寸 A_2；此时间接获得的尺寸 A_0 为封闭环。

2）以加工过的表面 1 为测量基准，直接获得尺寸 A_2；然后调头以表面 2 为定位基准，采用定距装刀法车削表面 3，直接保证尺寸 A_0；此时尺寸 A_1 因间接获得而成了封闭环。

（2）组成环的查找　组成环是加工过程中直接获得的且对封闭环有影响的尺寸，组成环的查找工作一定要根据这一特点进行。如图 4-31a 所示的定位套零件，采用上述第 1 种加工方法时，A_1、A_2 为组成环；采用上述第 2 种加工方法时，A_2、A_0 为组成环。而表面 4 至表面 3 的轴向尺寸因对封闭环尺寸没有影响，所以不是尺寸链中的组成环。

（3）画工艺尺寸链图　画工艺尺寸链图的方法是从构成封闭环的两表面同时开始，按照工艺过程的顺序，分别向前查找该表面最近一次加工的加工尺寸，再进一步向前查找该加工尺寸的工序基准的最近一次加工的加工尺寸，如此继续向前查找，直至两条路线最后得到的加工尺寸的工序基准重合，上述尺寸形成封闭轮廓，即得到工艺尺寸链图，如图 4-31c 所示。

（4）增环、减环的判别　组成环的增减性质可用增环、减环的定义判别。但是环数较多的尺寸链使用该定义判别比较困难，此时可采用回路法进行判断。

回路法即在尺寸链图上，先给封闭环任意定一方向并画出箭头，然后沿此方向环绕尺寸链回路，顺次给每一组成环画出箭头，凡箭头方向与封闭环箭头方向相反的为增环；与封闭环箭头方向相同的为减环。如图 4-31c 所示，A_1 为增环，A_2 为减环。

2. 工艺尺寸链的解算示例

（1）工序基准与设计基准不重合时工序尺寸及其公差的计算　加工零件时，有时会遇到加工尺寸按设计尺寸不便测量的情况，此时需要在零件上另选一个易于测量的表面作测量基准进行加工，以间接保证设计尺寸的要求。

例 4-2　图 4-32 所示的轴承碗零件，当以端 B 定位车削内孔端面 C 时，设计尺寸 A_0 不便直接测量。如果先按尺寸 A_1 的要求车出端面 A，然后以 A 面为测量基准去控制尺寸 X，则可获得设计尺寸 A_0。

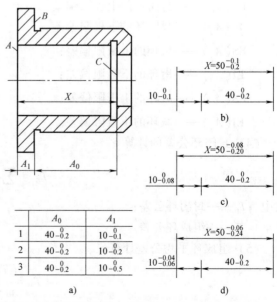

图 4-32　测量基准与设计基准不重合时尺寸换算

为了全面了解尺寸计算中的各种问题，本例对设计尺寸 A_0 和 A_1 分别给出三组不同的公差，并予以讨论。

1）当 $A_0 = 40_{-0.2}^{\ 0}$ mm，$A_1 = 10_{-0.1}^{\ 0}$ mm 时，求解车内孔端面 C 的尺寸 X 及其公差。

解：作出尺寸链图，如图 4-32b 所示。其中，A_0 是封闭环，A_1 是减环，X 是增环。

按式（4-9）求基本尺寸 X：

因为 40mm = X - 10mm，所以 X = (40+10)mm = 50mm

按式（4-12）求上极限偏差 $\mathrm{ES}(X)$：

因为 $0 = \mathrm{ES}(X) - (-0.1)$mm，所以 $\mathrm{ES}(X) = -0.1$mm

按式（4-13）求下极限偏差 $\mathrm{EI}(X)$：

因为 -0.2mm $= \mathrm{EI}(X) - 0$，所以 $\mathrm{EI}(X) = -0.2$mm

最后求得：$X = 50_{-0.2}^{-0.1}$ mm

2）当 $A_0 = 40_{-0.2}^{\ 0}$ mm，$A_1 = 10_{-0.2}^{\ 0}$ mm 时，如仍采用上述工艺进行加工，则因组成环 A_1 的公差和封闭环 A_0 的公差相等，按式（4-14）求得 X 的公差为零，即尺寸 X 要加工得绝对准确，但实际上这是不可能的，因此必须压缩尺寸 A_1 的公差。确定被调整尺寸的公差大小可采用经验法、等公差级法等。尺寸链如图 4-32c 所示，根据经验法可设 $A_1 = 10_{-0.08}^{\ 0}$ mm。

按式（4-9）求基本尺寸 X：

因为 40mm = X - 10mm，所以 X = (40+10)mm = 50mm

按式（4-12）求上极限偏差 $\mathrm{ES}(X)$：

因为 $0 = \mathrm{ES}(X) - (-0.08)$mm，所以 $\mathrm{ES}(X) = -0.08$mm

按式（4-13）求下极限偏差 $\mathrm{EI}(X)$：

因为 -0.2mm $= \mathrm{EI}(X) - 0$，所以 $\mathrm{EI}(X) = -0.2$mm

最后求得：$X = 50_{-0.20}^{-0.08}$ mm

3）当 $A_0 = 40_{-0.2}^{\ 0}$ mm，$A_1 = 10_{-0.5}^{\ 0}$ mm 时，组成环 A_1 的公差大于封闭环 A_0 的公差，根据封闭环公差应大于等于各组成环公差之和的关系，应压缩 A_1 的公差，考虑到加工内孔端面 C 比较困难，应留出较大的公差，故应大幅度压缩 A_1 的公差。根据实际情况，设 $T_1 = 0.02$mm，并取 $A_1 = 10_{-0.06}^{-0.04}$ mm，尺寸链如图 4-32d 所示，则同样用上述方法可求得 $X = 50_{-0.24}^{-0.06}$ mm。

从上述三组尺寸的换算可以看出：通过尺寸换算间接保证封闭环的要求，必须提高组成环的加工精度。当封闭环的公差较大时（如第一组设计尺寸），仅需提高本工序（车端面）的加工精度；当封闭环的公差等于甚至小于一个组成环的公差时（如第二组和第三组设计尺寸），不仅要提高本工序尺寸 X 的加工精度，而且要提高前工序（或工步）A_1 的加工精度。例如，第三组中尺寸 A_1 换算后的公差为 0.02mm，仅为原设计公差（0.5mm）的 1/25，大大提高了加工要求，增加了加工的困难，因此工艺上应尽量避免测量尺寸的换算。

需要注意的是，按换算后的工序尺寸进行加工（或测量）以间接保证原设计尺寸的要求时，可能存在"假废品"的问题。例如，按图 4-32b 所示尺寸链所解算的尺寸 $X = 50_{-0.2}^{-0.1}$ mm 加工时，若某零件加工后实际尺寸为 $X = 49.95$mm，与工序尺寸相比，其尺寸的上限超差 0.05mm，从工序看此件应报废；但是，当零件的实际尺寸 $A_1 = 10$mm 时，封闭环的尺寸 $A_0 =$

$(49.95-10)\text{mm} = 39.95\text{mm}$,仍符合设计尺寸 $40_{-0.2}^{0}\text{mm}$ 的要求,这种现象就是工序上报废而产品仍合格的"假废品"问题。为了避免"假废品"的出现,对换算后工序尺寸超差的零件,应按设计尺寸再进行复量和验算,以免将实际合格的零件报废而造成浪费。

例 4-3 如图 4-33a 所示,零件尺寸 $60_{-0.12}^{0}\text{mm}$ 已经保证,现以面 1 定位,用调整法精铣平面 2,试标出工序尺寸及其上、下极限偏差。

解 当以面 1 定位加工平面 2 时,将按工序尺寸 A_2 进行加工,设计尺寸 $A_{\Sigma} = 25_{0}^{+0.22}$ 是本工序间接保证的尺寸,为封闭环,其尺寸链如图 4-33b 所示。则尺寸 A_2 的计算如下:

基本尺寸计算:

因为 $25\text{mm} = 60\text{mm} - A_2$,所以 $A_2 = 35\text{mm}$

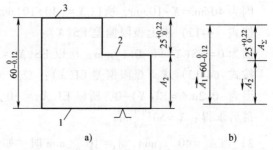

图 4-33 定位基准与设计基准不重合时尺寸换算

下极限偏差计算:因为 $+0.22\text{mm} = 0 - \text{EI}(A_2)$,所以 $\text{EI}(A_2) = -0.22\text{mm}$

上极限偏差计算:

因为 $0 = -0.12\text{mm} - \text{ES}(A_2)$,所以 $\text{ES}(A_2) = -0.12\text{mm}$

则工序尺寸 $A_2 = 35_{-0.22}^{-0.12}\text{mm}$

例 4-4 如图 4-34a 所示,零件加工时要求保证尺寸 $(6\pm0.1)\text{mm}$,但该尺寸不便测量,只得通过测量尺寸 X 来间接保证,试求工序尺寸 X 及其上、下极限偏差。

解 图 4-34a 所示尺寸 $(6\pm0.1)\text{mm}$ 是间接得到的,即为封闭环。工艺尺寸链如图 4-34b 所示,其中尺寸 X,$(26\pm0.05)\text{mm}$ 为增环,尺寸 $36_{-0.05}^{0}\text{mm}$ 为减环。

基本尺寸计算:

因为 $6\text{mm} = X + 26\text{mm} - 36\text{mm}$,所以 $X = 16\text{mm}$

下极限偏差计算:

因为 $0.1\text{mm} = \text{ES}(X) + 0.05\text{mm} - (-0.05)\text{mm}$,所以 $\text{ES}(X) = 0$

因为 $-0.1\text{mm} = \text{EI}(X) + (-0.05)\text{mm} - 0$,所以 $\text{EI}(X) = -0.05\text{mm}$

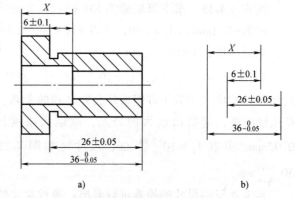

图 4-34 测量基准与设计基准不重合的尺寸换算

因而工序尺寸 $X = 16_{-0.05}^{0}\text{mm}$

例 4-5 如图 4-35a 所示,零件镗孔前,表面 A、B、C 已加工好。镗孔时,为使工件装夹方便,选择表面 A 为定位基准。但是,孔的设计基准是表面 C,故出现了定位基准与设计基准不重合的情况,为保证孔轴线至表面 C 的设计尺寸 L_0,请通过尺寸换算求解出工序尺寸 L_3。

解 工艺尺寸链如图 4-35b 所示,其中 L_0 是封闭环,L_1 是减环,L_2、L_3 是增环。

基本尺寸计算:

因为 $120\text{mm} = L_3 + 100\text{mm} - 300\text{mm}$,所以 $L_3 = (120+300-100)\text{mm} = 320\text{mm}$

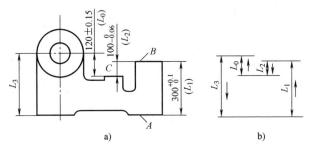

图 4-35 定位基准与设计基准不重合的尺寸换算

上极限偏差计算：

因为 $0.15\text{mm} = 0 + \text{ES}(L_3) - 0$，所以 $\text{ES}(L_3) = 0.15\text{mm}$

下极限偏差计算：

因为 $-0.15\text{mm} = -0.06\text{mm} + \text{EI}(L_3) - 0.1\text{mm}$，所以 $\text{EI}(L_3) = 0.01\text{mm}$

最后求得：$L_3 = 320^{+0.15}_{+0.01}\text{mm}$

（2）中间工序尺寸的计算　在零件加工过程中，有些加工表面的定位基准或测量基准是一些尚需继续加工的表面。加工这些表面时，不仅要保证本工序对该表面尺寸的要求，同时还要保证原加工表面的要求，即一次加工要同时保证两个以上的尺寸要求，此时也需要进行工序尺寸的换算。

例 4-6　如图 4-36a 所示，齿轮内孔尺寸为 $\phi 40^{+0.05}_{0}\text{mm}$，键槽深度为 $46^{+0.3}_{0}\text{mm}$。内孔及键槽的加工顺序如下：

1）精镗孔至 $\phi 39.6^{+0.1}_{0}\text{mm}$；2）插键槽至尺寸 A；3）热处理；4）磨内孔至设计尺寸 $\phi 40^{+0.05}_{0}\text{mm}$，同时间接保证键槽深度 $46^{+0.3}_{0}\text{mm}$。

解　工艺尺寸链如图 4-36b 所示，其中 $46^{+0.3}_{0}\text{mm}$ 是间接保证的尺寸，是封闭环。组成环分别是：镗孔后的半径尺寸 $19.8^{+0.05}_{0}\text{mm}$，为减环；磨孔后的半径尺寸 $20^{+0.025}_{0}\text{mm}$，为增环；插键槽尺寸 A，为增环。

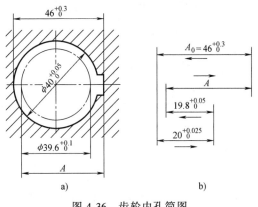

图 4-36 齿轮内孔简图

基本尺寸计算：

因为 $46\text{mm} = A + 20\text{mm} - 19.8\text{mm}$，所以 $A = 45.8\text{mm}$

上极限偏差计算：

因为 $0.3\text{mm} = \text{ES}(A) + 0.025\text{mm} - 0$，所以 $\text{ES}(A) = +0.275\text{mm}$

下极限偏差计算：

因为 $0 = \text{EI}(A) + 0 - 0.05\text{mm}$，所以 $\text{EI}(A) = +0.05\text{mm}$

最后求得：$A = 45.8^{+0.275}_{+0.050}\text{mm}$，或 $A = 45.8^{+0.225}_{0}\text{mm}$。

例 4-7　图 4-37a 所示为一个需要进行渗氮处理的衬套零件。该零件 $\phi 145^{+0.04}_{0}\text{mm}$ 孔的表面需要渗氮，精加工后要求渗氮层深度为 $0.3 \sim 0.5\text{mm}$。如图 4-37b 所示，单边深度为

$0.3^{+0.2}_{0}$mm，双边深度为$0.6^{+0.4}_{0}$mm。试求精磨前渗氮层深度。

该表面的加工顺序为：1）磨内孔至尺寸$\phi144.76^{+0.04}_{0}$mm（图4-37c），渗氮处理；2）精磨内孔至$\phi145^{+0.04}_{0}$mm，并保证渗氮层深度t_0。

解 工艺尺寸链如图4-37d所示，其中t_0为封闭环，A_1、t_1为增环，A_2为减环。

基本尺寸计算：

因为$t_0 = t_1 + A_1 - A_2$，所以$t_1 = 145$mm $+ 0.6$mm $- 144.76$mm $= 0.84$mm

上极限偏差计算：

因为0.4mm $= ES(t_1) + 0.04$mm $- 0$，所以$ES(t_1) = 0.36$mm

下极限偏差计算：

因为$0 = EI(t_1) + 0 - 0.04$mm，所以$EI(t_1) = 0.04$mm

最后求得：$t_1 = 0.84^{+0.36}_{+0.04}$mm

即渗氮层深度为：$t_1/2 = 0.44^{+0.16}_{0}$mm

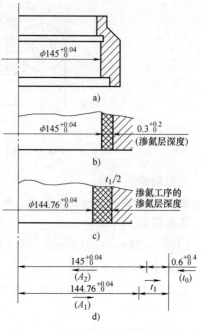

图4-37 保证渗氮深度的尺寸计算

例4-8 如图4-38所示，圆轴的加工过程为：1）车外圆至$\phi20.6^{0}_{-0.04}$mm；2）渗碳淬火；3）磨外圆至$\phi20^{0}_{-0.02}$mm。若保证磨后渗碳层深度为$0.7 \sim 1.0$mm，试计算渗碳工序的渗碳层深度及其上、下极限偏差。

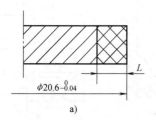 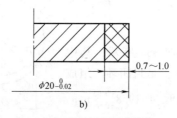 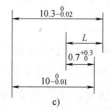

图4-38 保证渗碳层深度的尺寸换算

解 工艺尺寸链如图4-38c所示，其中磨后保证的渗碳层深度$0.7^{+0.3}_{0}$mm是间接获得的尺寸，为封闭环；尺寸L和$10^{0}_{-0.01}$mm为增环，尺寸$10.3^{0}_{-0.02}$mm为减环。

基本尺寸计算：

因为0.7mm $= L + 10$mm $- 10.3$mm，所以$L = 1$mm

上极限偏差计算：

因为0.3mm $= ES(L) + 0 - (-0.02)$ mm，所以$ES(L) = 0.28$mm

下极限偏差计算：

因为$0 = EI(L) + (-0.01)$mm $- 0$，所以$EI(L) = 0.01$mm

最后求得：$L = 1^{+0.28}_{+0.01}$mm

4.7 工艺方案的技术经济分析

评价一个机械加工工艺规程的优劣,要从加工质量、劳动生产率、生产成本等多个方面综合考虑。因此,制定机械加工工艺规程时,在保证加工质量的前提下,必须认真研究加工方案的经济性问题,从技术、经济两个方面对工艺过程进行分析、比较、评价,处理好技术与经济之间的关系,使工艺过程最优化。

4.7.1 工艺过程的工艺成本

制造一个零件或一个产品所需的一切费用的总和称为生产成本。生产成本包括两类费用:一类是与工艺过程直接有关的费用,称为工艺成本,如毛坯或原材料费用,生产工人的工资,机床设备的使用费、折旧费、维修费,工艺装备的折旧费、维修费,车间或企业的管理费等,工艺成本约占生产成本的 70%~80%;第二类是与工艺过程无直接关系的费用,如行政人员的工资,厂房的折旧及维护费用,取暖、照明、运输等费用。显然,在一般情况下,第二类费用对于不同加工方案是大体固定的,因此在进行工艺方案的技术经济分析时,对这类费用可不予考虑。

按照与零件产量的关系,工艺成本可分为可变费用 V 和不变费用 C 两大类。

(1) 可变费用 V 可变费用 V 是与零件的年产量直接相关,随年产量的变化而成比例变动的费用。其组成可由下式表示:

$$V = S_c + S_{cg} + S_{jd} + S_{tj} + S_{jx} + S_{tq} + S_d \tag{4-15}$$

式中 S_c——材料或毛坯费;

S_{cg}——操作工人的工资;

S_{jd}——机床电费;

S_{tj}——通用机床折旧费;

S_{jx}——机床维修费;

S_{tq}——通用夹具折旧费;

S_d——刀具刃磨和折旧费。

(2) 不变费用 C 不变费用 C 是与零件的年产量无直接关系,不随年产量的增减而变动的费用。其组成可由下式表示:

$$C = S_{tg} + S_{zj} + S_{zq} + S_{zx} \tag{4-16}$$

式中 S_{tg}——调整工人工资;

S_{zj}——专用机床折旧费;

S_{zq}——专用夹具折旧费;

S_{zx}——专用机床维修费。

需要说明的是,专用机床是专为零件的某道加工工序所设计的,不能用于其他零件的加工,当负荷不满时,机床只能闲置不用,但设备的折旧年限是确定的,故专用机床的全年折旧费用不随年产量而变化。

由以上分析可知,生产一种零件的全年工艺成本 E(单位为元/年)可由下式表示:

$$E = NV + C \tag{4-17}$$

式中 N——年产量，单位为件/年；
$\quad\quad V$——可变费用，单位为元/件；
$\quad\quad C$——不变费用，单位为元/年。

单件工艺成本 E_d（单位为元/件）则由下式表示：

$$E_d = V + C/N \tag{4-18}$$

（3）工艺成本与年产量的关系　工艺成本与年产量的关系如图 4-39 和图 4-40 所示。可以看出，全年工艺成本 E 与年产量 N 呈线性关系，说明全年工艺成本的变化量 ΔE 与年产量的变化量 ΔN 成正比；而单件工艺成本 E_d 与年产量 N 呈反向关系，说明单件工艺成本 E_d 随年产量 N 的增大而减少，且各处的变化率不同，其极限值接近可变费用 V。

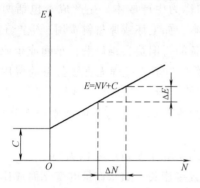

图 4-39　全年工艺成本与年产量的关系

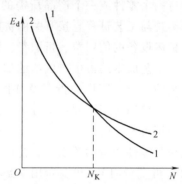

图 4-40　单件工艺成本与年产量的关系

4.7.2　工艺方案的技术经济评价方法

工艺方案的技术经济评价有两种方法。一种是对多种工艺方案进行工艺成本的分析评价；第二种是按照一些技术经济指标来进行宏观分析比较。

1. 工艺方案的经济性分析评价

在对工艺方案进行经济性评价时，被评价工艺方案可分为以下两种情况：

（1）两种工艺方案都采用现有设备或基本投资相近　此时可用工艺成本作为衡量工艺方案经济性的重要依据。具体方法如下：

1）如两种工艺方案只有少数工序不同，可对这些工序的单件工艺成本进行比较。当年产量 N 一定时，方案 1 中 $E_{d1} = V_1 + C_1/N$，方案 2 中 $E_{d2} = V_2 + C_2/N$。单件工艺成本 E_d 值小的工艺方案经济性好。

若 N 为变量，可由图 4-41 所示的曲线进行比较：N_K 为两曲线相交处的产量，此处两种工艺方案的工艺成本相等，故 N_K 称为临界产量；当 $N < N_K$ 时，$E_{d1} > E_{d2}$，选取第 2 种工艺方案；当 $N > N_K$ 时，$E_{d1} < E_{d2}$，选取第 1 种工艺方案。

2）如两种工艺方案有较多的工序不同，可对零件的全年工艺成本进行比较。当年产量 N 一定时，方案 1 中 $E_1 = NV_1 + C_1$，方案 2 中 $E_2 = NV_2 + C_2$。

若 N 为变量，可由图 4-42 所示图线进行比较：N_K 含义同前，当 $N < N_K$ 时，选取第 1 种

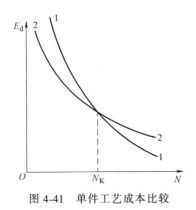

图 4-41 单件工艺成本比较

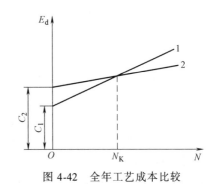

图 4-42 全年工艺成本比较

工艺方案；当 $N>N_K$ 时，选取第 2 种工艺方案。当 $N=N_K$ 时，$E_1=E_2$，则两种工艺方案经济性相同，所以有

$$N_K V_1 + C_1 = N_K V_2 + C_2$$

$$N_K = \frac{C_2 - C_1}{V_1 - V_2} \tag{4-19}$$

（2）两种工艺方案的经济性相差较大　此时，必须考虑不同工艺方案的基本投资差额的回收期限。例如，工艺方案 1 采用了价格较贵的高生产率机床及工艺装备，其基本投资 K_1 必然较大，但工艺成本 E_1 较低；工艺方案 2 采用了价格便宜、生产率较低的一般机床和工艺装备，其基本投资 K_2 必然较小，但工艺成本 E_2 则会较高。工艺方案 1 的低成本是以增加投资为代价的，这时如果仅仅比较两种工艺方案的工艺成本显然是不全面的，因此还应考虑其基本投资差额的回收期限，即工艺方案 1 比工艺方案 2 多用的投资需要多长时间才能由其工艺成本的降低而回收，回收期限 τ 可由下式计算：

$$\tau = \frac{K_1 - K_2}{E_1 - E_2} = \frac{\Delta K}{\Delta E} \tag{4-20}$$

式中　τ——回收期限，单位为年；

ΔK——两种工艺方案基本投资的差额，单位为元；

ΔE——全年工艺成本节约额，单位为元/年。

显然，回收期限 τ 越短，工艺方案 1 的经济性越好。

投资回收期限必须满足以下要求：

1）小于设备或工艺装备的使用年限；

2）小于该产品市场需求的年限；

3）小于国家所规定的标准回收期。例如，夹具的标准回收期为 2~3 年，专用机床的标准回收期为 4~6 年。

2. 技术经济指标评定

在进行工艺规程的技术经济分析时，也可通过计算一些技术经济指标进行分析比较。用于评定的指标通常有：制造产品所需的劳动量（工时及台时）、单位工人年产量、单位设备年产量、单位生产面积年产量、工艺装备系数（专用工、夹、量具与机床数量之比）等，然后将这些指标加以比较，取较好的方案。有时还需要将这些指标与国内外同类产品的同类指标进行比较，以衡量其技术水平的高低。此法在新工厂（或车间）中使用得较多。

4.7.3 提高劳动生产率的工艺途径

劳动生产率是衡量生产率的一项综合性技术经济指标,常用一个工人在单位劳动时间内制造出的合格产品数量来表示。提高劳动生产率必须正确处理好质量、生产率和经济性三者之间的关系,应在保证质量的前提下,提高生产率,降低成本。

提高生产率的途径多种多样,仅技术性方面的措施就涉及产品设计、制造工艺和组织管理等多个方面。现仅就制造工艺方面的相关问题进行简单分析。

1. 提高切削用量

增大切削速度、进给量和背吃刀量均可缩短基本时间,是提高生产率的有效途径之一。目前,生产中制约切削用量提高的主要因素是新型刀具材料的研究和开发。近年来,随着各种超硬刀具材料以及刀具表面涂层技术的发展,切削速度得到了迅速提高,如图 4-43 所示。

在磨削方面,高速磨削用砂轮速度已达 60~120m/s(普通磨削的砂轮速度仅为 30~60m/s),缓进给强力磨削一次最大背吃刀量可达 6~12mm,较普通磨削的金属去除率提高 3~5 倍。

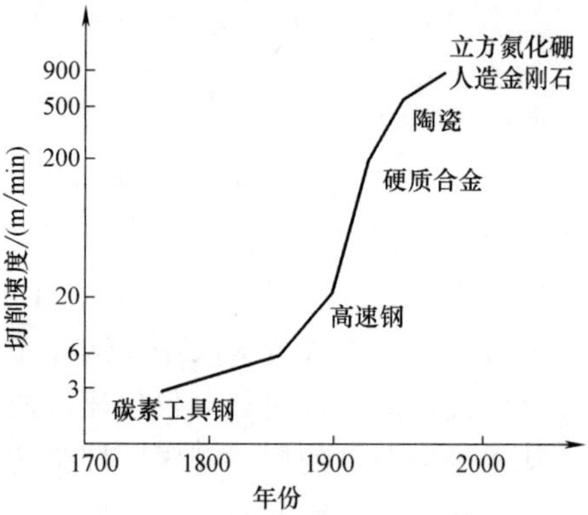

提高切削用量可以大大提高切削效率。但是随着切削用量的提高,对机床刚度和功率的要求也相应提高。因此,采用此法提高生产率时,除选择合适的刀具材料外,还应注意机床的刚度和功率是否能够满足要求。

图 4-43 刀具材料的发展和切削速度的提高

2. 采用先进工艺方法

采用先进的工艺方法是提高劳动生产率的另一个有效途径,一般从以下五个方面采取措施。

(1) 采用先进的毛坯制造方法 在毛坯制造过程中采用粉末冶金、压力铸造、精密铸造、精密锻造、冷挤压等新工艺,可有效地提高毛坯的精度,减少机械加工量并节约原材料。

(2) 采用特种加工 对于特硬、特脆、特韧材料及一些复杂型面,采用特种加工能极大地提高生产率。例如,电火花加工锻模、线切割加工冲模等,都可节约大量的钳工劳动。

(3) 采用高效加工方法

1) 多件加工。在一次装夹下,同时加工多个工件,能使生产率大大提高。多件加工方式有三种,如图 4-44 所示。图 4-44a 所示为顺序多件加工,即工件顺着走刀方向一个接一个地安装;这种加工方法使刀具的切入长度减小,从而减少了基本时间。图 4-44b 所示为平行多件加工,即同时加工 n 个工件,加工所需基本时间与加工一个工件相同,使分摊到每个工件的基本时间减少到 $1/n$,提高了生产率。以上方式常用于铣削加工和平面磨削加工。图 4-44c 所示为平行顺序多件加工,它是上述两种方法的综合应用,适用于工件较小、批量较大的情况。

2) 缩短或重合切削行程长度。缩短或重合切削行程长度可以缩短基本时间。例如,用多把刀同时加工同一表面或多个表面,如图 4-45 所示。

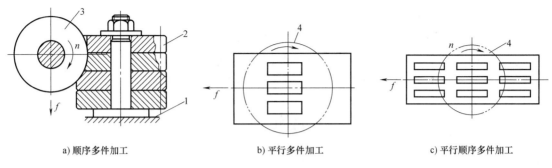

图 4-44 多件加工示意图
1—工作台　2—工件　3—滚刀　4—铣刀

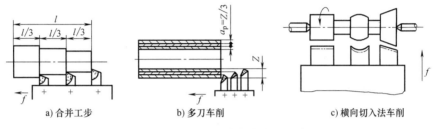

图 4-45 缩短或重合切削行程长度

3) 在大批大量生产中用拉削、滚压加工代替铣削、铰削和磨削；成批生产中用精刨、精磨或金刚镗代替刮研等，均可提高生产率。

4) 采用少无切削工艺代替常规切削加工方法。目前常用的少无切削工艺有：冷轧、碾压、冷挤等。这些方法在提高生产率的同时还能使工件的加工精度和表面质量也得到提高。

（4）采用高效机床设备

1) 采用高效专用机床、数控机床等先进设备，实现集中控制、自动调速与自动换刀，以缩短开停机、改变切削用量、换刀等时间。

2) 采用多刀多轴加工的高效设备，如多刀半自动车床、多面多轴组合机床，实现多刀多轴加工，使切削行程缩短，基本时间重合。

3) 采用连续回转工作台机床和多工位回转工作台式组合机床，使装卸工件的辅助时间与基本时间相重合。图 4-46a 所示为双轴立式连续回转工作台机床粗铣、精铣工件的示意图，图 4-46b 所示为多工位回转式组合机床对一个工件进行多工位加工的示意图。

（5）采用高效工装

1) 采用各种高效夹具。在大批量生产中采用机械联动、气动、液动、电磁、多件夹紧等高效夹具，中、小批生产时采用组合夹具，以减少夹紧工件的时间，提高生产率。

采用回转式或移动式多工位夹具，使装卸工件的辅助时间与基本时间重合。图 4-47 所示为在立式铣床上采用双工位夹具的实例，当工件 1 正在加工时，工人可在工作台的另一端取下已加工好的工件并装上新的工件；待工件 1 加工完毕后，工作台迅速退回原处，夹具回转 180°，进行下一个工件的加工。

2) 采用先进、高效的刀具和快速调刀、换刀装置。采用各种复合刀具，使基本时间互

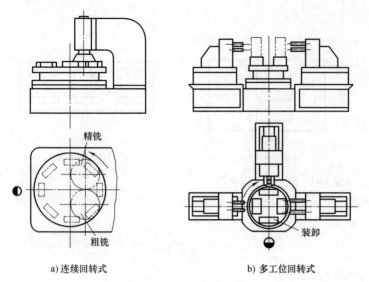
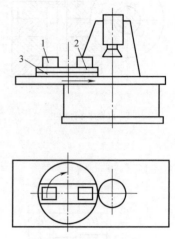

a) 连续回转式　　b) 多工位回转式

图 4-46　回转工作台机床

图 4-47　双工位夹具
1—工件　2—夹具回转部分
3—夹具固定部分

相重合。图 4-48 所示为应用十分广泛的钻—扩复合刀具。

采用机械夹固可转位硬质合金刀片，减少磨刀和换刀的时间。

采用机外对刀的快换刀夹、专用对刀样板或自动换刀装置，减少换刀和调刀的时间。图 4-49 所示为预先调整好的快换刀夹，只需快速安装即可使用。

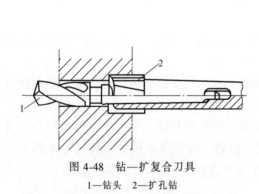

图 4-48　钻—扩复合刀具
1—钻头　2—扩孔钻

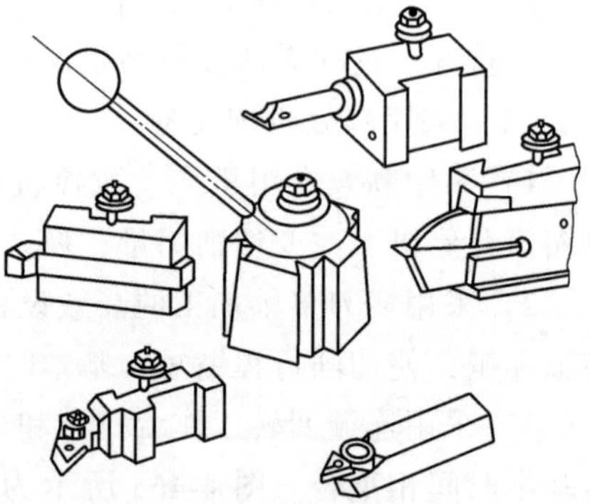

图 4-49　快换刀夹

3）采用主动测量装置。在设备上配置以光栅、感应同步器为检测元件的工件尺寸数字显示装置，将加工过程中工件尺寸变化情况连续地显示出来，操作人员可根据显示的数据控制机床，从而节省停机测量的辅助时间，使生产率得到提高。

本 章 小 结

机械加工工艺规程是规定零件机械加工工艺过程和操作方法等内容的工艺文件，是机械加工中最主要的技术文件。本章首先介绍了机械加工工艺规程的基本概念和组成，并对零件结构工艺性和毛坯的选择原则进行分析。由于定位基准的选择是一个很重要的工艺问题,因此在介绍了基准的概念和分类等基础知识后分析了六点定位原理与应用,并提出选择基准的原则。在工艺路线的拟订方面,本章从表面加工方案的选择、加工顺序的安排、工序集中和工序分散、设备与工艺装备的选择方面进行研究。并研究了加工余量的概念和加工余量的影响因素、工序尺寸和公差如何确定,对尺寸链的含义与运用进行分析与计算。最后对工艺过程的技术经济进行分析研究,提出了提高机械加工生产率的工艺途径。

复习思考题

4-1 什么是生产过程、工艺过程?什么是工艺规程?工艺规程在生产中起何作用?

4-2 什么是工序、安装、工位、工步和走刀?工序与工步、安装与装夹、安装与工位的主要区别是什么?

4-3 生产类型是根据什么标准划分的?它们各有哪些主要工艺特征?

4-4 什么是基准?基准有哪几种?分析基准时要注意些什么?

4-5 什么是六点定位原理?

4-6 什么是完全定位、不完全定位、欠定位和过定位?

4-7 粗基准、精基准的选择原则是什么?请举例说明。

4-8 制订机械加工工艺规程时,为什么要划分加工阶段?什么情况下可以不划分,或不严格划分加工阶段?

4-9 简述机械加工过程中安排热处理工序的目的及其顺序。

4-10 什么是工序集中和工序分散?各有什么特点?

4-11 在解算工艺尺寸链时,出现某一组成环的公差为零或为负值的原因是什么?如何解决?

4-12 提高机械加工生产率的工艺措施有哪些?

4-13 什么是工艺成本?怎样对几种工艺方案进行经济性评价?

4-14 试为图示零件选择加工时的粗基准。

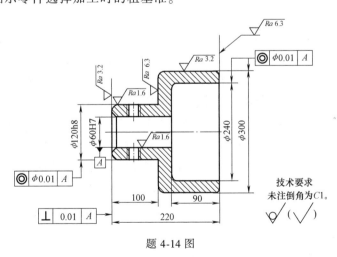

题 4-14 图

4-15 图示零件除 ϕ12H7 孔外,其余表面均已加工好,试选择加工 ϕ12H7 孔时使用的定位基准。

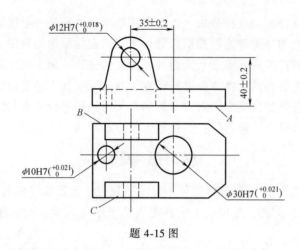

题 4-15 图

4-16 指出图示结构工艺性方面存在的问题,并提出改进意见。

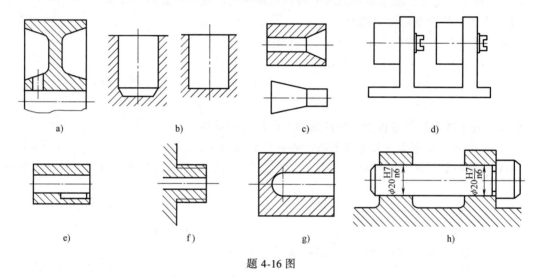

题 4-16 图

4-17 某厂年产 4105 型柴油机 1000 台,已知连杆的备用率为 5%,机械加工废品率为 1%,试计算连杆的生产纲领,说明其生产类型及主要工艺特点。(提示:一般零件重量小于 100kg 为轻型零件;大于 100kg 且小于 2000kg 为中型零件;大于 2000kg 为重型零件)

4-18 根据六点定位原理分析图示定位方案中各定位元件所限制的自由度。

4-19 图示零件以 A 面定位,用调整法铣平面 C、D 及槽 E,已知 $L_1 = (60 \pm 0.2)$ mm,$L_2 = (20 \pm 0.4)$ mm,$L_3 = (40 \pm 0.8)$ mm,试确定其工序尺寸及上、下极限偏差。

4-20 加工图示零件,为保证切槽的定位尺寸 $5^{+0.2}_{\ 0}$ mm,切槽时以端面 1 为测量基准,控制孔深 A。试求工序尺寸 A 及其上、下极限偏差。

4-21 图示衬套的材料为 20 钢,$\phi 30^{+0.021}_{\ \ \ 0}$ mm 内孔表面要求磨削后保证渗碳层深度为 $0.8^{+0.03}_{\ \ \ 0}$ mm,试求:

1) 磨削前精镗工序的工序尺寸及极限偏差。
2) 精镗后热处理时渗碳层的深度尺寸及极限偏差。

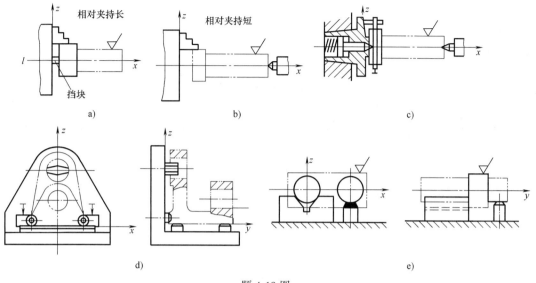

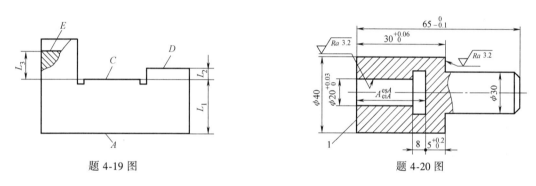

题 4-19 图　　　　　　　　　　题 4-20 图

4-22　试拟订图示零件的机械加工工艺路线（包括工序号、工序内容、加工方法、定位基准及加工设备）。已知毛坯材料为灰铸铁（孔未铸出），成批生产。

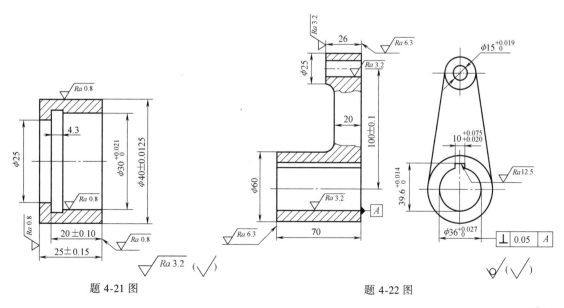

题 4-21 图　　　　　　　　　　题 4-22 图

第5章 机械加工质量

学习目标与要求

了解零件表面层在加工中的变化；掌握机械加工中各种工艺因素对表面质量的影响规律；控制加工中的各种影响因素，以满足表面质量的要求。

了解并掌握机械加工表面质量的含义、表面质量对零件使用性能的影响、提高加工精度的途径、机械加工后的表面质量控制（从尺寸精度和几何精度两方面讨论）、机械加工后的表面粗糙度等内容。

5.1 机械加工精度

任何产品零件的加工，都是从面开始的，且总会存在一定的加工误差，误差的大小反映了加工精度的高低。本节研究加工系统中各种误差，掌握其变化的基本规律，分析工艺系统中各种误差与加工精度之间的关系，寻求提高机械加工精度的途径，从而保证零件的加工质量。

5.1.1 机械加工精度的基本概念

（1）机械加工精度　机械加工精度指零件加工后的实际几何参数（尺寸、形状和表面间的相互位置）与理想几何参数的符合程度。符合程度越高，加工精度越高。符合程度的大小用加工误差来衡量。

加工精度包括以下三个方面：

1）尺寸精度。指零件加工后的实际尺寸与要求尺寸的符合程度。
2）形状精度。指零件加工后表面的实际几何形状与理想几何形状的符合程度。
3）位置精度。指零件加工后有关表面之间的实际位置与理想位置的符合程度。

（2）加工误差　加工误差指零件加工后的实际几何参数（尺寸、形状和表面间的相互位置）相对于理想几何参数的偏离程度。加工误差根据其性质不同，分为以下四种：

1）加工原理误差。指采用了近似成形运动或近似刀具轮廓进行加工而产生的误差。采用近似刀具轮廓加工，如采用模数铣刀铣削齿轮会产生加工原理误差；采用近似成形运动加工，如车削蜗杆时，由于蜗杆螺距 $P = \pi m$，而 π 是无理数，螺距值只能用近似值代替，刀具与工件之间近似螺旋轨迹的加工运动，会形成加工原理误差。

2）系统误差。顺序加工的一批工件，加工误差的大小和方向都保持不变，或者按一定规律变化，统称为系统误差。

3）随机误差。顺序加工的一批工件，加工误差的大小和方向的变化是随机性的，称为随机误差。

4）调整误差。在机械加工的每一个工序中，需要对工艺系统进行各种调整工作，由于调整不可能绝对准确，因而会产生调整误差。例如，机床调整误差，是指机床刀具的切削刃与定位基准保持不正确位置而产生的位置误差。另外，机床本身也存在机床导轨的导向误差、机床主轴的回转误差和机床传动链的传动误差等。

机械加工精度与加工误差之间的关系如图5-1所示。

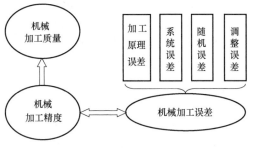

图 5-1　加工精度与加工误差

5.1.2　影响机械加工精度的因素

（1）工艺系统几何因素　工艺系统几何因素主要有加工原理误差、调整误差、机床设备误差、夹具制造误差与磨损、刀具制造误差与磨损等。

加工时刀具相对于工件的成形运动一般是通过机床完成的，因此，工件的加工精度在很大程度上取决于机床的精度。对工件加工精度影响较大的机床制造误差有：主轴回转误差、导轨误差和传动链误差。机床的磨损将使机床工作精度下降。

刀具误差对工件加工精度的影响随刀具种类的不同而不同。采用定尺寸刀具、成形刀具、展成刀具加工时，刀具的制造误差会直接影响工件的加工精度；而一般刀具（如车刀等）的制造误差对工件加工精度无直接影响。

夹具的作用是使工件相对于刀具和机床具有正确的相对位置，因此夹具的制造误差对工件的加工精度（特别是位置精度）有很大影响。

（2）工艺系统受力变形因素　机械加工工艺系统在切削力、夹紧力、惯性力、重力、传动力等力的作用下，会产生相应的变形，影响工艺系统的刚度，从而破坏刀具和工件之间正确的相对位置，使工件的加工精度下降。为减小受力变形的影响，应合理进行结构设计，提高连接表面的接触刚度，采用合理的装夹和加工方式，减小载荷及其变化。

（3）工艺系统受热变形因素　工艺系统热变形对加工精度的影响比较大，特别是对于精密加工和大件加工，由热变形引起的加工误差有时可占工件总误差的40%～70%，主要有工件热变形、刀具热变形两种。

（4）工艺系统刚度因素　在机械加工过程中，机床、夹具、刀具和工件在切削力作用下都将产生变形，致使刀具和被加工表面的相对位置发生变化，同时，在加工过程中，工件的加工余量发生变化、工件材质不均等因素引起的切削力变化，将使工艺系统变形发生变化，导致工件产生加工误差。

5.1.3 提高机械加工精度的途径

保证和提高机械加工精度的途径大致可概括为以下几种：减小原始误差法、补偿原始误差法、转移原始误差法、均分原始误差法、均化原始误差法、"就地加工"法。

（1）减小原始误差法 这种方法是生产中应用较广的一种基本方法，是在查明产生加工误差的主要因素之后，设法减少这些因素。如图 5-2 所示，加工细长轴时采用中心架或跟刀架会提高工件的刚度，也可采用反拉法切削，工件受拉不受压，不会因偏心压缩而产生弯曲变形。

（2）补偿原始误差法 这种方法人为地造出一种新的原始误差，以抵消原来工艺系统中存在的原始误差，并尽量使两者大小相等、方向相反，从而使误差抵消。

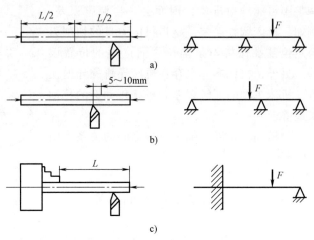

图 5-2 采用辅助支架提高工件刚度

如图 5-3a 所示，选用立轴转塔车床车削工件外圆时，转塔刀架的转位误差会引起刀具在误差敏感方向上的位移，将严重影响工件的加工精度。如果将转塔刀架的安装形式改为图 5-3b 所示情况，刀架转位误差所引起的刀具位移对工件加工精度的影响就很小。

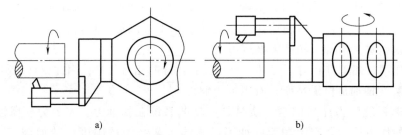

图 5-3 转塔刀架安装形式变化补偿原始误差

（3）转移原始误差法 误差转移实质上是转移工艺系统的几何误差、受力变形和热变形等。

转移原始误差法的实例很多。如图 5-4 所示，磨削主轴锥孔时保证其和轴颈的同轴度，不是靠机床主轴的回转精度来保证；而是靠夹具保证；当机床主轴与工件之间采用浮动连接时，机床主轴的原始误差就被转移掉了。

（4）均分原始误差法 若上道工序的

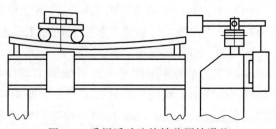

图 5-4 采用浮动连接转移原始误差

加工误差太大，使得本工序无法保证工序技术要求，且提高上道工序的加工精度又不经济时，可采用误差均分的办法。将上道工序加工后的工件分为 n 组，使每组工件的误差范围缩小为原来的 $1/n$，然后按组调整刀具与工件的相对位置，或选用合适的定位元件以减小上道工序加工误差对本工序加工精度的影响。

（5）均化原始误差法　对配合精度要求很高的轴和孔，常采用研磨工艺。研磨时，研具的精度并不很高，分布在研具上的磨料粒度大小也可能不一样，但研磨时工件和研具之间有着复杂的相对运动轨迹，工件上各点均有机会与研具的各点相互接触并受到均匀的微量切削，同时工件和研具相互修整，精度也逐步共同提高，进一步使误差均化，因此可获得精度高于研具原始精度的加工表面。在生产中，许多精密基准件（如平板、直尺、角度规、端齿分度盘等）都是利用均化原始误差法加工出来的。

（6）"就地加工"法　将全部零件按经济精度进行制造，然后装配成部件或产品，且各零部件之间具有工作要求的相对位置，最后以一个表面为基准加工另一个有位置精度要求的表面，最终实现精加工，这就是"就地加工"法，也称自身加工修配法。"就地加工"法的要点是按要求保证部件间的相对位置关系，在此位置关系条件下在一个部件装上刀具去加工另一个部件。如图5-5所示，转塔车床转塔上六个大孔和平面的加工与检验即"就地加工"法的应用实例。

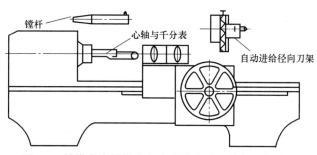

图5-5　转塔车床转塔上六个大孔和平面的加工与检验

5.2　机械加工表面质量及其对零件使用性能的影响

零件的加工质量是保证机械产品质量的基础。加工质量包括机械加工精度和加工表面质量两大部分。机械零件加工后，其表面总是存在一定程度的表面粗糙、冷硬、裂纹等缺陷，虽然只是极薄的一层（几微米至几十微米），但都错综复杂地影响着机械零件的精度、耐磨性、配合精度、耐蚀性和疲劳强度等性能，从而影响产品的使用性能和寿命，因此必须给予足够的重视。

5.2.1　机械加工表面质量的含义

机械加工表面质量是指零件经过机械加工后的表面层状态，包括表面层的几何形状特征和表面层的物理力学性能两方面，表面层的物理力学性能主要指表面层的加工硬化、表面层金相组织的变化和表面层的残余应力。机械加工表面质量内容及其与零件加工质量的关系如下：

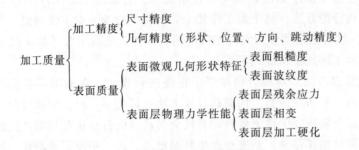

5.2.2 机械加工表面质量对零件使用性能的影响

（1）对零件耐磨性的影响　由于零件表面存在表面粗糙度，当两个零件的表面开始接触时，接触部分集中在粗糙度轮廓波峰的顶部，因此实际接触面积远远小于名义接触面积，并且表面粗糙度值越大，实际接触面积越小。接触面初期磨损快，磨合后进入正常磨损阶段。表面粗糙度值过大，高点干摩擦，磨损快；表面粗糙度值过小（$Ra0.32\sim1.25\mu m$），润滑油无法进入，会造成材料黏结磨损。

表面层的加工硬化可使表面层的硬度提高，增强表面层的接触刚度，从而降低接触处的弹性、塑性变形，使耐磨性有所提高；但如果硬化程度过高，表面层金属组织会变脆，出现微观裂纹，甚至会使金属表面组织剥落而加剧零件的磨损。

（2）对零件疲劳强度的影响　表面粗糙度对承受交变载荷的零件的疲劳强度影响很大。在交变载荷作用下，表面粗糙度轮廓波谷处容易引起应力集中，产生疲劳裂纹。表面越粗糙，抗疲劳性越差。表面硬化可使零件抗疲劳性能提高，但硬化程度过高，易出现疲劳裂纹、组织剥落现象。

表面层残余压应力对零件的疲劳强度影响也很大。若表面层存在残余压应力，则能延缓疲劳裂纹的产生、扩展，提高零件的疲劳强度；若表面层存在残余拉应力，则容易引起零件晶间破坏，产生表面裂纹而降低其疲劳强度。

表面层的加工硬化对零件的疲劳强度也有影响。适度的加工硬化能阻止已有裂纹的扩展和新裂纹的产生，提高零件的疲劳强度；但加工硬化程度过高会使零件表面组织变脆，容易出现裂纹，从而使疲劳强度降低。

（3）对零件耐蚀性的影响　表面粗糙度对零件耐蚀性的影响很大。零件表面粗糙度值越大，在粗糙度轮廓波谷处越容易积聚腐蚀性介质，从而使零件发生化学腐蚀和电化学腐蚀。

表面层残余应力对零件的耐蚀性也有影响。残余压应力使表面组织致密，腐蚀性介质不易侵入，有助于提高表面的耐蚀能力；残余拉应力对零件耐蚀性的影响则相反。

（4）对零件配合性质的影响　零件间的配合性质是由过盈量或间隙量来决定的。在间隙配合中，如果零件配合表面的表面粗糙度值大，则磨损迅速，使得配合间隙增大，从而降低了配合质量，影响了配合的稳定性；在过盈配合中，如果表面粗糙度值大，则装配时粗糙度轮廓波峰被挤平，使得实际有效过盈量减小，降低了配合件的连接强度，影响了配合的可靠性。因此，对有配合要求的表面应规定较小的表面粗糙度值。

在过盈配合中，表面硬化程度过高，可能造成表面层金属与内部金属脱落，从而破坏配合性质和配合精度。表面层残余应力会引起零件变形，使零件的形状、尺寸发生改变，因此也将影响配合性质和配合精度。

(5) 对零件其他性能的影响　表面质量对零件的使用性能还有一些其他影响。例如，对于间隙密封的液压缸、滑阀，减小表面粗糙度值可以减少泄漏、提高密封性能；较小的表面粗糙度值可使零件具有较高的接触刚度；对于滑动零件，减小表面粗糙度值能使摩擦因数降低、运动灵活性提高，减少发热和功率损失。表面层的残余应力会使零件在使用过程中持续变形，失去原有的精度，造成机器工作性能恶化等。

总之，提高加工表面质量，对于保证零件的性能、提高零件的使用寿命是十分重要的。

5.3　机械加工后的表面粗糙度

5.3.1　表面粗糙度概述

1. 表面粗糙度的概念

机械加工后的工件表面，总会留下切削刃或磨轮的加工痕迹，这些痕迹由许多微小的、高低不平的峰、谷组成。表面粗糙度是指零件加工表面具有的较小间距和峰、谷所形成的微观几何形状误差，即表面微观不平度。

表面粗糙度与宏观形状误差以及表面波纹度有所区别。以波形起伏的间距（λ）和幅度（h）比值来划分，比值小于 50 的为粗糙度；在 50~1000 范围内为波纹度；大于 1000 的视作形状误差，如图 5-6 所示。

2. 表面粗糙度对零件性能的影响

1) 影响零件的强度、耐磨性和耐蚀性等性能。两零件表面相互接触并发生相对运动时，会产生较大的摩擦阻力，从而加剧磨损；零件在交变应力的作用下，容易出现应力集中，并从这些地方开始损坏，降低了零件的强度；零件表面越粗糙，在轮廓波谷底部就越易聚集腐蚀性物质，使腐蚀加剧。

2) 影响零件的配合稳定性。间隙配合中，零件表面粗糙不平，两个接触面的轮廓波峰在相对运动中很快磨损，增大了配合间隙，破坏了应有的配合性质。过盈配合中，接触表面轮廓波峰被挤平，造成有效的过盈量减小，降低了配合面之间的连接强度。

3) 影响零件的接触刚度、密封性、产品外观质量等性能。

3. 影响表面粗糙度的主要因素

(1) 刀具方面

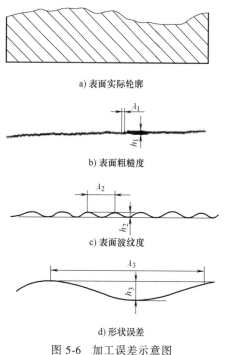

图 5-6　加工误差示意图

1）几何参数。刀具几何参数中,对表面粗糙度影响最大的是刀尖圆弧半径 γ_ε、副偏角 κ_r' 和修光刃副偏角。刀尖圆弧半径 γ_ε 对表面粗糙度有双重影响:γ_ε 增大时,残留高度减小,但同时零件表面变形将增加。

2）刀具的刃磨质量。刀具前、后刀面以及切削刃本身的粗糙度直接影响被加工面的粗糙度。一般来说,刀具前、后刀面的粗糙度等级应比被加工面要求的粗糙度小 1~2 级。

3）刀具的材料。刀具材料与被加工材料金属分子的亲和力大时,被加工材料容易与刀具黏结而生成积屑瘤和鳞刺,且被黏结在切削刃上的金属与被加工表面分离时还会形成附加的粗糙度。因此,凡是黏结情况严重,摩擦严重的,表面粗糙度都较大;反之,如果黏结和摩擦不严重,表面粗糙度都较小。

（2）切削条件

1）切削速度 v_c。加工塑性材料时,切削速度对积屑瘤和鳞刺的影响非常显著。切削速度较低易产生鳞刺,低速至中速易形成积屑瘤,表面粗糙度值也大,避开这个速度区域,表面粗糙度值会减小。加工脆性材料时,因为一般不会形成积屑瘤和鳞刺,所以切削速度对表面粗糙度基本无影响。由此可见,采用较高的切削速度,既可提高生产率,同时又可使加工表面粗糙度值较小。

2）进给量 f。减小进给量 f 可以降低残留高度,同时也可以降低积屑瘤和鳞刺的高度,因而减小进给量可以使表面粗糙度值减小;当进给量继续减小时,由于塑性变形程度增加,表面粗糙度值反而会有所上升。

3）背吃刀量 a_p。一般来说,背吃刀量对表面粗糙度的影响是不明显的,在实际工作中可以忽略不计。但当 a_p 为 0.02~0.03mm 时,正常切削就无法进行,刀具挤压滑过加工表面而切不下切屑,并在加工表面上引起附加的塑性变形,从而使加工表面粗糙度值增大。所以切削加工不能选用过小的背吃刀量;但过大的背吃刀量也会因切削力、切削热剧增而影响加工精度和表面质量。

4）切削液。切削液起冷却和润滑作用,能减小切削过程的界面摩擦,降低切削区温度,从而减少切削过程中的塑性变形并抑制积屑瘤和鳞刺的生长,因此对减小加工表面粗糙度有利。

5）被加工材料。一般来说,被加工材料韧性越好,塑性变形倾向越大,在切削加工中,表面粗糙度值就越大。被加工材料对表面粗糙度的影响与其金相组织状态有关。

4. 基本术语和定义

（1）取样长度 lr 取样长度是指在评定表面粗糙度时所选取的在 X 轴方向判别被评定轮廓不规则特征的基准长度。取样长度范围内至少包含五个以上的轮廓峰、谷,如图 5-7 所示。

（2）评定长度 ln 评定长度是指评定表面粗糙度时被评定轮廓的 X 轴方向上的长度。它能够客观地反映出表面粗糙度的全貌,包含多个取样长度。国家标准推荐 $ln = 5lr$;对于均匀性好的表面,可选 $ln > 5lr$;对于均匀性较差的表面,可选 $ln < 5lr$。

（3）轮廓中线 轮廓中线是定量计算表面粗糙度数值的基准线,作为计算各种轮廓参数的基础。有以列两种:

1）轮廓的最小二乘中线。在取样长度内,使轮廓线上各点的纵坐标值 $Z(x)$ 的平方和为最小,如图 5-7a 所示。

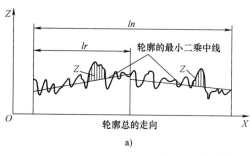 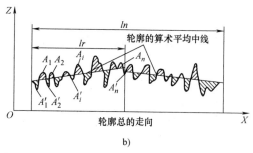

图 5-7 取样长度、评定长度和轮廓中线

2)轮廓的算术平均中线。在取样长度内,将实际轮廓划分为上、下两部分,且使上、下面积相等的直线,如图 5-7b 所示。

5.3.2 表面粗糙度的评定参数

国家标准 GB/T 1031—2009《产品几何技术规范(GPS) 表面结构 轮廓法 表面粗糙度参数及其数值》规定了表面粗糙度的主要评定参数为轮廓算术平均偏差 Ra 和轮廓最大高度 Rz,根据表面功能需要,还可选用轮廓单元平均宽度 Rsm 和轮廓支承长度率 $Rmr(c)$。

1. 轮廓算术平均偏差 Ra

在一个取样长度内,被测实际轮廓上各点纵坐标值 $Z(x)$ 绝对值的算术平均值。如图 5-8 所示,轮廓算术平均偏差 Ra 能客观反映实际表面,应优先选用。

$$Ra = \frac{1}{lr}\int_0^{lx} |Z(x)| \, dx$$

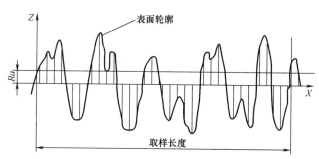

图 5-8 轮廓算术平均偏差

2. 轮廓最大高度 Rz

在一个取样长度内,最大轮廓峰高与最大轮廓谷深之和。如图 5-9 所示,$Rz = Rp + Rv$,Rp 表示最大轮廓峰高,Rv 表示最大轮廓谷深。

轮廓最大高度 Rz 所反映的表面微观几何形状特征不全面,但测量

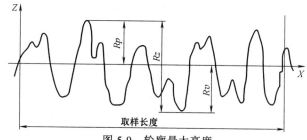

图 5-9 轮廓最大高度

十分简便。

5.3.3 表面粗糙度的符号及标注

1. 表面粗糙度符号及意义

表面粗糙度在图样中用图形符号表示（标注），包括基本图形符号、扩展图形符号、完整图形符号、工件轮廓各表面的图形符号，见表5-1。

表5-1 表面粗糙度符号（GB/T 131—2006）

符 号	意 义 说 明
∨	基本图形符号，表示可用任何方法获得。当不加注表面粗糙度参数值或有关说明时，仅适用于简化代号标注
∨ (加短横)	扩展图形符号，在基本图形符号上加一短横，表示指定表面是用去除材料的方法获得，如采用车、铣、钻、磨、电加工等
∨ (加圆圈)	扩展图形符号，在基本图形符号上加一小圆圈，表示指定表面是用不去除材料的方法获得，例如，采用铸、锻、冲压变形、热轧、粉末冶金等工艺的表面或用于保持原供应状况的表面（包括保持上道工序的状况）
∨ ∨ ∨ (加横线)	完整图形符号，在上述三个图形符号的长边上加一横线，用于标注表面结构特征的补充信息
∨ ∨ ∨ (加圆圈)	工件轮廓各表面的图形符号，在完整图形符号上加一圆圈，表示所有表面具有相同的表面粗糙度要求

2. 表面粗糙度代号标注及意义

表面粗糙度的代号标注示例见表5-2。

表5-2 表面粗糙度的代号标注示例

代 号	意 义	代 号	意 义
$\sqrt{Ra\,3.2}$	用任何方法获得的表面，表面粗糙度 Ra 的上限值为 $3.2\mu m$	$\sqrt{\begin{array}{l}Rz\,3.2\\Rz\,1.6\end{array}}$	用去除材料方法获得的表面粗糙度，Rz 的上限值为 $3.2\mu m$，Rz 的下限值为 $1.6\mu m$
$\sqrt{Ra\,3.2}$	用去除材料方法获得的表面，表面粗糙度 Ra 的上限值为 $3.2\mu m$	$\sqrt{\begin{array}{l}Ra\,3.2\\Rz\,12.5\end{array}}$	用去除材料方法获得的表面，Ra 的上限值为 $3.2\mu m$，Rz 的上限值为 $12.5\mu m$
$\sqrt{Ra\,\max\,3.2}$	用去除材料方法获得的表面，表面粗糙度 Ra 的最大值为 $3.2\mu m$	$\sqrt{Ra\,3.2}$ (带圆圈)	用不去除材料方法获得的表面，表面粗糙度 Ra 的上限值为 $3.2\mu m$
$\sqrt{\begin{array}{l}U\,Ra\,3.2\\L\,Ra\,1.6\end{array}}$	用去除材料方法获得的表面粗糙度，Ra 的上限值为 $3.2\mu m$，Ra 的下限值为 $1.6\mu m$	$\sqrt{Ra\,\max\,3.2}$	用任何方法获得的表面粗糙度，Rz 的最大值 $3.2\mu m$（最大规则）
$\sqrt{Rz\,3.2}$	用任何方法获得的表面粗糙度 Rz 的上限值为 $3.2\mu m$		

3. 表面粗糙度在零件图中的标注

（1）标注方法　表面粗糙度在图样表面结构中的注写和读取方向与尺寸的注写和读取方向一致，如图5-10所示。

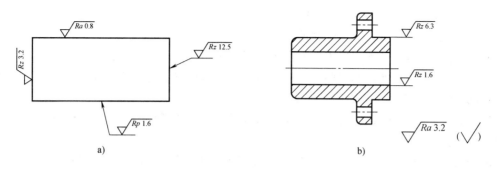

图 5-10 表面粗糙度代号标注示例

（2）标注位置　表面粗糙度可标注在轮廓线上、尺寸线上、形位公差框格上方、延长线上以及圆柱和棱柱表面上，符号应从材料外指向并接触表面。

（3）零件图样标注示例（图 5-11）

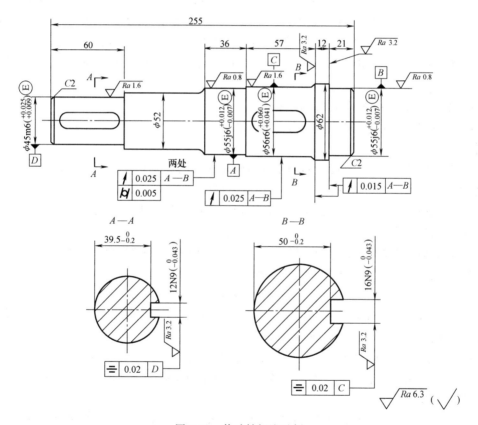

图 5-11 传动轴标注示例

5.3.4 影响加工表面粗糙度的主要因素及其控制

1. 切削加工方面

1）在精加工时，应选择较小的进给量 f、较小的主偏角 κ_r 和副偏角 κ_r'、较大的刀尖圆

弧半径 r_ε，以得到较小的表面粗糙度值。

2）加工塑性材料时，采用较高的切削速度可防止积屑瘤的产生，减小表面粗糙度值。

3）根据工件材料、加工要求，合理选择刀具材料，有利于减小表面粗糙度值。

4）适当增大刀具前角和刃倾角，提高刀具的刃磨质量，降低刀具前、后刀面的表面粗糙度值均能降低工件加工表面的粗糙度值。

5）对工件材料进行适当的热处理，以细化晶粒、均匀晶粒组织，可减小表面粗糙度值。

6）选择合适的切削液，减小切削过程中的界面摩擦，降低切削区温度，减小切削变形，抑制鳞刺和积屑瘤的产生，可以大大减小表面粗糙度值。

2. 磨削加工方面

磨削加工是用砂轮以较高的线速度对工件表面进行加工的方法，其实质是砂轮上的磨料自工件表面层切除细微切屑的过程。

由于磨削加工容易得到较高的加工精度和较好的表面质量，所以磨削主要应用于零件精加工，它不仅能加工一般材料（如碳钢、铸铁、有色金属等），还可以加工一般金属刀具难以加工的硬质材料（如淬火钢、硬质合金等）。磨削精度一般可达 IT6~IT5，表面粗糙度 Ra 一般为 $0.08 \sim 0.8 \mu m$。影响其加工表面粗糙度的因素主要有磨削用量和砂轮自身质量两个方面。

（1）磨削用量对表面粗糙度的影响

1）砂轮的速度越高，单位时间内通过被磨表面的磨粒数就越多，工件的表面粗糙度值就越小。

2）工件速度对表面粗糙度的影响刚好与砂轮速度的影响相反，增大工件速度，单位时间内通过被磨表面的磨粒数减少，表面粗糙度值将增加。

3）砂轮的纵向进给量减小，工件表面上每个部位被砂轮重复磨削的次数增加，工件的表面粗糙度值将减小。

4）磨削深度增大，表层塑性变形将随之增大，工件表面粗糙度值也会增大。

（2）砂轮自身质量对表面粗糙度的影响

1）砂轮粒度。单纯从几何因素考虑，砂轮粒度越细，磨削后工件的表面粗糙度值越小。但磨粒太细时，砂轮易被磨屑堵塞，若导热不好，反而会在加工表面产生烧伤等现象，使表面粗糙度值增大。因此，砂轮粒度常取 46~60 号。

2）砂轮硬度。砂轮太硬，磨粒不易脱落，导致磨钝了的磨粒不能及时被新磨粒替代，表面粗糙度值增大。砂轮太软，磨粒易脱落，磨削作用减弱，也会使表面粗糙度值增大。因此，通常选用中软砂轮。

3）砂轮组织。紧密组织中的磨粒比例大、气孔小，在成形磨削和精密磨削时，能获得较小的表面粗糙度值。疏松组织的砂轮不易堵塞，适于磨削软金属、非金属软材料和热敏性材料（磁钢、不锈钢、耐热钢等），可获得较小的表面粗糙度值。一般情况下，选用中等组织的砂轮。

4）砂轮材料。砂轮材料选择适当，可获得满意的表面粗糙度值。氧化物（刚玉）砂轮适用于磨削钢类零件；碳化物（碳化硅、碳化硼）砂轮适用于磨削铸铁、硬质合金等材料；用高硬磨料（人造金刚石、立方氮化硼）砂轮磨削可获得很小的表面粗糙度值，但加工成本较高。

5）砂轮修整。砂轮修整对表面粗糙度也有重要影响。精细修整过的砂轮可有效减小被磨工件的表面粗糙度值。

此外，工件材料的性质、冷却润滑液的选用等对磨削表面粗糙度也有明显的影响。

本 章 小 结

本章主要阐述了机械加工表面质量的基本概念及其影响因素。介绍了提高加工精度和机械加工表面质量的途径，详细分析了影响机械加工表面质量的各种因素，重点介绍了零件尺寸公差、几何公差和表面粗糙度等基础知识，为保证零件的加工质量提供了技术支持。机械加工表面质量问题产生的原因比较复杂，影响因素很多，而且不容易观察和测量，因此在生产中通常要对一些关键零件、关键部位的加工和关键加工工序进行表面质量的研究、控制。学完本章后，应着重理解和掌握表面质量的基本概念，重点掌握零件尺寸公差、几何公差和表面粗糙度的选择和标注方法，了解简单的测量方法，并在实际加工中加以应用。

复习思考题

5-1 机械加工表面质量包括哪些内容？它们对产品的使用性能有何影响？

5-2 加工误差有哪些？主要影响产品的什么性质？

5-3 影响机械加工精度的因素有哪些？提高加工精度的途径有哪些？

5-4 表面质量对零件使用性能的影响有哪些？

5-5 说明图中标柱的几何公差的含义。

5-6 改正图中各项几何公差标注的错误（不得改变几何公差项目）。

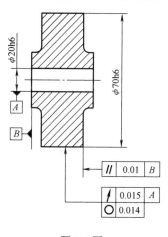

题 5-5 图

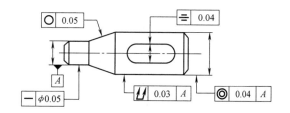

题 5-6 图

5-7 将下列技术要求标注在图样上。

1) $\phi 20^{+0.021}_{0}$ 孔素线直线度公差为 0.01mm。

2) 外圆锥面Ⅱ的素线直线度公差为 0.02mm。

3) 外圆锥面Ⅱ的圆度公差为 0.02mm。

4) 外圆锥面Ⅱ对 $\phi 20^{+0.021}_{0}$ 轴线的斜向圆跳动公差为 0.01mm。

5) $\phi 40_{-0.034}^{-0.009}$ 孔内端面对其轴线的垂直度公差为 0.02mm。

6) $\phi 20_{0}^{+0.021}$ 孔的表面粗糙度的最大值 $Ra3.2\ \mu m$。

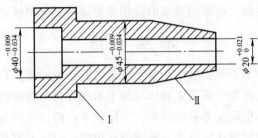

题 5-7 图

5-8 表面粗糙度标准中规定了哪些评定参数？哪些是基本参数？

5-9 为何机器上许多静止连接的接触表面往往要求较小的表面粗糙度值，而相对运动的表面却不能对表面粗糙度值要求过小？

5-10 表面粗糙度与加工公差等级有什么关系？试举例说明机器零件的表面粗糙度对其使用寿命及工作精度的影响。

第6章

轴类零件加工工艺与工装

学习目标与要求

了解轴类零件外圆表面各种常用加工方法；了解外圆表面车削加工和磨削加工的原理与工艺装备；熟悉常用车刀种类、标记及选用，掌握车削基本方法及工件的安装；了解砂轮的结构与参数；熟悉外圆表面的磨削加工；了解轴类零件的结构特点和加工工艺特点。具有正确选择外圆表面加工方案的能力；具有正确选择车刀和砂轮的能力；具有初步分析与编制典型轴类零件加工工艺的能力。

6.1 轴类零件概述

1. 轴类零件的功用与结构特点

轴类零件主要用于支承传动零件（齿轮、带轮等）、承受载荷、传递转矩和保证装在轴上零件的回转精度。如图 6-1 所示，传动轴的作用是在蜗轮蜗杆传动中支承蜗轮，并作为动力输出轴传递转矩。

根据轴的结构形状不同，轴的分类如图 6-2 所示。根据轴的长度 L 与直径 d 之比，轴又可分为刚性轴（$L/d \leqslant 12$）和挠性轴（$L/d>12$）两种。

轴类零件通常由内外圆柱面、内外圆锥面、端面、台阶面、螺纹、键槽、花键、横向孔及沟槽等结构要素组成。

2. 轴类零件的技术要求、材料和毛坯

零件工作图样作为生产和检验的主要技术文件，包含制造和检验的全部内容。为此，在编制轴类零件加工工艺时，必须详细分析轴的工作图样，图 6-1 所示即为减速箱传动轴工作图样。

轴类零件一般只有一个主视图，主要标注特征尺寸和技术要求等，而螺纹退刀槽、砂轮越程槽、键槽及花键部分的尺寸和技术要求标注在相应的剖视图中。

装配轴承的轴颈和装配传动零件的配合轴颈表面，一般是轴类零件的重要表面，其尺寸精度、形状精度（圆度、圆柱度等）、位置精度（同轴度、与端面的垂直度等）及表面粗糙度要求均较高，制定轴类零件机械加工工艺规程时，应着重考虑相关因素。

如图 6-1 所示，传动轴轴颈 M 和 N 的各项精度要求均较高，且轴线是其他表面的基准，因此是主要表面。轴颈 Q 和 P 的径向圆跳动公差为 0.02mm，轴肩 H、G 和 I 的端面圆跳动公差为 0.02mm，也都是较重要的表面。同时，该轴还包含键槽、螺纹等结构要素。

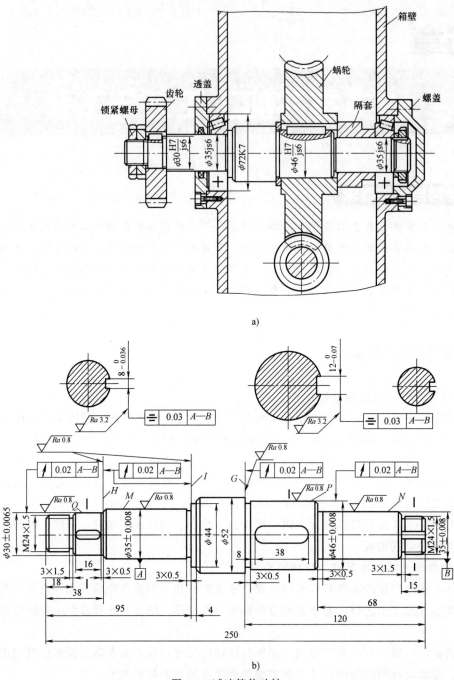

图 6-1 减速箱传动轴

轴类零件材料常选用 45 钢；中等精度而转速较高的轴，可选用 40Cr；在高速、重载荷等条件下工作的轴，可选用 20Cr、20CrMnTi 等低碳合金钢进行渗碳淬火，或用 38CrMoAlA 氮化钢进行氮化处理。轴类零件的毛坯最常用圆棒料和锻件，只有某些大型的、结构复杂的轴才采用铸件（铸钢或球墨铸铁）。

根据使用条件，图 6-1 所示传动轴可选用 45 钢；在小批量生产时，毛坯可选用棒料；

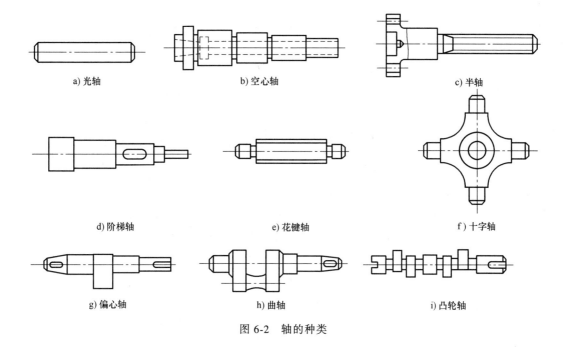

图 6-2 轴的种类

若批量较大,可选用锻件。

6.2 轴类零件外圆表面的车削加工

6.2.1 车床工艺范围及车刀选用

车床使用各种车刀、孔加工刀具和螺纹刀具,可加工内外圆柱面、圆锥面及成形回转表面,某些车床还能加工螺纹。普通卧式车床的工艺范围如图 6-3 所示。

常用车刀按其用途不同,可分为外圆车刀、端面车刀、切断刀、内孔车刀、螺纹车刀和成形车刀等。常用车刀的形式和用途如图 6-4 所示。

按结构分类,车刀有整体式、焊接式、机夹式和可转位式四种形式,如图 6-5 所示,它们的结构类型、特点与用途见表 6-1。

表 6-1 车刀结构类型、特点与用途

名称	特点	适用场合
整体式	整体高速钢制造,刃口可磨得很锋利	小型车床或车有色金属零件
焊接式	焊接硬质合金刀片,结构紧凑,使用灵活	各类车刀
机夹式	可避免焊接产生裂纹、应力等缺陷,刀杆利用率高,刀片可集中刃磨	车外圆、车端面、镗孔、切断、螺纹车刀等
可转位式	可避免焊接式缺点,刀片可快速转位,断屑稳定,可使用涂层刀片	大中型车床、数控机床、自动线加工外圆、端面、镗孔等

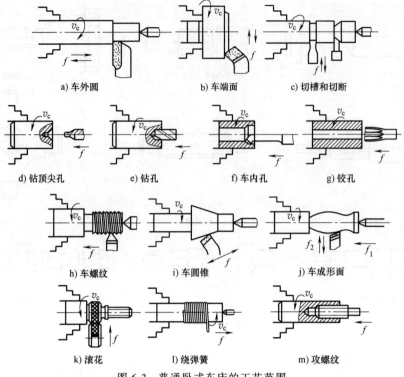

图 6-3 普通卧式车床的工艺范围

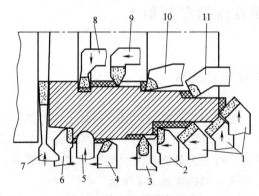

图 6-4 车刀的形式与用途

1—45°端面车刀 2—90°外圆车刀 3—外螺纹车刀 4—70°外圆车刀 5—成形车刀 6—90°左切外圆车刀 7—切断刀、切槽刀 8—内孔车槽刀 9—内螺纹车刀 10—95°内孔车刀 11—75°内孔车刀

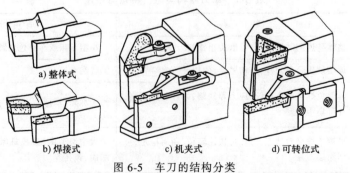

图 6-5 车刀的结构分类

车刀主要由刀杆和刀片组成。刀杆的规格包含刀杆厚度 h、宽度 b 和长度 L 三个尺寸。刀杆厚度 h 有 16mm、20mm、25mm、32mm、40mm 等种类，刀杆长度 L 有 125mm、150mm、170mm、200mm、250mm 等种类。刀杆截面形状为矩形或方形，一般选用矩形，刀杆厚度 h 按机床中心高选择，常用车刀刀杆截面尺寸见表 6-2。当刀杆厚度尺寸受到限制时，可加宽为方形，以提高其刚性，刀杆长度一般按刀杆厚度的 6 倍左右选择。

表 6-2 常用车刀刀杆截面尺寸

机床中心高/mm	150	180~200	260~300	350~400
方形刀杆截面面积 h^2/mm^2	16^2	20^2	25^2	30^2
矩形刀杆截面面积 $h\times b/\text{mm}^2$	20×12	25×16	30×20	40×25

1. 焊接车刀

焊接车刀是刀片和刀杆通过镶焊连接为一体的车刀。刀片一般选用硬质合金，刀杆选用 45 钢。根据被加工零件的材料、加工工序、使用车床的型号及规格选用焊接车刀，选择时，应考虑车刀形式、刀片材料与型号、刀杆材料与规格以及刀具几何参数等因素。

焊接刀片型号由表示焊接刀片类型的大写英文字母 A（或 B、C、D、E）和形状的数字代号 1（或 2、3、4、5），加长度参数的两位整数（不足两位整数时前面加"0"填位）组成。例如：

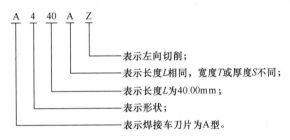

当焊接刀片长度参数相同，其他参数如宽度、厚度不同时，则在型号后面分别加 A、B 以示区别，当刀片分左、右向切削时，在型号后面有 Z 则表示左向切削，没有 Z 则表示右向切削。

国家标准规定了焊接车刀刀片形状，选择刀片形状的主要依据是车刀的用途及主、副偏角的大小。图 6-6 所示为常用的刀片类型，其适用场合如下：

（1）A1 型 直头车刀、弯头外圆车刀、内孔车刀、宽刃车刀。

（2）A2 型 端面车刀、内孔车刀（不通孔）。

（3）A3 型 90°偏刀、端面车刀。

（4）A4 型 直头外圆车刀、端面车刀、内孔车刀。

（5）A5 型 直头外圆车刀、内孔车刀（通孔）。

（6）A6 型 内孔车刀（通孔）。

（7）B1 型 燕尾槽刨刀。

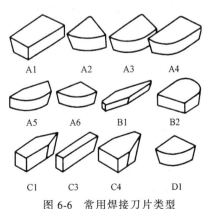

图 6-6 常用焊接刀片类型

(8) B2 型　圆弧成形车刀。

(9) C1 型　螺纹车刀。

(10) C3 型　切断车刀、车槽车刀等。

(11) C4 型　带轮车槽刀。

(12) D1 型　直头外圆车刀、内孔车刀。

此外，可供选择的刀片型号还有 B3、C2、C5、D2、E1、E2、E3、E4、E5，参见标准 YS/T 79—2006《硬质合金焊接刀片》。

选择焊接刀片尺寸时，主要考虑刀片长度，一般为切削宽度的 1.6~2 倍。车槽车刀的刃宽不应大于工件槽宽；切断车刀的宽度 T，可根据工件直径 d 估算，经验公式为 $T = 0.64\sqrt{d}$。

2. 可转位车刀

如图 6-7 所示，可转位车刀由刀片、刀垫、刀杆、杠杆、螺钉等组成。刀片上压制出断屑槽，周边经过精磨，刃口磨钝后可方便地转位换刃，不需重磨。

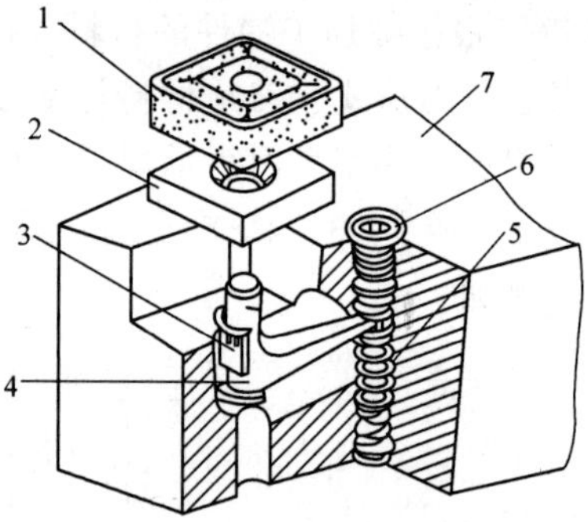

国家标准 GB/T 2076—2007《切削刀具用可转位刀片型号表示规则》规定了可转位刀片型号的表示规则，可转位刀片的型号用九个代号表征刀片的尺寸及其他特征，其中前七个代号是必须的，剩余两个代号在需要时添加，其标注示例如图 6-8 所示。

图 6-7　可转位车刀
1—刀片　2—刀垫　3—卡簧　4—杠杆　5—弹簧　6—螺钉　7—刀杆

(1) 型号表示规则

可转位刀片的型号表示规则：用九个代号表征刀片的尺寸以及其他特性。代号①~⑦是必须的，代号⑧和⑨在需要时添加，见示例 1。

示例 1：一般表示规则

	①	②	③	④	⑤	⑥	⑦	⑧	⑨	⑬
公制	T	P	G	N	16	03	08	E	N	-…
英制	T	P	G	N	3	2	2	E	N	-…

镶片式刀片的型号表示规则：用十二个代号表征刀片的尺寸以及其他特性。代号①~⑦和⑪~⑫是必须的，代号⑧、⑨和⑩在需要时添加，代号⑪、⑫与代号⑨之间用短横线"-"隔开，见示例 2。

示例 2：符合 ISO 16462，ISO 16463 的刀片表示规则

	①	②	③	④	⑤	⑥	⑦	⑧	⑩	⑨	⑪	⑫	⑬
切削刀片	S	N	M	A	15	06	08	E		(N)	- B	L	-…
磨削刀片	T	P	G	T	16	T3	APS		01520	R	- M	028	-…

(2) 各代号的含义

1) 号位 1 表示刀片形状。常用的刀片形状及其使用特点如下：

正三角形刀片（T）多用于刀尖角小于 90°的外圆、端面车刀，因刀尖强度差，只宜用较小的切削用量。

正方形刀片（S）刀尖角等于 90°，通用性广，可用于外圆车刀、端面车刀、内孔车刀、

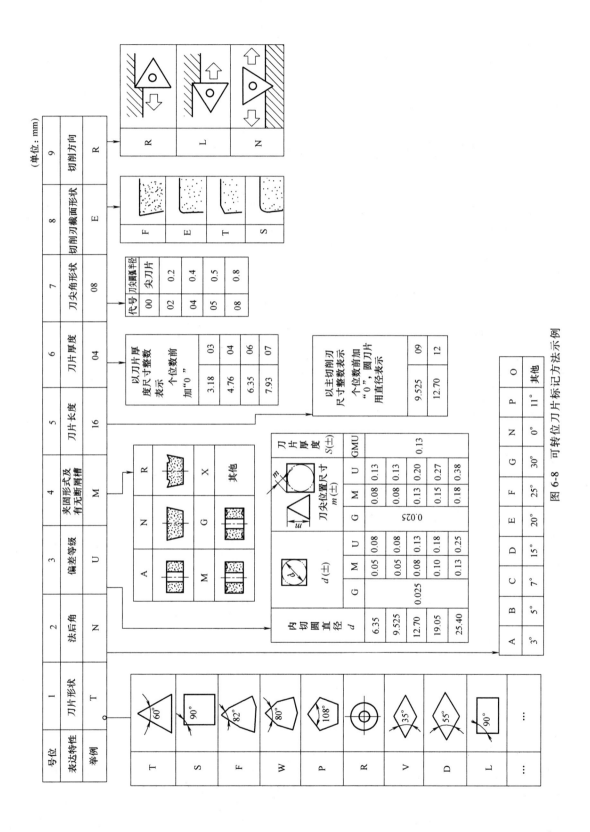

图 6-8 可转位刀片标记方法示例

倒角车刀。

不等边不等角六边形刀片（F）刀尖角等于82°，多用于偏头车刀。

等边不等角六边形刀片（W）刀尖角等于80°，刀尖强度、寿命比正三角形刀片好，应用范围较广。

菱形刀片（V、D）适用于仿形、数控车床刀具。

圆刀片（R）适合于加工成形曲面或精车刀具。

2）号位2表示刀片法后角。其中N型刀片法后角为0°，使用最广。

3）号位3表示刀片尺寸偏差等级，共有12级，包括A、F、C、H、E、G、J、K、L、M、N、U。

4）号位4表示刀片夹固形式及有无断屑槽。其中：

A型刀片有圆形固定孔无屑槽，用于不需要断屑的场合。

N型刀片无固定孔无断屑槽，用于不需要断屑的上压式。

R型刀片无固定孔单面有断屑槽，用于需要断屑的上压式。

M型刀片有圆形固定孔单面有断屑槽，一般均使用此类型刀片，用途最广。

G型刀片有圆形固定孔双面有断屑槽，可正反使用，提高刀片利用率。

其他型号代号参考GB/T 2076—2007。

5）号位5、6分别表示刀片长度与刀片厚度，由刀杆尺寸标准选择。刀片轮廓形状的基本参数用内切圆直径d表示。切削刃长度由内切圆直径与刀尖角计算得到。

6）号位7表示刀尖角形状，由刀具几何参数选定。

7）号位8表示切削刃截面形状。F表示尖刃，E表示倒圆刀刃，T表示倒棱刀刃，S表示既倒棱又倒圆刀刃，Q表示双倒棱刀刃，P表示既双倒棱又倒圆刀刃。

8）号位9表示切削方向。R表示右切，L表示左切，N表示双向切削。

刀片标记示例：SNUMl50612V4表示正方形、零法后角、偏差等级为U、带孔单面有断屑槽型刀片，刃长15.875mm、厚度6.35mm、刀尖圆弧半径1.2mm、断屑槽宽4mm。

可转位车刀形式有外圆车刀、端面车刀、内孔车刀、螺纹车刀等。选用方法与焊接车刀相似，可参照国标GB/T 5343.1—2007《可转位车刀及刀夹 第1部分：型号表示规则》和GB/T 5343.2—2007《可转位车刀及刀夹 第2部分：可转位车刀型式尺寸和技术条件》，或有关刀具样本选择；可按用途选择结构和刀片类型，按机床中心高或刀架尺寸选择相应刀杆尺寸规格。

6.2.2 工件的装夹

1. 用三爪自定心卡盘装夹工件

三爪自定心卡盘的结构如图6-9所示。其内部结构如图6-9b所示，小锥齿轮转动时，与之啮合的大锥齿轮也随之转动，大锥齿轮背面的平面螺纹就使三个卡爪同时缩向中心或胀开，以夹紧不同直径的工件。由于三个卡爪能同时移动并对中（对中精度约为0.05~0.15mm），故三爪自定心卡盘适用于快速安装截面为圆形、正三角形、正六边形的工件。三爪卡盘本身还带有三个"反爪"，反方向装到卡盘体上即可用于安装直径较大的工件，如图6-9c所示。

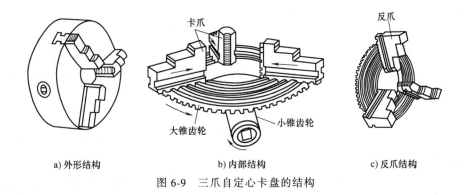

图 6-9　三爪自定心卡盘的结构

a) 外形结构　　b) 内部结构　　c) 反爪结构

2. 用四爪单动卡盘装夹工件

四爪单动卡盘的结构如图 6-10a 所示。其四个卡爪的径向位置是通过四个调整螺杆分别调节的，因此，不仅可安装圆形截面工件，还可安装方形、长方形、椭圆或其他不规则形状截面的工件。在圆盘上车偏心孔也常用四爪单动卡盘安装。此外，四爪单动卡盘较三爪自定心卡盘的夹紧力大，所以也可用于安装较重的圆形截面工件。把四个卡爪各自反向安装到卡盘体上，起到"反爪"作用，即可安装较大的工件。

由于四爪单动卡盘的四个卡爪是独立移动的，在安装工件时需进行仔细地找正。一般用划针盘按工件外圆面或内圆面找正，也常按工件上预先划的线找正，如图 6-10b 所示。精度要求高时，则需用百分表找正（安装精度可达 0.01mm），如图 6-10c 所示。

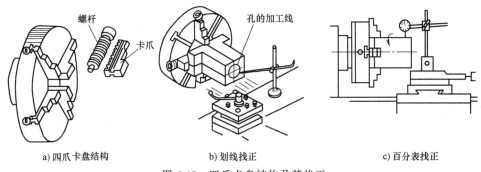

a) 四爪卡盘结构　　b) 划线找正　　c) 百分表找正

图 6-10　四爪卡盘结构及其找正

3. 用顶尖定位装夹工件

车削长径比为 4~15，或工序较多的轴类工件时，常使用顶尖来装夹工件，如图 6-11 所示。此时，需要预先在工件的两端面上钻出中心孔；前顶尖装在主轴的锥孔内，并和主轴一起旋转；后顶尖装在尾座套筒内。工件通过端面中心孔被顶在前、后顶尖之间，以确定位置，并由拨盘和鸡心夹头带动旋转。

加工长径比大于 15 的细长轴时，为了防止轴受切削力的作用而产生弯曲变形，往往需要增加中心架或跟刀架支承，以增加其刚性。

中心架固定于床身导轨上，不随刀架移动，

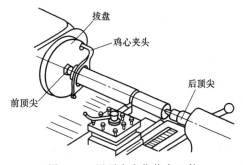

图 6-11　用顶尖定位装夹工件

主要用于加工阶梯轴、轴端面内孔和中心孔。使用中心架支承工件，需要预先在工件上车一小段光滑表面，然后调整中心架的三个支承爪与其接触，再分段进行车削。如图 6-12a 所示，利用中心架车外圆，工件的右端加工完后，调头再加工另一端。加工长轴的端面和轴端的孔时，可用卡盘夹持轴的一端、用中心架支承轴的另一端，图 6-12b 所示是利用中心架车轴端面的情况。

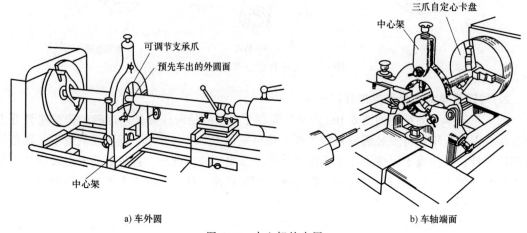

a) 车外圆　　　　　　　　　　　b) 车轴端面

图 6-12　中心架的应用

与中心架不同，跟刀架固定在刀架的一侧，可随刀架一起移动，只有两个支承爪。使用跟刀架支承工件，需要预先在工件上靠近后顶尖的一端车出一小段外圆，然后调节跟刀架的支承爪与其接触，然后再车出工件的全长。跟刀架多用于加工细长的光轴和长丝杠等工件，跟刀架的应用如图 6-13 所示。

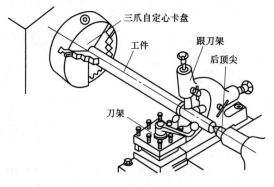

图 6-13　跟刀架的应用

4. 用心轴装夹工件

心轴主要用于安装带孔的盘、套类工件，因为这类工件在卡盘上加工时，其外圆、孔和两端面无法在一次安装中全部加工完。如果把工件调头安装再加工，往往无法保证工件的径向跳动（外圆与孔）和端面跳动（端面与孔）要求。因此，需要利用已精加工过的孔把工件装在心轴上，再把心轴安装在前、后顶尖之间来加工外圆或端面。心轴种类很多，常用的有锥度心轴、圆柱心轴和可胀心轴。

图 6-14a 所示为锥度心轴，锥度一般为 1:5000~1:2000。工件压入心轴后靠摩擦力与心轴固紧，传递运动。这种心轴装卸

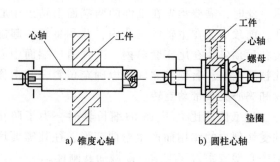

a) 锥度心轴　　　　b) 圆柱心轴

图 6-14　心轴安装工件

方便，对中准确，但不能承受较大的切削力，多用于精加工盘、套类零件。

图 6-14b 所示为圆柱心轴，其对中准确度较锥度心轴差。工件装入心轴后加上垫圈，用螺母锁紧，其夹紧力较大，多用于加工盘类零件。用圆柱心轴安装，工件的两个端面都需要与孔垂直，以免拧紧螺母时，心轴弯曲变形。

盘、套类工件用于心轴安装的孔，应有较高的精度，一般公差等级为 IT9~IT7，否则工件在心轴上无法准确定位。

图 6-15 所示为可胀心轴，工件安装在可胀锥套上，转动螺母 3，可使可胀锥套沿轴向移动，心轴锥部使锥套胀开，撑紧工件。在胀紧前，工件孔与锥套外圆之间有较大的间隙。采用这种安装方式时，工件拆卸方便，但其定心精度与锥套的制造质量有很大的关系。

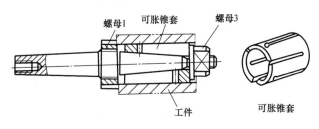

图 6-15 可胀心轴

5. 用花盘装夹工件

在车床上加工大而扁且形状不规则的工件，或要求工件的一个面与安装面平行，或要求孔、外圆的轴线与安装面垂直时，可以把工件直接压在花盘上加工。花盘是安装在车床主轴上的一个大圆盘，盘面上的许多长槽用来穿压紧螺栓，装夹工件，如图 6-16 所示。花盘的端面必须平整，并与主轴中心线垂直。

有些复杂的工件，要求孔的轴线与安装面平行，或要求两孔的轴线垂直相交，则可将弯板压紧在花盘上，再把工件紧固于弯板之上，如图 6-17 所示。弯板上贴靠花盘和安放工件的两个面，应有较高的垂直度要求。弯板要有一定的刚度和强度，装在花盘上时要经过仔细地找正。

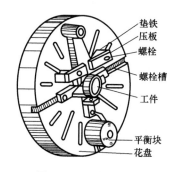

图 6-16 花盘安装工件

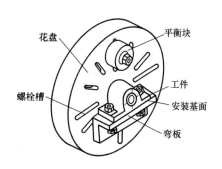

图 6-17 花盘上用弯板安装工件

用花盘、弯板安装工件，由于重心常偏向一边，要在另一边加平衡块予以平衡，以减少转动时的振动。

6.2.3 车削基本工艺

车削加工能方便地加工出图 6-2 所示的各种表面的轴类零件。

1. 车外圆

车外圆是车削加工中最常见、最基本和最有代表性的加工方法。根据车刀的几何角度、切削用量及车削达到精度的不同,车外圆分为粗车、半精车和精车。

采用粗车主要考虑的是提高生产率,对精度和表面粗糙度无太高要求。粗车直径相差较大的阶梯轴时,一般从直径最大的部位开始加工,直径最小的部位最后加工,以使整个车削过程有较好的刚性。粗车时加工余量不均匀、切削力大,若粗、精车在不同的车床上进行加工,则粗车应选用精度低、功率大的车床。粗车一般采用负刃倾角、小前角加负倒棱、过渡刃及小后角的车刀。

粗车的公差等级为 IT13~IT11;表面粗糙度可达 $Ra12.5 \sim 50\mu m$。对精度要求不高的表面;粗车可作为最终加工;粗车一般作为精加工的准备工序。

半精车是在粗车基础上进一步提高精度和减小表面粗糙度值的车削加工方法,可作为中等精度表面的最终加工,也可作为精车或磨削前的预加工,其公差等级为 IT10~IT9,表面粗糙度可达 $Ra3.2 \sim 6.3\mu m$。

采用精车主要是保证质量,为此,应选用前角、后角较大和正刃倾角的精车刀,切削刃要光洁、锋利,为减小表面粗糙度值,车刀常带有一段 $\kappa_r = 0°$ 的修光刃。精车又可分为高速精车和低速精车两种:高速精车采用硬质合金车刀,采用高的切削速度(≥100m/min)和小的进给量(≤0.2mm/r);低速精车采用高速钢宽刃精车刀,采用低的切削速度(≤5m/min)和大的进给量(可达4mm/r),在切削过程中要合理使用切削液。精车的公差等级为 IT8~IT7,表面粗糙度可达 $Ra0.8 \sim 1.6\mu m$。

外圆车刀有直头车刀、弯头车刀和偏刀三种,如图 6-18 所示。直头车刀主要用于车削没有台阶的光轴,常用高速工具钢制成。弯头车刀常用硬质合金制成,主偏角有45°、75°、90°等。

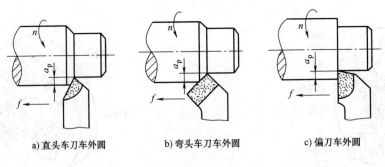

a) 直头车刀车外圆　　b) 弯头车刀车外圆　　c) 偏刀车外圆

图 6-18　车外圆

45°弯头车刀使用方便,不但可以车外圆,还可以车端面和倒角,但因其副偏角较大,工件的加工表面粗糙,不适用于精加工。90°偏刀适用于车削有垂直台阶的外圆和细长轴。

2. 车端面

常用的端面车刀和车端面的方法如图 6-19 所示。粗车或加工大直径工件时，车刀自外向中心切削，多用弯头车刀；精车或加工小直径工件时，多用右偏刀车削。车削时，注意刀尖要对准中心，否则端面中心处会留有凸台。

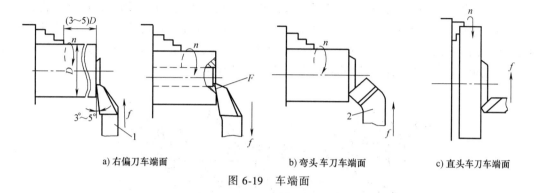

a) 右偏刀车端面　　b) 弯头车刀车端面　　c) 直头车刀车端面

图 6-19　车端面

3. 切槽与切断

切槽与车端面的加工方法相似，切槽刀如同左、右偏刀的组合，可同时加工左、右两边的端面。

切窄槽时，切削刃宽度与槽宽相等；切宽槽时，可用同样的切槽刀，依次横向进刀，切至接近槽深为止，留下的一点余量在纵向走刀时切去，使槽达到要求的深度和宽度，如图 6-20 所示。

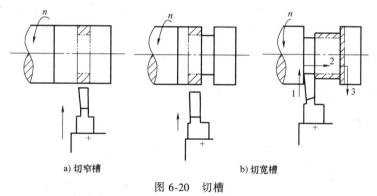

a) 切窄槽　　b) 切宽槽

图 6-20　切槽

车床上可切外槽、内槽和端面槽，如图 6-21 所示。

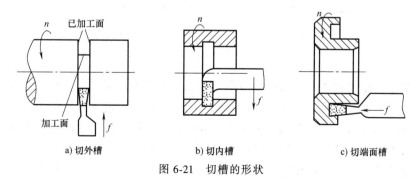

a) 切外槽　　b) 切内槽　　c) 切端面槽

图 6-21　切槽的形状

切断与切窄槽类似，其刀具形状也大致相似，但切削刃是斜切削刃，而且刀头更窄长些。切断过程中，刀具要切入工件内部，排屑及散热条件都差，刀头易折断。切槽与切断所用的切削速度和进给量都不宜大。

4. 孔加工

在车床上可用钻头、扩孔钻、铰刀进行钻孔、扩孔、铰孔，也可用车刀进行车孔。

钻孔（或扩孔、铰孔）时，工件做旋转的主运动，刀具装在尾座上，摇动尾座手轮手动进给，如图6-22所示。在车床上钻孔、扩孔和铰孔时，应在工件一次装夹中与外圆、端面的加工同时完成，以保证它们的同轴度、垂直度等要求。

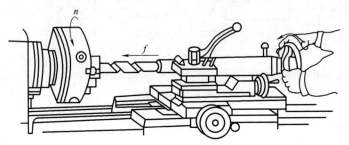

图6-22　车床上钻孔

车孔时，车刀装在小刀架上做纵向进给，如图6-23和图6-24所示。

车内孔比车外圆困难，这是因为内孔车刀的尺寸受到工件内孔尺寸的限制，导致：刀杆越细、伸出量越长，刚性越差；孔内切削情况不能直接观察；排屑困难；切屑容易刮伤已加工表面；切削液不易注入切削区等。所以车内孔的精度和生产率都比车外圆低。

车内孔的背吃刀量和进给量是车外圆的$1/3\sim1/2$，切削速度比车外圆低$10\%\sim20\%$。

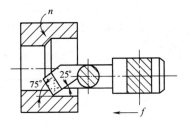

图6-23　车床上车通孔

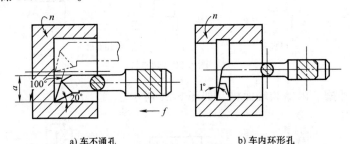

a) 车不通孔　　　　b) 车内环形孔

图6-24　车床上车不通孔和内环形孔

内孔车刀分整体式和装夹式两种。内孔车刀的角度应充分考虑内孔加工的特点，一般前角较大，后角比外圆车刀大些，以减少后刀面与孔壁摩擦。为增强刀头强度，一般磨出两个后刀面；为减小径向力，防止振动，主偏角应取较大值。粗车刀装夹时，刀尖应比工件中心稍低些，以增大前角；精车刀刀尖应稍高些，以增大后角。

车孔与铰孔相比，车孔可校正原孔轴线的偏斜；适应性强，即一把车孔刀可加工孔径和长度在一定范围内的孔；能达到的精度和表面粗糙度值的范围较广；难以车削小孔（$D<10mm$）或细长孔（长径比>5）。

毛坯或工件上已有的孔，若需进一步加工，可在车床上车削。车孔多用于单件小批生产，加工盘套类零件中部的孔、轴类零件的轴向孔和小支架主承孔等。

5. 车锥面

在车床上加工锥面常用以下四种方法。

（1）扳转小滑板　如图 6-25 所示，将小滑板扳转一个锥面的斜角角度，然后固定，再均匀摇动手柄使车刀沿锥面素线进给，即可加工出所需锥面。

这种方法调整方便、操作简单，可加工任意锥角的内外锥面。但工件锥面长度受小滑板行程限制不能太长，而且不能自动走刀，因此，只适用于加工长度较小、要求不高的内外圆锥面。

（2）偏移尾座法　将尾座顶尖横向偏移一个距离 S，使工件轴线与车床主轴轴线成锥面的斜角角度，然后车刀纵向机动进给，即可车出所需的锥面，如图 6-26 所示。此法可加工较长的锥面，且锥面的表面粗糙度值较小，但受尾座偏移量的限制，一般只能加工小锥度的外圆锥面。偏移量 S 可按下列关系式计算：

$$S=\frac{L(D-d)}{2l} \tag{6-1}$$

式中　D——锥体大端直径；

　　　d——锥体小端直径；

　　　L——两顶尖之间的距离；

　　　l——锥体轴向长度。

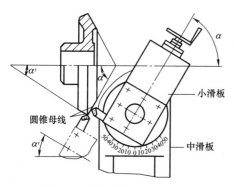
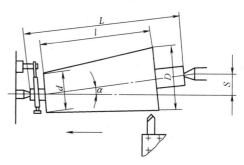

图 6-25　扳转小滑板车锥面　　　　　　图 6-26　偏移尾座法车锥面

（3）靠模法　图 6-27 所示为常见的靠模装置。底座 8 固定在车床床身后面，底座上装有锥度靠模 7，它可以绕轴销 6 转动。当锥度靠模 7 转动工件锥体的斜角后，用螺钉 3 将其紧固在底座 8 上。滑块 5 可自由地在锥度靠模的槽中移动。中滑板 1 与下面的丝杠已脱开，通过接长板 2 与滑块 5 联接在一起。车削时，床鞍做纵向自动走刀；中滑板被床鞍带动，同时受靠模的约束，获得纵向和横向的合成运动，使车刀刀尖的轨迹平行于靠模的槽，从而车出所需的外圆锥。这时，小滑板需转动 90°，以便横向吃刀。

采用靠模加工锥体，生产率高，加工精度高，表面质量好；但需要在车床上安装一套靠模。适用于成批生产车削长度大、锥度小的外锥体。

（4）宽刀法　安装车刀时，使平直的切削刃与工件轴线成半锥角的角度。切削时，车刀做横向或纵向进给即可加工出所需的锥面，如图 6-28 所示。用宽刀法加工锥面时，要求工艺系统刚性好，锥面较短，否则易引起振动，产生波纹。宽刀法适用于大批大量生产中车比较短的内外锥面。

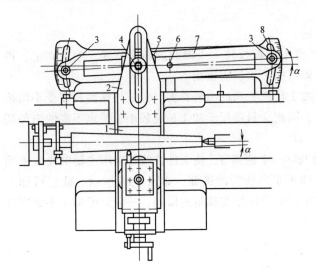

图 6-27　靠模法车锥面

1—中滑板　2—接长板　3—螺钉　4—压板螺钉
5—滑块　6—轴销　7—锥度靠模　8—底座

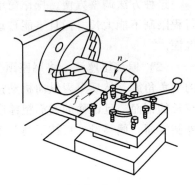

图 6-28　宽刀法车锥面

6. 车成形面

具有曲线轮廓的回转面就是成形面，例如圆球、手柄等表面。在车床上加工成形面的方法有以下三种。

（1）双手控制法　用双手同时操纵横向和纵向进给手柄，使切削刃的运动轨迹与成形面的曲线相符，以加工出所需的成形面，如图 6-29 所示。这种方法的优点是简单易行；缺点是生产率低，要求工人有较高的操作技能。适用于单件小批生产和要求不高的成形面加工。

（2）成形刀法　用切削刃形状与工件轮廓相吻合的成形刀来车削成形面，加工时，车刀只做横向进给，如图 6-30 所示。这种方法的特点与应用宽刀法加工锥面相似，只是刀具刃磨、制造比较复杂，成本比较高。

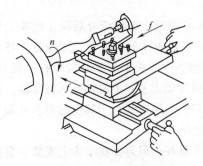

图 6-29　双手控制法车成形面

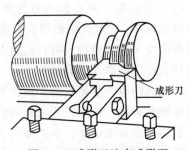

图 6-30　成形刀法车成形面

（3）靠模法 靠模法加工成形面的原理，和靠模法加工锥面相同，只是把滑块换成滚柱，把带有直线槽的靠模换成带有与成形面相符的曲线模板即可，如图 6-31 所示。这种方法可自动走刀，生产率也较高，常用于成批生产。

大批量生产时，还可以采用仿形车床或数控车床加工成形面，自动化程度高，可获得更好的经济效益。

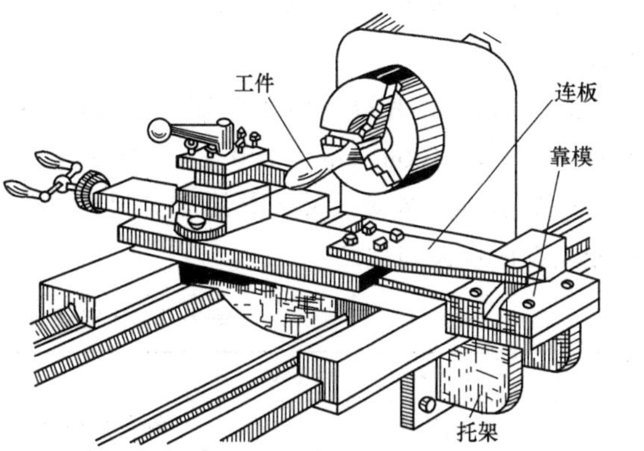

6.2.4 零件加工

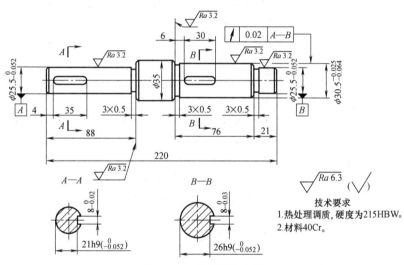

图 6-31 靠模法加工成形面

1. 简单轴类零件的车削

例 6-1 车削变速箱输出轴，输出轴的加工图样如图 6-32 所示。

图 6-32 变速箱输出轴

（1）加工分析 分析图样可知，外圆 $\phi 30.5_{-0.064}^{-0.025}$ mm 对外圆 A、B 轴心线的径向跳动公差为 0.02mm。为达到这一要求，须采用两顶尖装夹工件的方法。毛坯尺寸为 $\phi 38$mm × 240mm，可用中心架辅助截取长度和车端面、钻中心孔。粗车可采用一夹一顶方式装夹。

（2）加工工序及加工方法见表 6-3，相关切削用量如下

1）车端面。使用 45°、YT15 硬质合金车刀。

粗车时，$v_c = 100$m/min，$a_p = 1.5 \sim 3$mm，$f = 0.2 \sim 0.5$mm/r。

精车时，$v_c = 100 \sim 120$m/min，$a_p = 0.2 \sim 1$mm，$f = 0.1 \sim 0.2$mm/r。

2）车外圆。使用 90°或 45°偏刀，车台阶使用 90°偏刀。

粗车时，使用 YT15 硬质合金车刀，$v_c = 100$m/min，$a_p = 2 \sim 4$mm，$f = 0.3 \sim 0.6$mm/r。

半精车，使用 YT15 硬质合金车刀，$v_c = 100 \sim 120$m/min，$a_p = 1 \sim 2$mm，$f = 0.2 \sim 0.4$mm/r。

精车时，使用 YT30 硬质合金车刀，$v_c = 120 \sim 130$ m/min，$a_p = 0.1 \sim 0.3$ mm，$f = 0.1 \sim 0.2$ mm/r。

3) 切槽。使用高速钢车刀时，$v_c = 20 \sim 30$ m/min，$f = 0.05 \sim 0.1$ mm/r；使用硬质合金车刀时，$v_c = 70 \sim 100$ m/min，$f = 0.1 \sim 0.2$ mm/r。

（3）检验 外圆尺寸公差用千分尺检测，台阶长度公差用深度尺检测，同轴度误差用百分表在两顶尖间检测。

表 6-3 输出轴加工工序及加工方法

工序	工种	工步	加工内容
1	热处理		调质 215 HBW
2	车	1	三爪自定心卡盘夹持毛坯外圆,伸出长度<40mm
		2	车端面
		3	钻 ϕ2.5mm A 型中心孔
3	车	1	一端夹住,一端顶住
		2	车外圆 ϕ35mm 至尺寸
		3	粗车外圆 $\phi25.5_{-0.052}^{0}$ mm 段至 ϕ26.5mm，长度 21mm
		4	粗车 $\phi30.5_{-0.064}^{-0.025}$ mm 段至 ϕ31.5mm
		5	切槽 3mm×0.5mm 至尺寸，保持 ϕ35mm 段长度为 35mm
			倒角
4	车	1	调头,一端夹住,一端搭中心架
		2	车端面,取总长尺寸 220mm
		3	粗车外圆 $\phi25.5_{-0.052}^{0}$ mm 段至 ϕ26.5mm，长度 88mm
		4	切槽 3mm×0.5mm 至尺寸
			钻 ϕ2.5mm A 型中心孔
5	车	1	工件装夹在两顶尖之间，并使用鸡心夹头
		2	精车外圆 $\phi25.5_{-0.052}^{0}$ mm 至尺寸
			倒角
6	车	1	调头,按工序 5 装夹方法装夹
		2	精车外圆 $\phi30.5_{-0.064}^{-0.025}$ mm 至尺寸
		3	精车外圆 $\phi25.5_{-0.052}^{0}$ mm 至尺寸
			倒角

2. 定位套的车削

例 6-2 车削的定位套如图 6-33 所示。

（1）加工分析 分析图样可知，ϕ42h7 外圆表面对 ϕ20H7 孔轴线的径向跳动公差为 0.03mm，单件加工可在一次装夹中完成；多件加工可采用心轴，以工件内孔为定位基准，装夹在心轴上车削外圆、台阶，以保证工件的位置精度。

（2）加工直线形油槽 将磨好的 R1.5mm 高速工具钢油槽刀头嵌入内孔车刀杆前端的方孔中；使工件处于静止状态（变速手柄拨到低速位置），用床鞍手轮把油槽车刀头摇到孔中油槽位置；向主轴箱方向缓慢均匀移动至所需长度尺寸。重复上述动作，加工至尺寸要求。

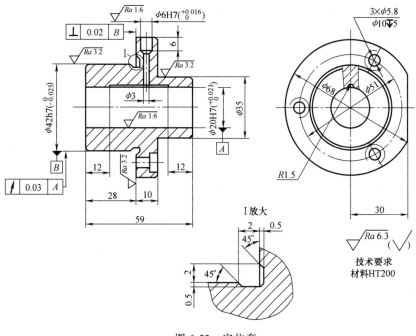

图 6-33 定位套

（3）加工步骤

1）用三爪自定心卡盘夹住 $\phi35mm$ 毛坯外圆：车端面；车外圆 $\phi68mm$ 至尺寸；粗车 $\phi42h7$ 外圆至 $\phi43mm$，长 $28mm$ 至 $27^{+0.8}_{+0.5}mm$；倒角。

2）用三爪自定心卡盘夹住 $\phi43mm$ 外圆：车端面，取总长 $59mm$ 至尺寸；车外圆 $\phi35mm$ 至尺寸；$\phi68mm$ 的长度 $10mm$ 至 $10^{+0.5}_{+0.3}mm$；倒角；钻孔 $\phi18mm$；车孔至 $\phi19.8mm$；孔口倒角；铰孔 $\phi20H7$ 至尺寸；车内油槽 $R1.5mm$ 至尺寸；用砂布去毛刺。

3）以工件孔定位，装夹在心轴上车削：精车 $\phi42h7$ 至尺寸，并车出台阶面，车长度 $28mm$、$10mm$ 至尺寸；车外圆端面沟槽至尺寸；倒角。

4）检查：先用量具检查各尺寸精度，再将工件外圆 $\phi42h7$ 放在检验 V 形块上，检查工件位置精度。

6.3 轴类零件外圆表面的磨削加工

6.3.1 砂轮

砂轮是磨削的工具，是由结合剂将磨粒固结成一定形状所形成的多孔体，其特性取决于磨料、粒度、结合剂、硬度和组织五个参数。

（1）磨料 磨料即砂粒，是砂轮的基本材料，直接担负切削工作，故应具有很高的硬度、耐磨性、耐热性和韧性，还必须锋利。目前主要使用人造磨料，其代号、性能和适用范围见表 6-4。

表 6-4 磨料名称、代号、性能和适用范围

系别	名称	代号	性能	适用磨削范围
天然类	天然刚玉 金刚砂 石榴石	NC E G	—	—
刚玉 (人造类)	棕刚玉 白刚玉 铬刚玉	A WA PA	棕褐色,硬度较低,韧性较好 白色,较 A 硬度高,磨粒锋利,韧性差 玫瑰红色,韧性较 WA 好	碳钢、合金钢、铸铁 淬火钢、高速工具钢、合金钢 高速钢、不锈钢、刀具刃磨
碳化物 (人造类)	黑碳化硅 绿碳化硅 立方碳化硅 碳化硼	C GC SC BC	黑色带光泽,比刚玉类硬度高,导热性好,韧性差 绿色带光泽 棕黑色	铸铁、黄铜、非金属材料 硬质合金、宝石、光学玻璃 高速钢、不锈钢、耐热钢

(2) 粒度 粒度是指磨料尺寸的大小。粒度有两种表示方法,一种是针对用筛分法来区分的较大磨粒,以每英寸筛网长度上筛孔的数目来表示,如粒度 F46 表示磨粒刚可通过每英寸长度上有 46 个孔眼的筛网。另一种是针对用显微镜测量来区分的微细磨粒(又称微粉),是在其最大尺寸(单位为 μm)前面加"W"来表示,如某微粉的实际尺寸为 8μm 时,其粒度号标记为 W8。常用砂轮粒度号及其适用范围见表 6-5。

表 6-5 常用砂轮粒度号及其适用范围

类别		粒度号	适用范围
磨粒	粗粒	F8、F10、F12、F14、F16、F20、F22、F24	荒磨
	中粒	F30、F36、F40、F46、F54、F60	一般磨削,加工表面粗糙度可达 $Ra0.8\mu m$
	细粒	F70、F80、F90、F100、F120、F150、F180、F220	半精磨、精磨和成形磨削,加工表面粗糙度可达 $Ra0.1\sim 0.8\mu m$
	微粉	F230、F240、F280、F320、F360、F400、F500、F600、F800、F1000、F1200	精磨、精密磨、超精磨、成形磨、刀具刃磨、珩磨
微粉		W60、W50、W40、W28、W20、W14、W10、W7、W5、W3.5、W2.5、W1.5、W1.0、W0.5	精磨、精密磨、超精磨、珩磨、螺纹磨、镜面磨、精研,加工表面粗糙度可达 $Ra0.05\sim 0.1\mu m$

(3) 结合剂 把磨粒黏在一起的物质叫结合剂。结合剂的性能决定了砂轮的强度、耐冲击性、耐腐蚀性和耐热性,此外,它对磨削强度和磨削的表面质量也有一定的影响。常用结合剂的种类、性能及适用范围见表 6-6。

表 6-6 常用结合剂的种类、性能及适用范围

结合剂	代号	性能	适用范围
陶瓷	V	耐热、耐蚀,气孔率大,易保持廓形,弹性差	最常用,适用于各类磨削加工
树脂	B	强度较陶瓷高,弹性好,耐热性差	适用于高速磨削、切断、开槽等
橡胶	R	强度较树脂高,更富有弹性,气孔率小,耐热性差	适用于切断、开槽及用作无心磨的导轮

(4) 硬度 砂轮的硬度是指磨料在磨削力的作用下,从砂轮表面脱落的难易程度。它

反映结合剂固结磨料的牢固程度,砂轮硬表示磨料不易脱落,砂轮软则与之相反。砂轮的硬度与磨料的硬度是两个不同的概念,同一磨料可以制成不同硬度的砂轮。

砂轮硬度对磨削过程影响较大:如果砂轮太硬,磨钝了的磨粒不能脱落,会使切削力和切削热增加,切削效率下降,工件表面粗糙甚至会烧伤工件表面;如果砂轮太软,磨粒未磨钝已从砂轮上脱落,则砂轮损耗大,形状不易保持,影响加工质量。砂轮的硬度合适,磨粒磨钝后因磨削力增大而自行脱落,使新的锋利的磨粒露出,即砂轮具有自锐性,磨削效率高、工件表面质量好、砂轮的损耗也小。砂轮的硬度等级及适用范围见表6-7。

表6-7 砂轮的硬度等级及适用范围

等级	超软				很软			软			中				硬				很硬	超硬
代号	A	B	C	D	E	F	G	H	J	K	L	M	N	P	Q	R	S	T	Y
适用范围	磨未淬硬钢选用L~N,磨淬火合金结构钢选用H~K,高表面质量磨削选用K或L,刃磨硬质合金刀具选用H~L																			

(5)组织 组织表示砂轮中磨料、结合剂和气孔间的体积比例。它反映砂轮结构的松紧程度。根据磨料在砂轮中占有的体积百分数(磨粒率),砂轮可分为0~14组织号,见表6-8。组织号从小到大,磨粒率由大到小,气孔率从小到大。组织号大的砂轮不易堵塞,切削液和空气容易带入切削区域,可降低磨削区域的温度、减少工件的热变形和烧伤,还可以提高磨削效率。但组织号大,砂轮不易保持轮廓形状,影响磨削工件的精度和表面粗糙度。

表6-8 砂轮的组织号

组织号	0	1	2	3	4	5	6	7	8	9	10	11	12	13	14
磨粒率(%)	62	60	58	56	54	52	50	48	46	44	42	40	38	36	34

(6)砂轮的形状、尺寸和标志 根据磨床的类型和规格、加工工件尺寸形状和加工要求,砂轮有许多形状和尺寸。常用砂轮的形状、型号及主要用途见表6-9。

砂轮标记内容的顺序是:磨具名称、产品标准号、基本形状代号、圆周型面代号(若有)、尺寸(包括型面尺寸)、磨料牌号、磨料种类、磨料粒度、硬度等级、组织号(可选性的)、结合剂种类、最高工作速度。例如:

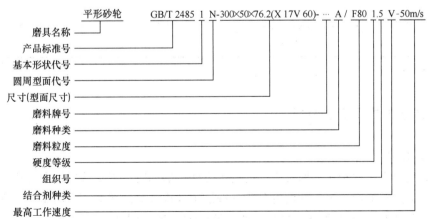

表 6-9 常用砂轮的形状、型号及主要用途

型号	名称	断面形状	形状尺寸标记	主要用途
1	平形砂轮		1 型-圆周型面-$D \times T \times H$	磨外圆、内孔、平面及刃磨刀具
2	粘结或夹紧用筒形砂轮		2 型-$D \times T \times W$	端磨平面
4	双斜边砂轮		4 型-$D \times T \times H$	磨齿轮及螺纹
6	杯形砂轮		6 型-$D \times T \times H$-$W \times E$	端磨平面,刃磨刀具后刀面
11	碗形砂轮		11 型-$D/J \times T \times H$-$W \times E$	端磨平面,刃磨刀具后刀面
12a	碟形一号砂轮		12a 型-$D/J \times T/U \times H$-$W \times E$	刃磨刀具前刀面
41	平形切割砂轮		41 型-$D \times T \times H$	切断及磨槽

注：↓所指表示基本工作面。

6.3.2 磨削方式及工艺特征

1. 中心磨削

中心磨削是以工件轴线为回转中心的磨削方法。磨削时，将工件通过中心孔或外圆定位安装在磨床上进行磨削。中心磨削可分为外圆磨削和内圆磨削两类，应用非常广泛。

（1）外圆磨削　外圆磨削是在万能外圆磨床或普通外圆磨床上磨外圆。基本的磨削方

法有纵磨法和横磨法两种形式。

1）纵磨法。如图 6-34a 所示，磨削时，砂轮的高速旋转为主运动；工件做圆周进给运动，并随工作台做往复纵向进给。每次纵向行程或往复行程结束后，砂轮做周期性的横向进给，从而逐渐磨去工件径向的全部磨削余量。纵磨法工艺适应性强、磨削力小、散热条件好，可获得较高的加工精度和较小的表面粗糙度，是目前生产中广泛采用的一种方法。

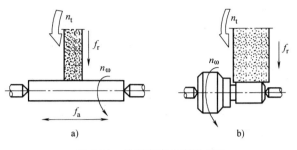

图 6-34　外圆磨床的磨削方法

2）横磨法。如图 6-34b 所示，砂轮的宽度比工件的磨削宽度大。磨削时，工件不需做纵向进给运动，砂轮以缓慢的速度连续或断续地沿工件径向做横向进给运动，直至磨到要求尺寸。横磨法生产率较高，同时也适用于成形磨削，但磨削力大，磨削温度高，表面质量不如纵磨法高。因此，在磨削时必须使用功率大、刚性好的机床，并要有大量的切削液来降低磨削温度。

（2）内圆磨削　内圆磨削是在普通内圆磨床上磨削内圆，也是生产中应用最广泛的一种磨削方法。磨削时，根据工件形状和尺寸的不同，可采用纵磨法和横磨法，如图 6-35a、b 所示。有些普通内圆磨床备有专门的端磨装置，可在工件一次装夹中磨削内孔和端面（图 6-35c），这样不仅容易保证内孔和端面的垂直度要求，而且生产率较高。

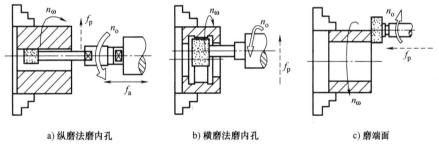

a) 纵磨法磨内孔　　b) 横磨法磨内孔　　c) 磨端面

图 6-35　普通内圆磨床的磨削方法

与外圆磨削相比，内圆磨削有以下缺点：

1）砂轮直径受工件孔径的限制，尺寸较小、损耗快，需经常修整和更换。

2）磨削速度低。由于砂轮直径较小，即使砂轮转速高达每分钟几万转，要达到线速度 25~30m/s 也十分困难，因此磨孔的磨削速度比外圆磨削低得多，因而磨削效率及表面粗糙度也比外圆磨削差。

3）砂轮轴受到工件孔径与长度的限制，刚性差，容易弯曲变形与振动，因而影响加工精度和表面粗糙度。同时，磨削深度也因砂轮轴的刚性差而受到限制。

4）砂轮与工件内切，接触面积大，散热条件差，易发生烧伤，要采用较软的砂轮。

5）切削液不易进入磨削区，排屑困难。磨削脆性材料时，为了使排屑方便，有时采用干磨。

虽然内圆磨削存在这些缺点，但仍是内孔精加工的主要方法，特别是淬硬孔、断续表面孔（带键槽或花键孔）及长度很短的孔。

2. 无心磨削

无心磨削是工件不定中心的磨削，下面以无心外圆磨削为例进行介绍。

无心外圆磨削的工作原理如图6-36所示，工件置于砂轮和导轮之间的托板上，以待加工表面为定位基准。当砂轮高速旋转时（约为导轮转速的70~80倍），通过切向磨削力带动工件旋转；但导轮则依靠摩擦力对工件进行"制动"，限制工件的圆周速度，使之基本上等于导轮的圆周线速度，从而在砂轮和工件间形成很大的速度差，产生磨削作用。改变导轮的转速便可调节工件的圆周进给速度。

无心磨削时，工件的中心必须高于导轮和砂轮的中心连线，高出的距离一般为（0.15~0.25）d（d为工件直径），使工件与砂轮、导轮间的接触点不在工件同一直径线上，从而使工件在多次转动中逐渐被磨圆。

无心外圆磨削有纵磨法和横磨法两种方式。纵磨法（图6-36a、b）是将工件从机床前面放到托板上，推入磨削区。由于导轮在垂直平面内倾斜 α 角，导轮与工件接触处的线速度 $v_导$ 可分解为水平和垂直两个方向的分速度 $v_{导水平}$ 和 $v_{导垂直}$，$v_{导垂直}$ 控制工件的圆周进给运动；$v_{导水平}$ 使工件做纵向进给。所以，工件进入磨削区后，便既做旋转运动，又做轴向移动，穿过磨削区，从机床另一端导出即磨削完毕。为了保证导轮与工件间的线接触，需将导轮的形状修正成回转双曲面。这种方法适用于不带台阶的圆柱形工件的磨削。

横磨法（图6-36c）是先将工件放在托板和导轮上，然后由工件（连同导轮）或砂轮做横向进给来磨削工件表面。这时导轮的轴线仅倾斜很小的角度（约30′），对工件有微小的轴向力作用，使它顶住定位挡板，得到可靠的轴向定位。此法适用于磨削有阶梯或成形回转表面的工件。

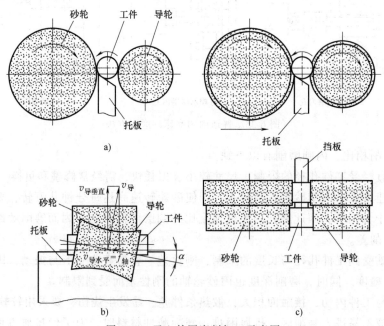

图6-36 无心外圆磨削加工示意图

在无心外圆磨削过程中，工件不需打中心孔，且装夹工件省时省力，可连续磨削；导轮和托板沿全长支承工件,支承刚性好,刚度差的工件也可采用较大的切削用量进行磨削,所以生产率高。

由于被磨工件以加工面自身定位,消除了工件中心孔误差、外圆磨床工作台运动方向与前后顶尖连线的不平行度以及顶尖的径向圆跳动等误差的影响,所以磨削出来的工件尺寸精度及几何精度都比较高,表面粗糙度值也较小。如配备适当的装卸料机构,易实现自动化。但无心磨削调整费时,只适用于成批及大量生产;又因工件的支承及传动特点,只能用来加工尺寸较小、形状比较简单的工件;此外,当工件表面周向不连续(例如有长键槽)或内外表面同轴度要求较高时,也不宜采用无心磨削。

6.4 外圆表面的加工方法和加工方案

外圆表面是轴类零件的主要表面,因此,合理制定轴类零件的机械加工工艺规程,首先应了解外圆表面的加工方法和加工方案。本节主要介绍常用的三种外圆加工方法和常用外圆加工方案的选择。

1. 外圆表面的车削加工

根据毛坯的制造精度和工件最终加工要求,外圆车削一般可分为粗车、半精车、精车、精细车。粗车的目的是切去毛坯硬皮和大部分余量,加工后工件尺寸公差等级为IT13~IT11,表面粗糙度为$Ra12.5 \sim 50 \mu m$。半精车的尺寸公差等级可达IT10~IT8,表面粗糙度为$Ra3.2 \sim 6.3 \mu m$;半精车可作为中等精度表面的终加工,也可作为磨削或精加工的预加工。精车后的尺寸公差等级可达IT8~IT7,表面粗糙度为$Ra0.8 \sim 1.6 \mu m$。精细车后的尺寸公差等级可达IT7~IT6,表面粗糙度为$Ra0.025 \sim 0.4 \mu m$。精细车尤其适用于有色金属加工,有色金属一般不宜采用磨削,所以常用精细车代替磨削。

2. 外圆表面的磨削加工

磨削是外圆表面精加工的主要方法之一,它既可加工淬硬后的表面,又可加工未经淬火的表面。根据磨削时工件定位方式的不同,外圆磨削可分为中心磨削和无心磨削两大类。

(1) 中心磨削 中心磨削中普通外圆磨削,被磨削的工件由中心孔定位,在外圆磨床或万能外圆磨床上加工。磨削后工件尺寸公差等级可达IT8~IT6,表面粗糙度为$Ra0.1 \sim 0.8 \mu m$。中心磨削按进给方式不同分为纵磨法和横磨法。

(2) 无心磨削 无心磨削是一种高生产率的精加工方法,以被磨削的外圆本身作为定位基准。目前无心磨削的方式主要有贯穿法和切入法。

采用无心磨削,必须满足下列条件:

1) 由于导轮倾斜了一个角度 α,为了保证切削平稳,导轮表面应修整成回转双曲面。

2) 导轮材料的摩擦因数应大于砂轮材料的摩擦因数;砂轮与导轮同向旋转,且砂轮的速度应大于导轮的速度;支承板的倾斜方向应有助于工件紧贴在导轮上。

3) 为了保证工件的圆度要求,工件中心应高出砂轮和导轮中心连线。

4) 导轮倾斜角度 α,当导轮以速度 $v_导$ 旋转时,可分解为:

$$v_{导水平} = v_导 \cdot \cos\alpha$$

$$v_{导垂直} = v_导 \cdot \sin\alpha$$

粗磨时,α 取 3°~6°;精磨时,α 取 1°~3°。

无心磨削时，工件尺寸公差等级可达 IT7~IT6，表面粗糙度为 $Ra0.2 \sim 0.8 \mu m$。

3. 外圆表面的精密加工

科学技术的发展，对工件加工精度和表面质量的要求也越来越高，因此在外圆表面精加工后，往往还要进行精密加工。外圆表面的精密加工方法常用的有高精度磨削、超精加工、研磨和滚压加工等。

（1）高精度磨削　使工件的表面粗糙度值在 $Ra0.16 \mu m$ 以下的磨削工艺称为高精度磨削，它包括精度磨削（$Ra0.06 \sim 0.6 \mu m$）、超精密磨削（$Ra0.02 \sim 0.04 \mu m$）和镜面磨削（$Ra<0.01 \mu m$）。

高精度磨削的实质在于砂轮磨粒的作用。经过精细修整后的砂轮的磨粒形成了同时能参加磨削的许多微刃。如图 6-37a、b 所示，这些微刃等高程度好，使参加磨削的切削刃数大大增加，能从工件上切下微细的切屑，形成粗糙度值较小的表面。随着磨削过程的继续，锐利的微刃逐渐钝化，如图 6-37c 所示。钝化的磨粒又可起抛光作用，使工件表面粗糙度值进一步降低。

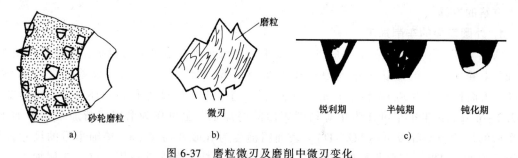

图 6-37　磨粒微刃及磨削中微刃变化

（2）超精加工　超精加工是用细粒度的磨石对工件施加很小的压力，磨石做往复振动和慢速沿工件轴向运动，以实现微量磨削的一种光整加工方法。

图 6-38 所示为超精加工原理图。加工过程中有三种运动：工件低速回转运动 1；磨头轴向进给运动 2；磨头高速往复振动 3。如果暂不考虑磨头轴向进给运动，磨粒在工件表面上走过的轨迹是正弦曲线，如图 6-38b 所示。

超精加工大致有四个阶段：

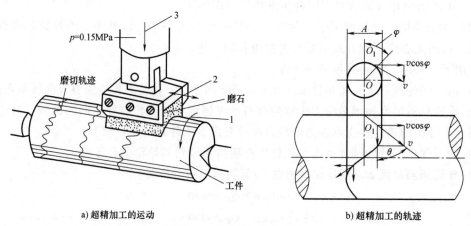

图 6-38　超精加工原理图

1）强烈切削阶段。开始时,由于工件表面粗糙,少数凸峰与磨石接触,单位面积压力很大,破坏了油膜,故切削作用强烈。

2）正常切削阶段。当少数凸峰磨平后,接触面积增加,单位面积压力降低,致使切削作用减弱,进入正常切削阶段。

3）微弱切削阶段。随着接触面积进一步增大,单位面积压力更小,切削作用微弱,且细小的切屑形成氧化物而嵌入磨石的空隙中,因而磨石产生光滑表面,具有摩擦抛光作用。

4）自动停止切削阶段。工件磨平,单位面积上的压力很小,工件与磨石之间形成液体摩擦油膜,不再接触,切削作用停止。

经超精加工后的工件表面粗糙度值可达 $Ra0.01 \sim 0.08 \mu m$。然而由于加工余量较小(小于 0.01mm),因而只能去除工件表面的凸峰,对加工精度的提高不显著。

(3) 研磨 用研磨工具和研磨剂,从工件表面上研去一层极薄的表层金属的精密加工方法称为研磨。

研磨用的研具采用比工件材料软的材料(如铸铁、铜、巴氏合金及硬木等)制成。研磨时,部分磨粒悬浮在工件和研具之间,部分研粒嵌入研具表面,利用工件与研具的相对运动,切掉一层很薄的金属,主要切除上道工序留下来的表面粗糙度轮廓凸峰。一般研磨的余量为 0.01~0.02mm。研磨除可获得高的尺寸精度和小的表面粗糙度值外,也可提高工件表面形状精度,但不能改善相互位置精度。

当两个工件要求良好配合时,利用工件的相互研磨(对研)是一种有效的方法。如内燃机中的气阀与阀座、油泵油嘴中的偶件研磨等。

(4) 滚压加工 滚压加工是用滚压工具对金属材质的工件施加压力,使其产生塑性变形,从而降低工件表面粗糙度值,强化表面性能的加工方法,它是一种无切屑加工。图 6-39 所示为滚压加工示意图。

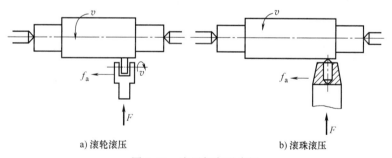

图 6-39 滚压加工示意图

滚压加工有如下特点:

1）滚压加工前工件加工表面粗糙度值不大于 $Ra5\mu m$,表面要求清洁,直径余量为 0.02~0.03mm。

2）滚压后的形状精度和位置精度主要取决于前道工序。

3）滚压的工件材料一般是塑性材料,并且材料组织要均匀。铸铁件一般不适合滚压加工。

4）滚压加工生产率高。

4. 外圆表面加工方案的选择

零件上一些精度要求较高的面，仅用一种加工方法往往是达不到其规定的技术要求的。这些表面必须顺序地进行粗加工、半精加工和精加工，以逐步提高其加工精度和降低表面粗糙度值。不同加工方法的有序组合即为加工方案。外圆柱面的加工方案见表 6-10。

确定某个表面的加工方案时，先由加工表面的技术要求（加工精度、表面粗糙度等）确定最终加工方法，然后根据此种加工方法的特点确定前道工序的加工方法，如此类推。但由于获得同一精度及表面粗糙度的加工方法可有若干种，实际选择时还应结合零件的结构、形状、尺寸，及材料和热处理的要求全面考虑。

表 6-10 中序号 3（粗车—半精车—精车）与序号 5（粗车—半精车—磨削）的两种加工方案能达到同样的精度等级。但当加工表面需淬硬时，最终加工方法只能采用磨削；如加工表面未经淬硬，则两种加工方案均可采用；若零件材料为有色金属，一般不宜采用磨削。

表 6-10 中序号 7（粗车—半精车—粗磨—精磨—超精加工）与序号 10（粗车—半精车—粗磨—精磨—研磨）两种加工方案也能达到同样的加工精度。当表面配合精度要求比较高时，终加工方法采用研磨较合适；当只要求较小的表面粗糙度值，则采用超精加工较合适。但不管采用研磨还是超精加工，其对加工表面的形状精度和位置精度改善均不显著，所以前道工序应采用精磨，使加工表面的位置精度和形状精度达到技术要求。

表 6-10 外圆柱面加工方案

序号	加工方法	经济精度（公差等级表示）	经济表面粗糙度值 $Ra/\mu m$	适用范围
1	粗车	IT13~IT11	12.5~50	适用于淬火钢以外的各种金属
2	粗车—半精车	IT10~IT8	3.2~6.3	
3	粗车—半精车—精车	IT8~IT7	0.8~1.6	
4	粗车—半精车—精车—滚压（或抛光）	IT8~IT7	0.025~0.2	
5	粗车—半精车—磨削	IT8~IT7	0.4~0.8	主要用于淬火钢，也可用于未淬火钢，但不宜加工有色金属
6	粗车—半精车—粗磨—精磨	IT7~IT6	0.1~0.4	
7	粗车—半精车—粗磨—精磨—超精加工（或轮式超精磨）	IT5	0.012~0.1	
8	精车—半精车—精车—精细车（金刚车）	IT7~IT6	0.025~0.4	主要用于加工要求较高的有色金属
9	粗车—半精车—粗磨—精磨—超精磨（或镜面磨）	IT5 以上	0.006~0.025	极高精度的外圆加工
10	粗车—半精车—粗磨—精磨—研磨	IT5 以上	0.006~0.1	

6.5 典型轴类零件加工工艺分析

例 6-3 加工图 6-40 所示的减速箱传动轴，生产批量为小批生产，材料为 45 热轧圆钢，零件需调质。

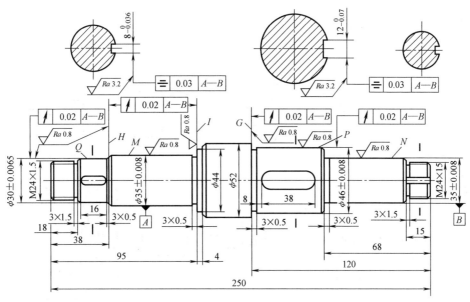

图 6-40 减速箱传动轴

1. 结构及技术条件分析

该轴为没有中心通孔的多阶梯轴。根据该零件图可知，其轴颈 M、N、P、Q 及轴肩 G、H、I，有较高的尺寸精度和几何精度要求，并要求有较小的表面粗糙度值，已知该轴有调质热处理要求。

2. 加工工艺过程分析

减速箱传动轴加工工艺见表 6-11。

表 6-11 减速箱传动轴加工工艺

工序号	工种	工序内容	加工简图	设备
1	下料	$\phi 60mm \times 265mm$		
2	车	用三爪自定心卡盘夹持工件，车端面见平；钻中心孔，用尾座顶尖顶住；粗车三个台阶，直径、长度均留余量 2mm		车床
		调头，用三爪自定心卡盘夹持工件另一端，车端面保证总长为 250mm；钻中心孔，用尾座顶尖顶住；粗车另外四个台阶，直径、长度均留余量 2mm		

(续)

工序号	工种	工序内容	加工简图	设备
3	热	调质处理 24~38HBW		
4	钳	修研两端中心孔		车床
5	车	双顶尖装夹 半精车三个台阶,螺纹大径车到 $\phi 24_{-0.2}^{-0.1}$ mm,其余两个台阶直径留余量 0.5mm,车槽三个,倒角三个		车床
5	车	调头,双顶尖装夹半精车余下的五个台阶,$\phi 44$mm 及 $\phi 52$mm 台阶车到图样规定的尺寸。螺纹大径车到 $\phi 24_{-0.2}^{-0.1}$ mm,其余两个台阶直径留余量 0.5mm,车槽三个,倒角四个		车床
6	车	双顶尖装夹,车一端螺纹 M24×1.5;调头,双顶尖装夹,车另一端螺纹 M24×1.5		车床
7	钳	划键槽及一个止动垫圈槽加工线		
8	铣	铣两个键槽及一个止动垫圈槽,键槽深度比图样规定尺寸多铣 0.25mm,作为磨削的余量		键槽铣床或立铣床

(续)

工序号	工种	工序内容	加工简图	设备
9	钳	修研两端中心孔	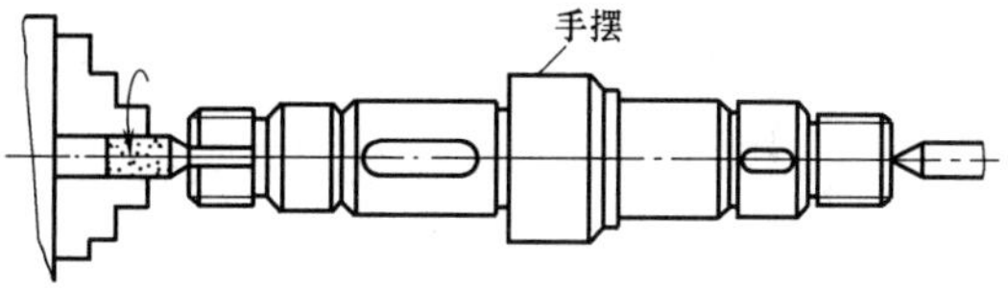	
10	磨	磨外圆 Q 和 M，并用砂轮端面靠磨轴肩 H 和 I；调头，磨外圆 N 和 P，靠磨轴肩 G	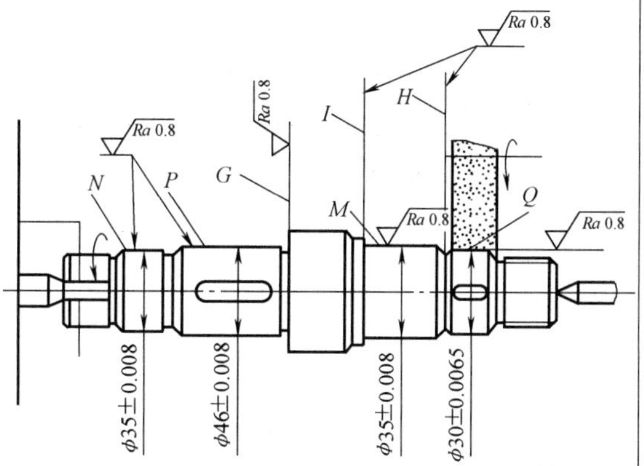	外圆磨床
11	检	检验		

(1) 确定主要表面加工方法和加工方案 传动轴大多是回转表面，主要采用车削和外圆磨削。由于该轴主要表面 M、N、P、Q 的公差等级较高（IT6），表面粗糙度值较小（$Ra0.8\mu m$），最终加工应采用磨削。其加工方案可参考表 6-10。

(2) 划分加工阶段 该轴加工划分为三个加工阶段，即粗车（粗车外圆、钻中心孔）、半精车（半精车各处外圆、轴肩和修研中心孔等）、粗精磨（粗精磨各处外圆）。各加工阶段大致以热处理为界。

(3) 选择定位基准 轴类零件的定位基面，最常用的是两中心孔。因为轴类零件各外圆表面、螺纹表面的同轴度及端面对轴线的垂直度是相互位置精度的主要项目，而这些表面的设计基准一般都是轴线，采用两中心孔定位就能符合基准重合原则。而且由于多数工序都采用中心孔作为定位基面，能最大限度地加工出多个外圆和端面，这也符合基准统一原则。

但下列情况不能用两中心孔作为定位基面：

粗加工外圆时，为提高工件刚度，采用轴外圆表面为定位基面，或以外圆和中心孔同作定位基面，即"一夹一顶"。

当轴为通孔零件时，在加工过程中，作为定位基面的中心孔因钻出通孔而消失。为了在通孔加工后还能用中心孔作为定位基面，工艺上常采用以下三种方法。

1) 当中心通孔直径较小时，可直接在孔口倒出宽度不大于 2mm 的 60°内锥面来代替中心孔。

2) 当轴有圆柱孔时，可采用图 6-41a 所示的锥堵，取 1：500 锥度；当轴孔锥度较小时，取锥堵锥度与工件两端定位孔锥度相同。

3) 当轴通孔的锥度较大时，可采用带锥堵的心轴，简称锥堵心轴，如图 6-41b 所示。

使用锥堵或锥堵心轴时应注意，一般中途不得更换或拆卸，直到精加工完各处加工面，

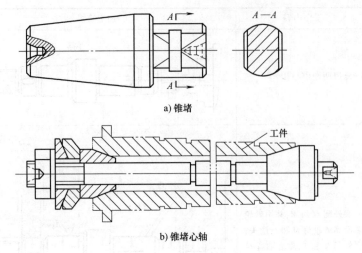

图 6-41 锥堵与锥堵心轴

不再使用中心孔时方能拆卸。

（4）热处理工序的安排　该轴需进行调质处理，应放在粗加工后，半精加工前进行。如采用锻件毛坯，必须首先安排退火或正火处理。该轴毛坯为热轧钢，可不必进行正火处理。

（5）加工顺序安排　除了遵循加工顺序安排的一般原则（如先粗后精、先主后次等），还应注意：

1）外圆表面加工顺序应为，先加工大直径外圆，然后再加工小直径外圆，以免一开始就降低了工件的刚度。

2）轴上的花键、键槽等表面的加工应在外圆精车或粗磨之后，精磨外圆之前。轴上矩形花键的加工，通常采用铣削和磨削加工，产量大时常用花键滚刀在花键铣床上加工。以外径定心的花键轴，通常只磨削外径键侧，而内径铣出后不必进行磨削，但若经过淬火而使花键扭曲变形过大时，也要对侧面进行磨削加工。以内径定心的花键，其内径和键侧均需进行磨削加工。

3）轴上的螺纹一般有较高的精度，如安排在局部淬火之前进行加工，则淬火后产生的变形会影响螺纹的精度。因此螺纹加工宜安排在工件局部淬火之后进行。

本 章 小 结

选择外圆表面加工方法和常用工艺装备是机械加工工艺中重要内容之一，本章以典型的轴类零件工艺规程制订为例来阐明相关内容。本章介绍了常用外圆表面加工方法及外圆表面精密加工方法，车刀的结构和砂轮的特性及砂轮的选用；外圆表面的磨削加工，常用车刀种类及选用、车削基本工艺及工件的安装等内容。为了进一步培养学生对典型轴类零件加工工艺的分析与编制能力，最后对外圆柱面加工和传动轴加工工艺过程进行了详细分析。

复习思考题

6-1　简述轴类零件的主要功用。说明其结构特点和技术要求。

6-2　比较外圆磨削时纵磨法、横磨法的特点及应用。

6-3　比较焊接车刀、可转位车刀的结构和使用性能方面的特点。

6-4　数控车削用的车刀一般分为哪几类？分别有什么特点？

6-5　在数控车削中，如何确定车刀的几何角度？

6-6　什么是砂轮硬度？它与磨粒硬度是否相同？砂轮硬度对磨削过程有何影响？应如何选择？

6-7　试述车床夹具的设计要点。

6-8　中心孔在轴类零件加工中起什么作用？什么情况下要对中心孔进行修研？若精加工后中心孔有圆度误差，对轴颈的加工精度有何影响？

6-9　按加工工艺卡要求编制图示花键轴的工艺规程。工件材料为40Cr，大批生产。

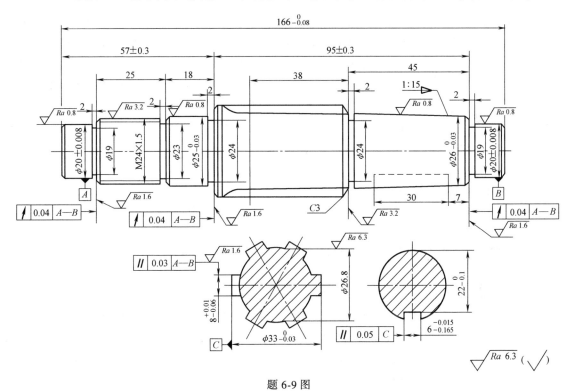

题 6-9 图

第7章 箱体类、套筒类零件加工工艺与工装

学习目标与要求

了解箱体类零件平面及孔系的各种常用加工方法与工艺装备；了解套筒类零件加工的主要工艺问题。熟悉孔系加工方法；熟悉刨削与铣削加工特点；了解常用铣削刀具的结构；了解镗模结构及适用场合。掌握刨削加工方法；掌握铣削用量的要素，顺铣、逆铣等铣削工艺特点；掌握镗削加工及镗床夹具设计；掌握钻削加工及钻床夹具设计；了解镗套的类型及选择原则；了解镗套的布置形式；了解箱体类零件的结构特点和加工工艺特点。具有正确选择平面加工方案的能力；具有正确选择孔系加工方案的能力；具有正确选择铣削刀具的能力；具有初步设计镗模的能力；具有正确分析箱体类零件加工工艺过程和编制工艺文件的能力。

7.1 箱体类零件概述

7.1.1 箱体类零件的功用及结构特点

箱体类零件是机器或部件的基础零件，它将机器或部件中的轴、套、齿轮等有关零件组装成一个整体，使它们之间保持正确的相互位置，并按照一定的传动关系协调地传递运动或动力。因此，箱体类零件的加工质量将直接影响机器或部件的精度、性能和寿命。

箱体类零件根据结构形式不同，可分为整体式箱体（如图 7-1 所示的车床主轴箱）和分离式箱体（如图 7-2 所示的减速箱）两大类。前者是整体铸造、整体加工，加工较困难，但装配精度高；后者各部分可分别制造，便于加工和装配，但增加了装配工作量。

箱体类零件的结构形式虽然多种多样，但仍有共同的主要特点：形状复杂，壁薄且不均匀，内部呈腔形，加工部位多，加工难度大，既有精度要求较高的孔系和平面，也有许多精度要求较低的紧固孔。因此，一般中型机床制造厂用于箱体类零件的机械加工劳动量约占整个产品加工量的 15%~20%。

7.1.2 箱体类零件的主要技术要求、材料和毛坯

1. 箱体类零件的主要技术要求

箱体类零件中以机床主轴箱的精度要求最高。以图 7-1 所示车床主轴箱为例，箱体类零

第7章 箱体类、套筒类零件加工工艺与工装

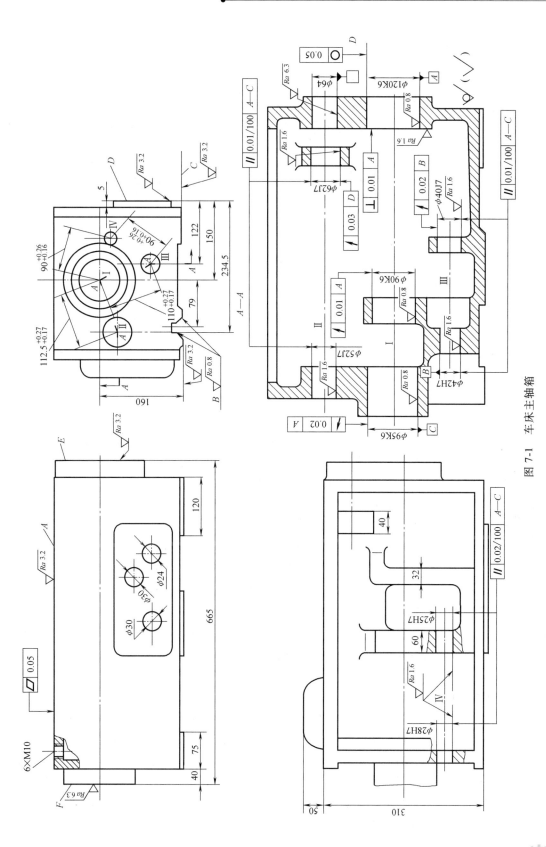

图 7-1 车床主轴箱

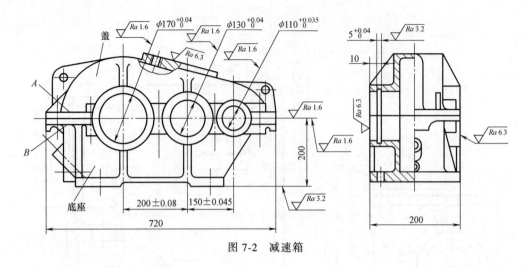

图 7-2 减速箱

件的技术要求主要可归纳如下：

（1）主要平面的形状精度和表面粗糙度　箱体的主要平面是装配基准，并且往往是加工时的定位基准，所以，应有较高的平面度公差和较小的表面粗糙度值，否则，会直接影响箱体加工时的定位精度，影响箱体与机座总装时的接触刚度和相互位置精度。图 7-1 所示的主轴箱 B、C 两面即为主要平面。

一般箱体主要平面的平面度公差为 0.03~0.1mm，表面粗糙度值为 Ra0.63~2.5μm，各主要平面对装配基准面垂直度公差为 0.1/300。

（2）孔的尺寸精度、几何形状精度和表面粗糙度　箱体上轴承支承孔本身的尺寸精度、形状精度和表面粗糙度都要求较高，否则，将影响轴承与箱体孔的配合精度，使轴的回转精度下降，也易使传动件（如齿轮）产生振动和噪声。机床主轴箱的主轴支承孔的尺寸精度一般为 IT6，圆度、圆柱度公差不超过孔径公差的一半，表面粗糙度值为 Ra0.32~0.8μm；其余支承孔尺寸精度为 IT8~IT7，表面粗糙度值为 Ra0.63~2.5μm。

（3）主要孔和平面的相互位置精度　同一轴线的孔应有一定的同轴度要求，各支承孔之间也应有一定的孔距尺寸精度及平行度要求，否则，不仅装配有困难，而且会使轴的运转情况恶化，温度升高，轴承磨损加剧，齿轮啮合精度下降，引起振动和噪声，影响齿轮寿命。支承孔之间的孔距公差一般为 0.05~0.12mm，平行度公差应小于孔距公差，一般在全长取 0.04~0.1mm。同一轴线上孔的同轴度公差一般为 0.01~0.04mm。支承孔与主要平面的平行度公差为 0.05~0.1mm，主要平面间及主要平面与支承孔之间垂直度公差为 0.04~0.1mm。

2. 箱体类零件的材料及毛坯

箱体材料一般选用 HT200~HT400 之间各种牌号的灰铸铁，最常用的为 HT200。灰铸铁不仅成本低，而且具有较好的耐磨性、铸造性能、可加工性和阻尼特性。在单件生产或某些简易机床箱体的生产中，为了缩短生产周期和降低成本，可采用钢材焊接结构。精度要求较高的坐标镗床主轴箱应选用耐磨铸铁，负荷大的主轴箱也可采用铸钢件。

箱体毛坯的加工余量与生产批量、毛坯尺寸、结构、精度和铸造方法等因素有关，有关数据可查阅有关资料并根据具体情况确定。

第7章 箱体类、套筒类零件加工工艺与工装

铸造箱体毛坯时,为了减少毛坯的残余应力,应使箱体壁厚尽量均匀,箱体浇铸后应安排时效处理或退火工序。

7.2 平面加工方法

平面加工方法有刨、铣、拉、磨等,刨削和铣削常用作平面的粗加工和半精加工工艺,而磨削则用作平面的精加工工艺。此外,还有刮研、研磨、超精加工、抛光等光整加工方法。采用哪种加工方法较合理,需根据零件的形状、尺寸、材料、技术要求、生产类型及工厂现有设备来决定。各加工方案所能达到的加工经济精度和表面粗糙度可参照表7-1。

表 7-1 平面加工方法的加工经济精度和表面粗糙度

加工方法	加工性质	加工经济精度(IT)	表面粗糙度 $Ra/\mu m$
周铣	粗铣	11~12	5~20
	精铣	10	1.25~5
端铣	粗铣	11~12	5~20
	精铣	9~10	0.63~5
车	半精车	10~11	5~10
	精车	9	2.5~10
	细车(金刚石车)	7~8	0.63~1.25
刨	粗刨	11~12	10~20
	精刨	9~10	2.5~10
	宽刃精刨	7~9	0.32~1.25
平磨	粗磨	9	2.5~5
	半精磨	7~8	1.25~2.5
	精磨	7	0.16~0.63
	精密磨	6	0.016~0.16
刮研	手工刮研	10~20点/(25mm×25mm)	0.16~1.25
研磨	粗研	6~7	0.32~0.63
	精研	5	0.08~0.32

7.2.1 刨削

刨削加工分为粗刨和精刨,精刨后的表面粗糙度值 Ra 可达 $1.6~3.2\mu m$,两平面之间的尺寸公差等级为 IT9~IT7,直线度公差为 0.04~0.12mm。宽刃细刨是在普通精刨基础上进行的,与普通刨削相比,它可进一步提高加工精度,减小表面粗糙度值。

1. 刨削加工方法

刨削加工是在刨床上进行的,常用的刨床为牛头刨、龙门刨。牛头刨主要用于加工中、小型零件,龙门刨则用于加工大型零件或同时加工多个中型零件。

图7-3所示为牛头刨床外形图。在牛头刨床上加工时,工件一般采用机用平口钳或螺栓压板安装在工作台上,刀具装在滑枕的刀架上。滑枕带动刀具的往复直线运动为主切削运动,工作台带动工件沿垂直于主运动方向的间歇运动为进给运动。刀架后的转盘可绕水平轴

线扳转角度，这样在牛头刨床上不仅可以加工平面，还可以加工各种斜面和沟槽，如图7-4所示。

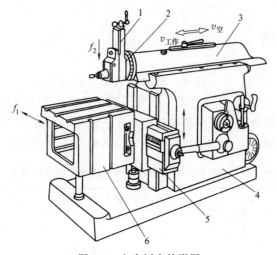

图 7-3 牛头刨床外形图
1—刀架 2—转盘 3—滑枕 4—床身 5—横梁 6—工作台

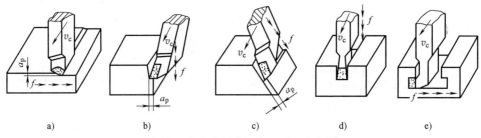

图 7-4 在牛头刨床上加工平面和沟槽

刨刀的结构与车刀相似，其几何角度的选取原则也与车刀的基本相同。由于刨削过程中有冲击，所以刨刀的前角比车刀要小（一般小5°~6°），刃倾角应取绝对值较大的负值，以使刨刀切入工件时所产生的冲击力不是作用在刀尖上，而是作用在离刀尖稍远的切削刃上。为了避免刨刀扎入工件，影响加工表面质量和尺寸精度，在生产中常把刨刀刀杆做成弯头结构，如图7-5所示。

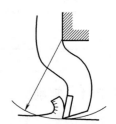

图 7-5 刨刀刀杆

2. 刨削与铣削加工特点比较

（1）加工质量　刨削与铣削的加工精度与表面粗糙度大致相当。刨削主运动为往复直线运动，只能采用中、低速切削。当用中等切削速度刨削钢件时，容易出现积屑瘤，影响表面粗糙度；硬质合金镶面铣刀可采用高速切削，钢件表面粗糙度值较小。加工大平面时，刨削进给运动可不停地进行，加工表面刀痕均匀；而铣削时，若铣刀直径（端铣）或铣刀宽度（周铣）小于工件宽度，需要多次走刀，加工表面会有明显的接刀痕。

（2）加工范围　刨削加工范围不如铣削加工范围广泛，铣削的许多加工内容是刨削无法代替的，例如加工内凹平面、封闭型沟槽以及有分度要求的平面沟槽等。但加工V形槽、T形槽和燕尾槽时，受铣刀定尺寸的限制，铣削一般只能加工小型的工件，而刨削则可加工大型工件。

（3）生产率　刨削生产率一般低于铣削，这是因为铣削为多刃刀具切削，无空程损失，此外硬质合金面铣刀还可以采用高速切削。但对于窄长平面加工，刨削的生产率则高于铣削，这是由于铣削不会因为工件较窄而改变铣削进给的长度，而刨削却能因工件较窄而减少走刀次数。因此，窄长平面（如机床导轨面）的加工多采用刨削。

由以上对比可知，刨削加工多用于单件小批生产和修配工作，铣削加工则更多用于要求生产率较高的中批、大批生产中。

铣削加工的不足之处可通过以下途径和措施进行改善：

1）减少齿数，增大容屑空间。T形槽铣刀、锯片铣刀等高速钢铣刀，由于齿数较多，容屑空间较小，易使切屑在槽中堵塞而影响生产率的提高，造成刀具崩刃或烧坏切削刃。将齿数大幅度减少，则可改善这种情况，使生产率显著提高。

图7-6所示为改进后的T形槽铣刀，它的齿数比标准T形槽铣刀的6个刀齿减少了一半，改为3个齿，并且增大了齿高（H由原来的3mm变为8mm），使容屑空间大大增加。此外，铣刀在铣T形槽和键槽的部分都开有切削刃（B—B剖面），T形槽和键槽可一次铣出。这种铣刀比标准T形槽铣刀的生产率提高了1.5~2倍。

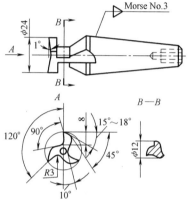

图7-6　改进后的T形槽铣刀

2）改善排屑条件。圆柱铣刀和立铣刀的切削刃较长，切削层的切削厚度较小，而切削宽度很宽，不利于排屑。如图7-7所示，可采用在切削刃上开若干分屑槽的方法，使原来宽而薄的切屑变成若干条窄而厚的切屑，减小切削变形，从而使切削力和切削热减小，有利于切屑的卷曲和排除。

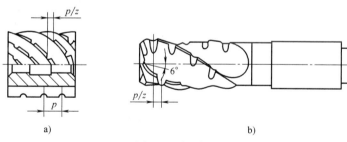

图7-7　分屑铣刀

采用交错切削分屑法分屑也能改善排屑条件。图7-8所示的疏齿强力锯片铣刀有10个刀齿。依次编号为1、2、3、…、10，每一奇数号的尖齿和每一偶数号的平齿分别组成一组（共5组），共同完成切削层内整个切削宽度的切削。平齿的高度比尖齿低0.5~0.6mm，铣削时，首先由尖齿1切入$B/3$，然后由平齿2切去其余的$2B/3$，随之由刀齿3、4、5、6…重复刀齿1、2的铣削过程。

这种交错切削分屑法还可应用于三面刃铣刀，与标准直齿三面刃铣刀相比，进给量可提高3~5倍，加工表面粗糙度值可减小一级。

3）增大刀齿的螺旋角。增大铣刀刀齿的螺旋角，可增大实际前角，使实际刃口钝圆半径减小,从而减小切削变形,缩短刀齿的切入过程(逆铣尤其显著),改善加工表面质量,减小刀具磨损。此外,由于同时工作齿数和作用切削刃长度的增加,切削力的变化减小,因而铣削过程较为平稳。但是,螺旋角过大会导致刀具寿命降低,制造困难,故目前螺旋角最大值一般不超过70°。

4)使用硬质合金铣刀及可转位刀片。使用焊接或机夹硬质合金刀片的铣刀,生产率比高速钢铣刀提高2~5倍。

3. 宽刃细刨

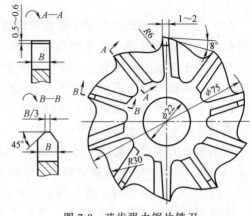

图 7-8 疏齿强力锯片铣刀

宽刃细刨是指在精刨的基础上,使用高精度的龙门刨床和宽刃细刨刀,以低切速和大进给量在工件表面切去一层极薄的金属。由于切削力、切削热和工件变形均很小,因而可获得比普通精刨更高的加工质量。宽刃细刨表面粗糙度值可达 $Ra0.8 \sim 1.6\mu m$,直线度公差为 0.02mm/m。

宽刃细刨主要用来代替手工刮削各种导轨平面,可使生产率提高几倍,应用较为广泛。图 7-9 所示为宽刃细刨刀的一种形式。

宽刃细刨对机床、刀具、工件、加工余量、切削用量和切削液都有严格的要求:

1)刨床的精度要高,运动平稳性要好,为了维护机床的精度,细刨机床不能用于粗加工。

2)细刨刀切削刃宽小于 50mm 时,用硬质合金刀片;刃宽大于 50mm 时,用高速钢刀片。切削刃要平整光洁,前、后刀面的 Ra 值要小于 $0.1\mu m$,应选取 $-20° \sim -10°$ 的负刃倾角,以使刀具逐渐切入工件,减少冲击,使切削平稳。

3)工件材料的组织和硬度要均匀,粗刨和普通精刨后均要进行时效处理。

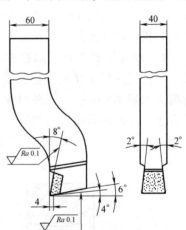

图 7-9 宽刃细刨刀

4)工件定位基面要平整光洁,表面粗糙度值要小于 $Ra3.2\mu m$,工件的装夹方式和夹紧力的大小要适当,以防止工件变形。

5)总的加工余量为 $0.3 \sim 0.4mm$,背吃刀量为 $0.04 \sim 0.05mm$,进给量根据刃宽或圆弧半径确定,一般切削速度选取 $v_c = 2 \sim 10m/min$。

6)宽刃细刨时要加切削液,加工铸铁常用煤油作为切削液,加工钢件常用全耗损系用油和煤油(体积比为 2∶1)的混合剂作为切削液。

7.2.2 铣削

铣削是平面加工中应用最普遍的一种方法,利用各种铣床、铣刀和附件,可以铣削平面、沟槽、弧形面、螺旋槽、齿轮、凸轮和特形面,如图 7-10 所示。经粗铣、精铣后,尺

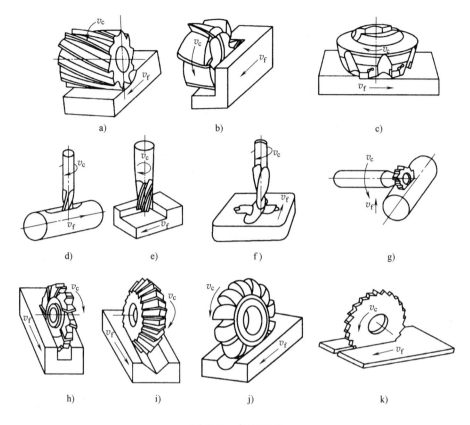

图 7-10 铣削用途

寸公差等级可达 IT9~IT7，表面粗糙度可达 $Ra0.63~12.5\mu m$。

铣削的主运动是铣刀的旋转运动，进给运动是工件的直线运动。

1. 铣削的工艺特征及应用范围

铣刀由多个刀齿组成，各刀齿依次切削，没有空行程，而且铣刀高速回转，因此与刨削相比，铣削生产率高于刨削，在中批以上生产中多用铣削加工平面。当加工尺寸较大的平面时，可在龙门铣床上用多把铣刀同时加工各有关平面，这样，既可保证平面之间的相互位置精度，也可获得较高的生产率。

铣削工艺特点如下：

（1）生产率高但不稳定　由于铣削属于多刃切削，且可选用较大的切削速度，所以铣削率较高。但易导致刀齿负荷不均匀，磨损不一致，从而引起机床的振动，使切削不稳，直接影响工件的表面粗糙度。

（2）间断切削　铣刀刀齿切入或切出时产生冲击，一方面使刀具的寿命下降，另一方面引起周期性的冲击和振动。但由于刀齿间断切削，工作时间短，在空气中冷却时间长，故散热条件好，有利于提高铣刀的寿命。

（3）半封闭切削　由于铣刀是多齿刀具，刀齿之间的空间有限，若切屑不能顺利排出或有足够的容屑槽，则会影响铣削质量或造成铣刀的破损，所以选择铣刀时要把容屑槽当作一个重要因素考虑。

2. 铣削用量

如图 7-11 所示，铣削用量四要素如下：

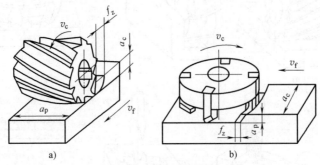

图 7-11 铣削用量

(1) 铣削速度　铣削速度是指铣刀旋转时的切削速度。

$$v_c = \pi d_0 n / 1000 \tag{7-1}$$

式中　v_c——铣削速度，单位为 m/min；
　　　d_0——铣刀直径，单位为 mm；
　　　n——铣刀转速，单位为 r/min。

(2) 进给量　进给量指工件相对铣刀移动的距离，有三种表示方法：每转进给量 f、每齿进给量 f_z、进给速度 v_f。

1) 每转进给量 f。指铣刀每转动一周，工件与铣刀沿进给方向的相对位移量，单位为 mm/r。

2) 每齿进给量 f_z。指铣刀每转过一个刀齿，工件与铣刀沿进给方向的相对位移量，单位为 mm/z；

3) 进给速度 v_f。指单位时间内工件与铣刀沿进给方向的相对位移量，单位为 mm/min。通常情况下，铣床加工时的进给量均指进给速度 v_f。

上述三个进给量之间的关系为：

$$v_f = fn = f_z z n \tag{7-2}$$

式中　z——铣刀齿数；
　　　n——铣刀转速，单位为 r/min。

(3) 铣削深度（背吃刀量）a_p　铣削深度是指沿平行于铣刀轴线方向测量的切削层尺寸。

(4) 铣削宽度 a_c　铣削宽度是指沿垂直于铣刀轴线方向和进给方向测量的切削层尺寸。

3. 铣削方案

(1) 铣削方式的选用　铣削方式是指铣削时铣刀相对于工件的运动关系。

1) 周铣法（圆周铣削方式）。周铣法铣削工件有两种方式，即逆铣与顺铣。铣削时，若铣刀旋转切入工件的切削速度方向与工件的进给方向相反，称为逆铣；反之，则称为顺铣。

① 逆铣。如图 7-12a 所示，切削厚度从零开始逐渐增大，当实际前角出现负值时，刀齿在加工表面上挤压、滑行，不能切除切屑，既增大了后刀面的磨损，又使工件表面产生较严

重的冷硬层;当下一个刀齿切入时,又在冷硬层表面上挤压、滑行,进一步加剧铣刀的磨损,同时工件加工后的表面粗糙度值也较大。逆铣时,铣刀作用于工件上的纵向分力 F_f 总是与工作台的进给方向相反,使得工作台丝杠与螺母之间没有间隙,始终保持良好的接触,从而使进给运动平稳;但是,垂直分力 F_{fN} 的方向和大小是变化的,并且当切削齿切离工件时,F_{fN} 向上,有挑起工件的趋势,会引起工作台的振动,影响工件的表面粗糙度。

② 顺铣。如图 7-12b 所示,刀齿的切削厚度从最大值开始,避免了挤压、滑行现象;并且垂直分力 F_{fN} 始终压向工作台,从而使切削平稳,提高了铣刀寿命和加工表面质量;但纵向分力 F_f 与进给运动方向相同,若铣床工作台丝杠与螺母之间有间隙,则会造成工作台窜动,使铣削进给量不均匀,严重时会打刀。因此,若铣床进给机构中没有丝杠和螺母间隙消除机构,则不能采用顺铣。

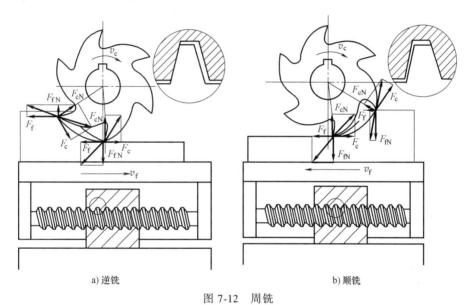

图 7-12 周铣

2) 端铣法(端面铣削方式)。端铣法有对称端铣、不对称逆铣和不对称顺铣三种方式。

① 对称端铣。如图 7-13a 所示,铣刀轴线始终位于工件的对称面内,铣刀切入、切出时切削厚度相同,有较大的平均切削厚度。一般端铣多用此种铣削方式,尤其适用于铣削淬硬钢。

② 不对称逆铣。如图 7-13b 所示,铣刀偏置于工件对称面的一侧,切入时切削厚度最小,切出时切削厚度最大。这种加工方法,切入冲击较小,切削力变化小,切削过程平稳,适用于铣削普通碳钢和高强度低合金钢,并且加工表面粗糙度值小,刀具寿命较长。

③ 不对称顺铣。如图 7-13c 所示,铣刀偏置于工件对称面的一侧,切入时切削厚度最大,切出时切削厚度最小,这种铣削方法适用于加工不锈钢等中等强度和高塑性的材料。

(2) 铣削用量的选择 铣削用量的选择原则是在保证加工质量的前提下,充分发挥机床工作效能和刀具切削性能。在工艺系统刚度所允许的条件下,首先应尽可能选择较大的铣削深度 a_p 和铣削宽度 a_c;其次选择较大的每齿进给量 f_z;最后根据所选定的铣刀寿命计算铣削速度 v_c。

1) 铣削深度 a_p 和铣削宽度 a_c 的选择。对于面铣刀,选择铣削深度的原则是:当加工余

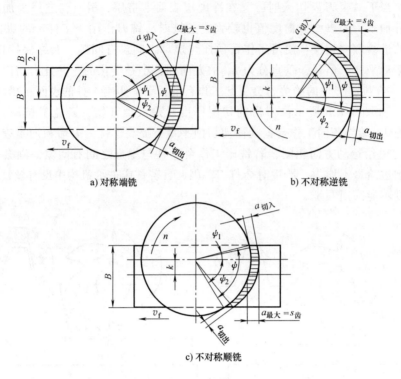

图 7-13 端铣

量不足 8mm，且工艺系统刚度大、机床功率足够时，留出半精铣余量 0.5~2mm 以后，应尽可能一次去除多余余量；当加工余量超过 8mm 时，可分两次或多次走刀。铣削宽度和端铣刀直径应保持以下关系：

$$d_0 = (1.1 \sim 1.6) a_c \tag{7-3}$$

对于圆柱铣刀，铣削深度应小于铣刀长度，铣削宽度的选择原则与面铣刀铣削深度的选择原则相同。

2）进给量的选择。每齿进给量 f_z 是衡量铣削加工效率水平的重要指标。粗铣时，f_z 主要受切削力的限制；半精铣和精铣时，f_z 主要受表面粗糙度限制。针对不同工件材料和铣刀类型，每齿进给量 f_z 推荐值见表 7-2。

表 7-2 每齿进给量 f_z 的推荐值 （单位：mm）

工件材料	工件硬度 /HBW	硬质合金		高速工具钢			
		面铣刀	三面刃铣刀	圆柱铣刀	立铣刀	面铣刀	三面刃铣刀
低碳钢	<150	0.20~0.40	0.15~0.30	0.12~0.20	0.04~0.20	0.15~0.30	0.12~0.20
	150~200	0.20~0.35	0.12~0.25	0.12~0.20	0.03~0.18	0.15~0.30	0.10~0.15
中、高碳钢	120~180	0.15~0.50	0.15~0.30	0.12~0.20	0.05~0.20	0.15~0.30	0.12~0.20
	180~220	0.15~0.40	0.12~0.25	0.12~0.20	0.04~0.20	0.15~0.25	0.07~0.15
	220~300	0.12~0.25	0.07~0.20	0.07~0.15	0.03~0.15	0.10~0.20	0.05~0.12
灰铸铁	150~180	0.20~0.50	0.15~0.30	0.20~0.30	0.07~0.18	0.20~0.35	0.15~0.25
	180~220	0.20~0.40	0.12~0.25	0.15~0.25	0.05~0.15	0.15~0.30	0.12~0.20
	220~300	0.15~0.30	0.10~0.20	0.10~0.20	0.03~0.10	0.10~0.15	0.07~0.12

（续）

工件材料	工件硬度/HBW	硬质合金		高速工具钢			
		面铣刀	三面刃铣刀	圆柱铣刀	立铣刀	面铣刀	三面刃铣刀
可锻铸铁	110~160	0.20~0.50	0.10~0.30	0.20~0.35	0.08~0.20	0.20~0.40	0.15~0.25
	160~200	0.20~0.40	0.10~0.25	0.20~0.30	0.07~0.20	0.20~0.35	0.15~0.20
	200~240	0.15~0.30	0.10~0.20	0.12~0.25	0.05~0.15	0.15~0.30	0.10~0.20
	240~280	0.10~0.30	0.10~0.15	0.10~0.20	0.02~0.08	0.10~0.20	0.07~0.12
碳的质量分数小于0.3%的合金结构钢	125~170	0.15~0.50	0.12~0.30	0.12~0.20	0.05~0.20	0.15~0.30	0.12~0.20
	170~220	0.15~0.40	0.10~0.20	0.10~0.20	0.05~0.10	0.15~0.25	0.07~0.15
	220~280	0.10~0.20	0.08~0.15	0.07~0.12	0.03~0.08	0.10~0.20	0.07~0.12
	280~300	0.08~0.20	0.05~0.15	0.05~0.10	0.025~0.05	0.07~0.12	0.05~0.10
碳的质量分数大于0.3%的合金结构钢	170~220	0.125~0.40	0.12~0.30	0.12~0.20	0.12~0.20	0.15~0.30	0.07~0.15
	220~280	0.10~0.30	0.08~0.15	0.07~0.15	0.07~0.15	0.10~0.20	0.07~0.12
	280~320	0.08~0.20	0.05~0.12	0.05~0.12	0.15~0.12	0.07~0.12	0.05~0.10
	320~380	0.06~0.15	0.05~0.10	0.05~0.10	0.05~0.10	0.05~0.10	0.05~0.10
工具钢	退火状态	0.15~0.50	0.12~0.30	0.07~0.15	0.05~0.10	0.12~0.30	0.07~0.15
	36HRC	0.12~0.25	0.08~0.20	0.05~0.10	0.03~0.08	0.07~0.12	0.05~0.10
	46HRC	0.10~0.20	0.06~0.12	—	—	—	—
	56HRC	0.07~0.10	0.05~0.10	—	—	—	—
铝镁合金	95~100	0.15~0.38	0.125~0.30	0.15~0.20	0.05~0.15	0.20~0.30	0.07~0.20

注：表中小值用于精铣，大值用于粗铣。

3）铣削速度 v_c 的确定。铣削速度的确定可查阅铣削用量相关手册。

（3）铣刀直径的选择　铣刀直径通常根据铣削用量来选择，一些常用铣刀的直径选择方法见表7-3~表7-4。

表7-3　圆柱铣刀、端铣刀直径的选择　　　　　　（单位：mm）

铣刀参数	高速钢圆柱铣刀			硬质合金端铣刀					
铣削深度 a_p	≤5	5~8	8~10	≤4	4~5	5~6	6~7	7~8	8~10
铣削宽度 a_e	≤70	70~90	90~100	≤60	60~90	90~120	120~180	180~260	260~350
铣刀直径 d_0	≤80	80~100	100~125	≤80	100~125	160~200	200~250	320~400	400~500

注：如 a_p、a_e 不能同时与表中数值统一，而 a_p（圆柱铣刀）或 a_e（面铣刀）对应的铣刀又较大时，主要应根据 a_p（圆柱铣刀）或 a_e（面铣刀）选择铣刀直径。

表7-4　盘形铣刀、锯片铣刀直径的选择　　　　　　（单位：mm）

铣削深度 a_p	≤8	8~15	15~20	20~30	30~45	45~60	60~80
铣刀直径 d_0	63	80	100	125	160	200	250

4. 铣削刀具

铣刀的种类很多（大部分已经标准化），按齿背形式可分为尖齿铣刀和铲齿铣刀两大类。尖齿铣刀齿背经铣削而成，后刀面是简单平面，用钝后重磨后刀面即可；该类刀具应用很广泛，加工平面及沟槽的铣刀一般都设计成尖齿的。与尖齿铣刀不同，铲齿铣刀有铲制而成的特殊形状的后刀面，用钝后重磨前刀面；经铲制的后刀面可保证铣刀在使用的全过程中廓形不变，图 7-14 所示即为铲齿成形铣刀。

根据铣刀的用途，介绍常用铣刀类型如下：

（1）圆柱形铣刀　圆柱形铣刀一般用于在卧式铣床上用周铣法加工较窄的平面。圆柱形铣刀有两种类型：粗齿圆柱形铣刀具有齿数少、刀齿强度高、容屑空间大、重磨次数多等特点，适用于粗加工；细齿圆柱形铣刀齿数多、工作平稳，适于精加工。

（2）面铣刀　高速钢面铣刀一般用于加工中等宽度的平面，标准铣刀直径范围为 $\phi 80 \sim \phi 250\mathrm{mm}$。硬质合金面铣刀的切削效率及加工质量均高于高速钢面铣刀，故目前广泛使用硬质合金面铣刀加工平面。

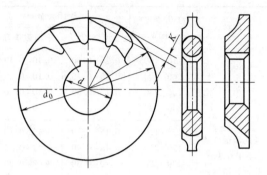

图 7-14　铲齿成形铣刀

图 7-15 所示为机夹式硬质合金面铣刀。该铣刀是将硬质合金刀片焊接在小刀头上，再采用机械夹固的方法将刀装夹在刀体槽中。刀头报废后可换上新刀头，因此延长了刀体的使用寿命。

图 7-16 所示为可转位面铣刀。该铣刀是将刀片直接装夹在刀体槽中。切削刃用钝后，将刀片转位或更换刀片即可继续使用。可转位铣刀与可转位车刀一样，有效率高、寿命长、使用方便、加工质量稳定等优点。这种铣刀是目前平面加工中应用最广泛的刀具之一，可转位面铣刀已形成系列标准。

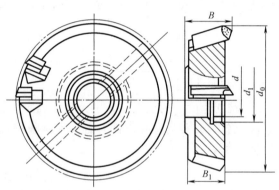

图 7-15　机夹式硬质合金面铣刀

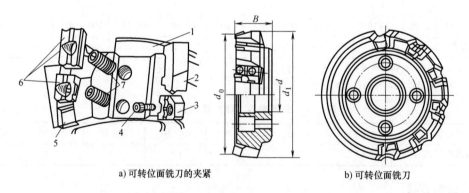

a) 可转位面铣刀的夹紧　　　b) 可转位面铣刀

图 7-16　可转位面铣刀及其夹紧

1—刀体　2—轴向支承块　3—刀垫　4—内六角螺钉　5—刀片　6—楔块　7—紧固螺钉

（3）三面刃铣刀　三面刃铣刀除圆周表面具有主切削刃外，两侧面也有副切削刃，从而改善了切削条件，提高了切削效率并减小了加工表面的表面粗糙度值。该铣刀主要用于加工沟槽和台阶面。三面刃铣刀的刀齿结构可分为直齿、错齿和镶齿三种。

图 7-17a 所示为整体直齿三面刃铣刀。该刀易制造、易刃磨；但侧刃前角 $\gamma_o = 0°$，切削条件较差。

图 7-17b 所示为镶齿错齿三面刃铣刀。该刀的刀齿交错向左、右倾斜螺旋角 ω。每一刀齿只在一端有副切削刃，并由 ω 角形成副切削刃的正前角，且 ω 角使切削过程平稳，易于排屑，从而改善了切削条件。同时，镶齿三面刃铣刀可克服整体式三面刃铣刀刃磨后厚度尺寸变小的不足。该铣刀刀齿镶嵌在带齿纹的刀体槽中，铣刀重磨后宽度减小时，可将同向倾斜的刀齿取出，并顺次移入相邻的同向齿槽内，调整铣刀宽度，再通过刃磨使之恢复原来的宽度。

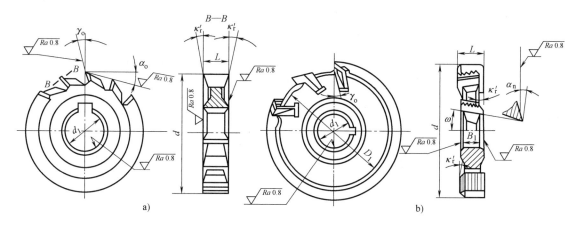

图 7-17 三面刃铣刀

（4）立铣刀　立铣刀主要用在立式铣床上加工凹槽、台阶面，也可以利用靠模加工成形表面，结构如图 7-18 所示。立铣刀圆周切削刃是主切削刃，端面切削刃是副切削刃，故切削时一般不宜沿铣刀轴线方向进给。为了提高副切削刃的强度，应在端刃前面磨出棱边。

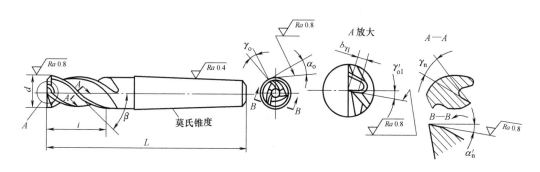

图 7-18 立铣刀

（5）键槽铣刀　图 7-19 所示为键槽铣刀，用于加工圆头封闭键槽。该铣刀外形似立铣刀，但立铣刀有三个或三个以上的刀齿，而键槽铣刀仅有两个刀齿，端面铣削刃为主切削刃，强度较高；圆周切削刃是副切削刃。加工时，键槽铣刀沿刀具轴线做进给运动，故仅在靠近端面部分发生磨损；重磨时只需刃磨端面刃，所以重磨后刀具直径不变。键槽铣刀的加

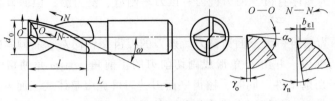

图 7-19 键槽铣刀

工精度高。

(6) 模具铣刀 模具铣刀用于加工模具型腔或凸模成形表面。模具铣刀是由立铣刀演变而成的,如图 7-20 所示,按工作部分外形可分为圆锥形平头、圆柱形球头、圆锥形球头三种。硬质合金模具铣刀用途非常广泛,既可铣削各种模具型腔,还可代替手工锉刀和砂轮磨头清理铸、锻、焊工件的飞边,以及对某些成形表面进行光整加工等。该铣刀可装在风动或电动工具上使用,生产率和寿命比砂轮和锉刀提高数十倍。

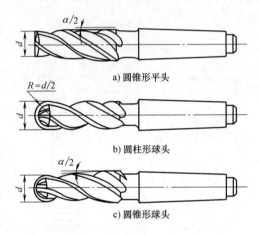

图 7-20 模具铣刀

7.2.3 磨削

平面磨削与其他表面磨削一样,具有切削速度高、进给量小、尺寸精度易于控制及能获得较小的表面粗糙度值等特点,加工精度一般可达 IT7~IT5 级,表面粗糙度值可达 $Ra0.2 \sim 1.6\mu m$。平面磨削的加工质量比刨削和铣削都高,而且还可以加工淬硬零件,因而多用于零件的半精加工和精加工;生产批量较大时,箱体的平面常用磨削来精加工。

在工艺系统刚度较大的平面磨削中,可采用强力磨削,不仅能对高硬度材料和淬火表面进行精加工,而且还能对带硬皮、余量较均匀的毛坯平面进行粗加工。平面磨削可在电磁工作平台上同时安装多个零件,进行连续加工,因此,对于精加工中需保持一定尺寸精度和相互位置精度的中小型零件的表面来说,采用磨削不仅加工质量高,而且能获得较高的生产率。

平面磨削方式有周磨和端磨两种。

1. 周磨

如图 7-21a 所示,砂轮的工作面是圆周表面。磨削时,砂轮与工件接触面积小,发热小、散热快、排屑与冷却条件好,因此可获得较高的加工精度和表面质量,通常适用于加工精度要求较高的零件。但由于周磨采用间断的横向进给,因而生产率较低。

2. 端磨

如图 7-21b 所示,砂轮的工作面是端面。磨削时,磨头轴伸出长度短、刚性好,磨头又主要承受轴向力,弯曲变形小,因此可采用较大的磨削用量。砂轮与工件接触面积大,同时参加磨削的磨粒多,故生产率高,但散热和冷却条件差,且因砂轮端面沿径向各点圆周速率不等而产生磨损不均匀,故磨削精度较低。端磨一般适用于大批生产中精度要求不太高的零件表面加工,或直接对毛坯进行粗磨。为减小砂轮与工件接触面积,可将砂轮端面修成内锥面形,或使磨头倾斜一微小的角度,这样可改善散热条件,提高加工效率,磨出的平面中间略成凹形,但由于倾斜角度很小,下凹量极微。

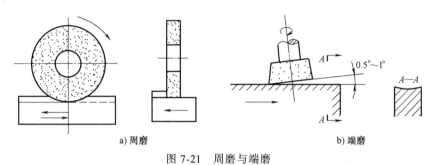

图 7-21　周磨与端磨

7.2.4　光整加工

对于尺寸精度和表面粗糙度要求很高的零件,一般都要进行光整加工。平面的光整加工方法很多,一般采用研磨、刮研、超精加工、抛光等。本书主要介绍研磨和刮研。

1. 研磨

研磨加工是应用较广泛的一种光整加工工艺,加工后精度可达 IT5 级,表面粗糙度可达 $Ra0.006 \sim 0.1 \mu m$。研磨既可加工金属材料,也可以加工非金属材料。

研磨加工时,在研具和工件表面间存在分散的细粒度砂粒(磨料和研磨剂),在两者之间施加一定的压力,可使其产生复杂的相对运动,经过砂粒的磨削和研磨剂的化学、物理作用,可在工件表面去掉极薄的一层材料,获得很高的精度和较小的表面粗糙度值。研磨的方法按研磨剂使用条件的不同分以下三类:

(1) 干研磨　干研磨只需在研具表面涂少量的润滑附加剂。砂粒在研磨过程中基本固定在研具上,它的磨削作用以滑动磨削为主。这种方法生产率不高,但可达到很高的加工精度和较小的表面粗糙度值($Ra0.001 \sim 0.02 \mu m$)。

(2) 湿研磨　湿研磨是在研磨过程中将研磨剂涂在研具上,用分散的砂粒进行研磨。研磨剂中除砂粒外还有煤油、机油、油酸、硬脂酸等物质。在研磨过程中,部分砂粒存在于研具与工件之间,此时砂粒以滚动磨削为主,生产率高,加工表面粗糙度值为 $Ra0.02 \sim 0.04 \mu m$。湿研磨一般用于粗加工,但加工表面一般无光泽。

(3) 软磨粒研磨　软磨粒研磨是将氧化铬作磨料的研磨剂涂在研具的工作表面,由于磨料比研具和工件软,研磨过程中磨料悬浮于工件与研具之间,主要利用研磨剂与工件表面的化学作用,产生一层很软的氧化膜,凸点处的薄膜很容易被磨料磨去。此种方法能得到极小的表面粗糙度值,Ra 可达 $0.01 \sim 0.02 \mu m$。

2. 刮研

刮研用于未淬火的工件平面加工,它可使两个平面之间达到紧密接触,能获得较高的形状和位置精度，加工精度可达 IT7 级以上，表面粗糙度值为 $Ra0.1~0.8\mu m$。刮研后的平面能形成具有润滑油膜的滑动面，因此能减少相对运动表面间的磨损并增强零件接合面间的接触刚度。刮研表面质量是用单位面积上接触点的数目来评定的，粗刮为 $1~2$ 点$/cm^2$，半精刮为 $2~3$ 点$/cm^2$，精刮为 $3~4$ 点$/cm^2$。

刮研劳动强度大，生产率低；但刮研所需设备简单，生产准备时间短，且刮研力小、发热小、变形小，加工精度和表面质量高。此法常用于单件小批生产及维修工作中。

7.3 箱体零件孔系加工

7.3.1 镗削

镗削加工是箱体零件孔系加工的主要方法。镗削加工具有加工精度较高、适用范围广的特点，故在生产中得到了广泛应用。本节将对镗床及加工方法、常用镗刀等内容进行详细介绍。

1. 镗床

镗床类机床主要用于加工尺寸较大、形状复杂的零件，如各种箱体、床身、机架等。镗床的主要功用是用镗刀进行镗孔，也可进行钻孔、铣平面和车削加工。镗床可分为卧式铣镗床、坐标镗床和金刚镗床等，本书以卧式铣镗床为例介绍镗床结构及其加工方法。

（1）卧式铣镗床　卧式铣镗床除可镗孔加工外，还可车端面、铣平面、车外圆、车螺纹及钻孔等加工，并可在一次安装中完成零件多道工序的加工，其工艺适应性强，在生产中得到了广泛应用。卧式铣镗床的主参数是镗轴直径（折算系数 1/10）。常用的卧式铣镗床型号有 T68、TPX611B、TPX6113 等，其镗轴直径分别为 $\phi 85mm$、$\phi 110mm$ 和 $\phi 130mm$。

1）卧式铣镗床结构及运动。图 7-22 所示为某卧式铣镗床的外观结构图。床身 10 为机床的基础件，前立柱 7 与床身固定在一起。机床工作时，后立柱 2 和工作台 3 沿床身导轨做纵向（y 轴方向）移动，主轴箱 8 沿前立柱 7 的导轨做垂直移动（z 轴方向），两种移动的运动精度直接影响孔的加工精度，所以床身和前立柱必须有很高的加工精度、强度和刚度，并且精度的长期保持性也要好。

机床工作台 3 的纵向（y 轴方向）移动是通过最下层的下滑座 11 相对于床身导轨的平移实现的；工作台 3 的横向（X 轴方向）移动，是通过中层的上滑座 12 相对于下滑座 11 的平移实现的。上滑座 12 上有圆环形导轨，工作台部件最上层的工作台面可以在该导轨平面内绕铅垂线相对于上滑座回转 360°，因而可以实现在一次安装中对工件上相互平行或成一定角度的孔和平面进行加工。

主轴箱 8 沿前立柱 7 导轨的垂直移动，可以满足加工不同高度的孔的需要。主轴箱内装有主运动和进给运动的变速机构和操纵机构。根据不同的加工情况，刀具可以直接装在镗轴 4 前端的莫氏 5 号（或 6 号）锥孔内，也可以装在平旋盘 5 的径向刀具溜板 6 上。在加工长度较短的孔时，刀具与工件间的相对运动类似于在钻床上钻孔，即镗轴 4 和刀具一起做主运动，并且通过后尾筒 9 内的轴向进给机构沿轴线做进给运动。平旋盘 5 只能做回转主运动；装在平旋盘导轨上的径向刀具溜板 6，除了随平旋盘一起回转外，还可以沿导轨做径向进给

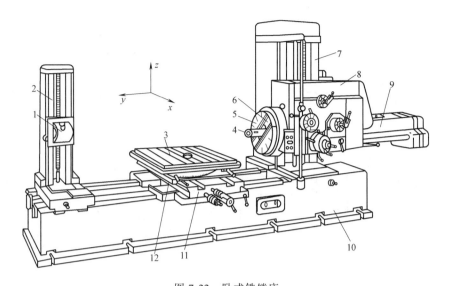

图 7-22 卧式铣镗床

1—后支承架 2—后立柱 3—工作台 4—镗轴 5—平旋盘 6—径向刀具溜板
7—前立柱 8—主轴箱 9—后尾筒 10—床身 11—下滑座 12—上滑座

运动。

后立柱 2 沿床身导轨做纵向移动，其目的是在采用双面支承的镗模镗削通孔时，便于针对不同长度的镗杆来调整它的纵向位置。后支承架 1 通过沿后立柱导轨的上下移动，与镗轴 4 保持等高，并用来支承长镗杆的悬伸端。

通过上述分析可知，卧式铣镗床具有下列工作运动：

① 镗杆或平旋盘的旋转主运动。

② 五个进给运动：

a. 镗杆的轴向进给运动，用于孔加工；

b. 主轴箱的垂直进给运动，用于铣平面；

c. 工作台的纵向进给运动，用于孔加工；

d. 工作台的横向进给运动，用于铣平面；

e. 平旋盘上径向刀具溜板的进给运动，用于车削端面。

③ 辅助运动。卧式铣镗床的辅助运动有主轴、主轴箱及工作台在进给方向上的快速调位运动，后立柱的纵向调位运动，后支承架的垂直调位运动，工作台的转位运动。这些运动可以手动控制，也可以由快速电动机传动控制。

2）卧式铣镗床的典型加工方法。卧式铣镗床的典型加工方法如图 7-23 所示。

图 7-23a 所示为用装在镗轴上的悬伸刀杆镗孔，由于孔的长度短，故由镗轴完成纵向进给运动 (f_1)；图 7-23b 所示工件的直径较大，故用装在平旋盘上的悬伸刀杆镗孔，由工作台完成纵向进给运动 (f_2)；图 7-23c 所示为用装在平旋盘上的单刀铣端面，由刀具溜板完成径向进给运动 (f_3)；图 7-23d 所示为用装在镗轴上的钻头钻孔，主运动和进给运动 (f_4) 均由钻头完成；图 7-23e 所示为用装在镗轴上的面铣刀铣平面，由主轴箱完成垂直进给运动 (f_5)，当铣刀在垂直方向加工完宽度等于铣刀直径的一块平面后，工作台再横向做调位运动

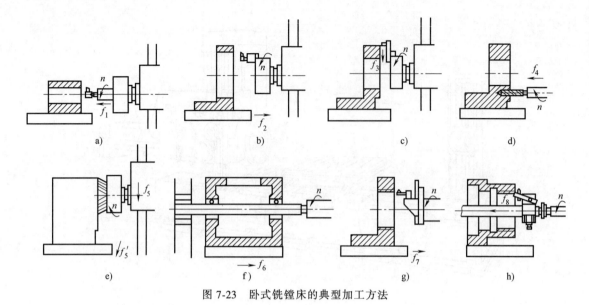

图 7-23 卧式铣镗床的典型加工方法

(f'_5),使新的尚未加工的表面投入切削;图 7-23f 所示为用一端装在镗轴内,一端用后支承架支承的长镗杆同时镗削工件上的两个孔,由工作台完成纵向进给运动(f_6);图 7-23g 和图 7-23h 所示为用装在平旋盘车螺纹刀架中的车刀和装在镗杆附件上的车刀车内螺纹,分别由工作台和镗杆完成纵向进给运动(f_7 和 f_8)。

在卧式铣镗床上进行除镗孔以外的其他加工时,需要使用与该机床配套的基本附件,如万能镗刀架、平旋盘镗孔刀架、平旋盘镗孔刀座、精进给刀架、车螺纹刀架等。这些机床附件可从机床制造厂购置。

2. 常用镗刀的类型、结构和特点

(1) 单刃镗刀 图 7-24a 所示的内孔车刀是单刃镗刀中最简单的一种,它把镗刀和刀杆制成一体。图 7-24b~d 分别为用于镗通孔、镗阶梯孔和镗不通孔的单刃镗刀,镗刀上的螺钉 1 用于调整尺寸;螺钉 2 起锁紧作用;但这种可调结构只能使镗刀单向移动,因而效率较低,适用于单件小批生产。图 7-25 所示双螺钉钢球调整镗刀为针对上述结构缺点改进后的一种调整装置,它可以实现双向调整。

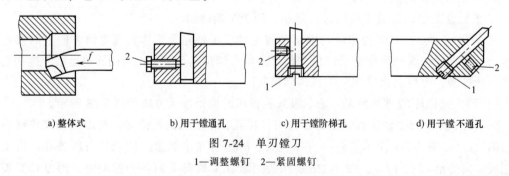

a) 整体式　　b) 用于镗通孔　　c) 用于镗阶梯孔　　d) 用于镗不通孔

图 7-24 单刃镗刀

1—调整螺钉　2—紧固螺钉

(2) 双刃镗刀 双刃镗刀的加工特点是可以消除背向力对镗杆的影响,工件孔径的尺寸精度由镗刀来保证。目前,双刃镗刀大多采用图 7-26 所示的浮动结构,镗刀片以间隙配合方式装入镗杆的方孔中,切削时靠作用于两侧切削刃上的背向力来自动平衡定位,因而能

自动补偿由刀具安装误差和镗杆径向圆跳动所产生的加工误差，加工出的孔精度可达 IT7～IT6 级，表面粗糙度为 $Ra0.4\sim1.6\mu m$。采用浮动镗刀进行加工的缺点是无法纠正孔的直线度误差和相互位置误差。

（3）多刃镗刀　在一个刀头上安排多个径向和轴向尺寸加工的镗刀称为多刃镗刀，多用于大批量生产中，特别是在加工有色金属零件时。

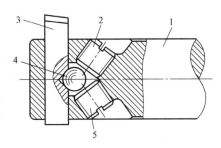

图 7-25　双螺钉钢球调整镗刀
1—刀杆　2、5—调整螺钉
3—镗刀片　4—钢球

在一个刀体或刀杆上设置两个及以上的刀头的镗刀称为复合镗刀；具有两个以上切削刃同时工作的镗刀即为多刃复合镗刀。

（4）微调镗刀　图 7-27 所示的微调镗刀在调整时，先松开拉紧螺钉 5，然后转动带刻度盘的调整螺母 3，待刀头 1 调至所需尺寸，再拧紧拉紧螺钉 5。微调镗刀的调整精度可达 0.01mm。

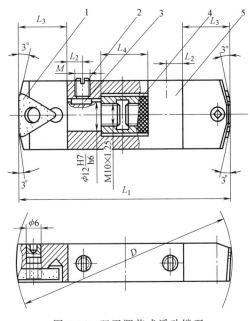

图 7-26　双刃调节式浮动镗刀
1—镗刀片　2—紧固螺钉　3—导向键
4—调整螺母　5—刀体

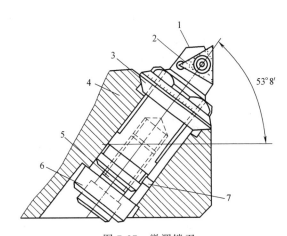

图 7-27　微调镗刀
1—刀头　2—刀片　3—调整螺母　4—镗刀杆
5—拉紧螺钉　6—垫圈　7—导向键

7.3.2　钻削

1. 钻床

主要用钻头在工件上加工孔的机床称为钻床，它以钻头的回转为主运动，钻头的轴向移动为进给运动。钻床的主要功用为钻孔和扩孔，也可以用来铰孔、攻螺纹、锪沉头孔及锪凸台端面等。

钻床分为坐标镗钻床、深孔钻床、摇臂钻床、台式钻床、立式钻床、卧式钻床、铣钻床、中心孔钻床等，其中立式钻床和摇臂钻床应用最为广泛。

（1）立式钻床　立式钻床又分圆柱立式钻床、方柱立式钻床和可调多轴立式钻床三个系列。图 7-28 所示为某方柱立式钻床的外形结构图。

如图 7-28 所示，立式钻床的主轴是垂直布置的，并且其轴线位置在水平面上是固定的。立柱 4 是机床的基础件，立柱上有垂直的导轨，主轴箱 3 和工作台 1 上有垂直的导轨槽，可沿立柱上下移动来调整位置，以适应不同高度工件加工的需要。

立式钻床的功能较简单，主轴转速和进给量的级数比较少，所以其主运动和进给运动的变速传动机构、主轴部件以及操作机构等都装在主轴箱 3 中。钻削时，主轴随同主轴套筒在主轴箱中做直线移动以实现进给运动。利用装在主轴箱上的进给操纵机构 5，可实现主轴的快速升降、手动进给，以及接通和断开机动进给。主轴回转方向的变换，靠电动机的正反转来实现。钻床的进给量用主轴每转一转时的轴向位移来表示，符号为 f，单位为 mm/r。

立式钻床工作时，工件置于工作台上；工作台在水平面内既不能移动，也不能转动，当钻头在工件上钻好一个孔后，必须移动工件的位置，才能加工第二个孔。因此，该类型钻床的生产率不高，适用于单件小批生产中的中、小型零件加工，钻孔直径一般为 $\phi16 \sim \phi80$mm。常用立式钻床的机床型号有 Z5125A、Z5132A 和 Z5140A。

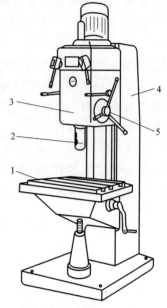

图 7-28　方柱立式钻床
1—工作台　2—主轴
3—主轴箱　4—立柱
5—进给操纵机构

在成批或大批生产中，钻削平行孔系时，为提高生产率应考虑使用可调多轴立式钻床。这种机床在加工时，全部钻头可一起转动，并同时进给，具有很高的生产率。

（2）摇臂钻床　摇臂钻床的主轴可以很方便地在水平面上调整位置，使刀具对准被加工孔的中心，而工件则可以固定不动。因此，对于体积和质量都比较大的工件，可选用摇臂钻床加工。

摇臂钻床多用于单件和中小批生产中，钻孔直径一般为 $\phi25 \sim \phi125$mm。常用的摇臂钻床型号有 Z3035B、Z3040×16、Z3063×20 等。

摇臂钻床的外形结构如图 7-29 所示。内立柱紧固在底座 1 的左边，外立柱 2 罩装于内立柱上，并可绕内立柱的轴线在水平面内 360° 转动；摇臂 3 套装在外立柱 2 上，并可沿外立柱圆柱面上下移动，以满足不同高度工件的加工需要；主轴箱 4 装在摇臂 3 上，并可沿摇臂 3 上的导轨水平移动。为

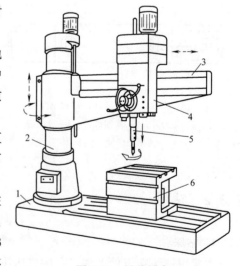

图 7-29　摇臂钻床
1—底座　2—立柱　3—摇臂　4—主轴箱　5—主轴　6—工作台

保证钻削时机床有足够的刚度和主轴箱位置的稳定,当主轴箱在空间的位置完全调整好后,机床的夹紧机构可将立柱、摇臂和主轴箱快速夹紧。

加工任意方向和任意位置的孔或孔系时,可选用万向摇臂钻床。该类机床可在空间内绕特定轴线做360°回转,机床上端装有吊环,可将工件调放在任意位置,机床的钻孔直径为$\phi25\sim\phi125mm$。

2. 麻花钻及其他孔加工刀具

孔加工用的刀具种类很多,一般可分为两大类:一类是在实体材料上加工出孔的刀具,如麻花钻、中心钻、深孔钻等;另一类是对工件上已有孔进行再加工用的刀具,如扩孔钻、锪钻、铰刀及镗刀等。

(1) 麻花钻　麻花钻是孔加工中应用最广泛的刀具,它主要用来在实体材料上钻削精度较低和表面较粗糙的孔,或用来对加工质量要求较高的孔进行预加工,有时也把它作为扩孔钻使用。麻花钻的加工精度一般在IT12左右,加工表面粗糙度为$Ra6.3\sim12.5\mu m$,钻孔直径一般为$\phi0.1\sim\phi80mm$。

按刀具材料的不同,麻花钻分为高速钢麻花钻和硬质合金麻花钻。高速钢麻花钻的种类很多,其柄部形状分为直柄和锥柄,直柄一般用于小直径钻头,锥柄一般用于大直径钻头;其钻头按长度分类有基本型和短、长、加长、超长等各种类型。

硬质合金麻花钻有整体式、镶片式和无横刃式三种,孔直径较大时还可采用可转位结构。

图7-30所示为麻花钻的结构,它由工作部分、柄部和颈部组成。

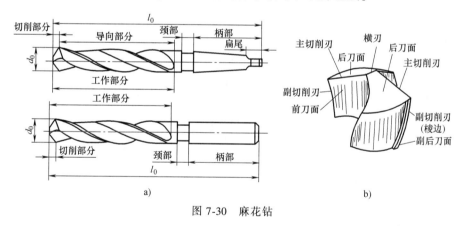

图7-30　麻花钻

1) 工作部分。麻花钻的工作部分分为切削部分和导向部分。

① 切削部分。麻花钻必须有一段实心部分,即钻心。钻心导致两条主切削刃不能直接相交于轴心处,而相互错开,使钻心形成了独立的切削刃——横刃。因此,麻花钻的切削部分有两条主切削刃、两条副切削刃和一条横刃(图7-30b)。麻花钻的钻心直径取为$(0.125\sim0.15)d_0$(d_0为钻头直径)。为了提高钻头的强度和刚度,把钻心做成正锥体,钻心尺寸从切削部分向尾部逐渐增大,每100mm长度上其增大量为1.4~2.0mm。

两条主切削刃在与它们平行的平面上投影的夹角称为锋角,如图7-31所示。标准麻花钻的锋角$2\phi=118°$,此时两条主切削刃呈直线;若磨出的锋角$2\phi>118°$,则主切削刃呈凹形;若$2\phi<118°$,则主切削刃呈凸形。

② 导向部分。导向部分在钻孔时起引导作用，也是切削部分的后备部分。

导向部分的两条螺旋槽形成钻头的前刀面，也是排屑、容屑和切削液流入的空间。螺旋槽的螺旋角 β 是指螺旋槽最外缘的螺旋线展开成直线后与钻头轴线之间的夹角，如图 7-31 所示。越靠近钻头中心，螺旋角越小。螺旋角 β 较大，可获得较大前角，因而切削轻快，易于排屑，但会削弱切削刃的强度和钻头的刚度。

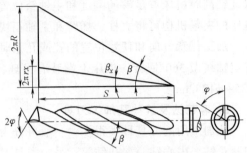

图 7-31 标准麻花钻的锋角和螺旋角

导向部分的棱边即为钻头的副切削刃，其后刀面呈狭窄的圆柱面。标准麻花钻导向部分直径由钻头向柄部方向逐渐减小，每 100mm 长度上其减小量为 0.03~0.12mm，螺旋角 β 可减小棱边与工件孔壁的摩擦，也形成了副偏角 κ_r'。

2）柄部。柄部用来装夹钻头和传递转矩。钻头直径 $d_0<12$mm 时常制成圆柱柄（直柄）；钻头直径 $d_0>12$mm 时常采用圆锥柄。

3）颈部。颈部是柄部与工作部分的连接部分，并作为磨削外径时砂轮退刀槽和打印标记处。小直径钻头不做出颈部。

(2) 其他孔加工刀具　孔的加工方法很多，因此加工孔所用的刀具种类也很多。除麻花钻和镗刀以外，孔加工刀具还有扩孔钻、锪钻、铰刀等刀具。

1）扩孔钻。扩孔钻是用于扩大孔径、提高孔质量的刀具，它可用于孔的最终加工或铰孔、磨孔前的预加工。扩孔钻的加工精度为 IT10~IT9，表面粗糙度为 $Ra3.2$~$6.3\mu m$。扩孔钻与麻花钻结构相似，如图 7-32 所示。扩孔钻的齿数比麻花钻要多，一般有 3~4 个，因而导向性好；因扩孔余量较小，所以扩孔钻无横刃，改善了切削条件；扩孔钻的容屑槽较浅，钻心较厚，因此其强度和刚度较高，加工质量和生产率也比麻花钻高。国家标准规定，高速钢扩孔钻直径为 $\phi 7.8$~$\phi 50$mm 的做成锥柄，直径为 $\phi 25$~$\phi 100$mm 的做成套式。在生产中，许多工厂也使用硬质合金扩孔钻和可转位扩孔钻。

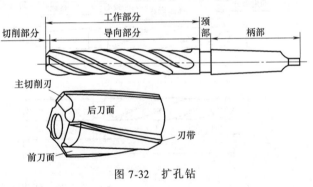

图 7-32 扩孔钻

2）锪钻。锪钻用于加工各种埋头螺钉沉孔、锥孔和凸台面等。图 7-33a 所示为带导柱平底锪钻，适用于加工圆形沉孔；它在端面和圆周上都有刀齿，前端有导柱，使沉孔和圆柱孔保持同心；导柱尽可能做成可拆卸的，以利于制造和刃磨。图 7-33b 所示为带导柱 90°锥面锪钻，适用于加工锥形沉孔。图 7-33c 所示为不带导柱锥面锪钻，它的钻尖角有 60°、90°、120°三种，用于加工中心孔或孔口倒角。图 7-33d 所示为端面锪钻，它仅在端面上有切削齿，为了减小摩擦，外圆做成锥面；工作时，以刀杆 d_1 圆柱部分来导向，以保证已加工平面和孔垂直。锪钻有高速钢锪钻、硬质合金锪钻及可转位锪钻等。在单件小批生产时，常把麻花钻改制成锪钻来使用。

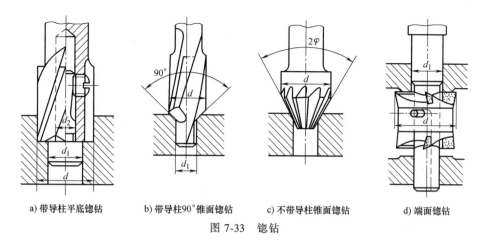

a) 带导柱平底锪钻　　b) 带导柱90°锥面锪钻　　c) 不带导柱锥面锪钻　　d) 端面锪钻

图 7-33　锪钻

3) 铰刀。铰刀用于中小直径孔的半精加工和精加工。铰刀的加工余量小，齿数较多，刚性和导向性好。铰孔的加工精度可达 IT7~IT6 级，甚至 IT5 级。表面粗糙度值可达 Ra 1.6~3.2μm，铰刀可以加工圆柱孔、圆锥孔、通孔和不通孔。

铰刀的结构如图 7-34 所示，铰刀由工作部分、颈部和柄部组成。铰刀工作部分分为切

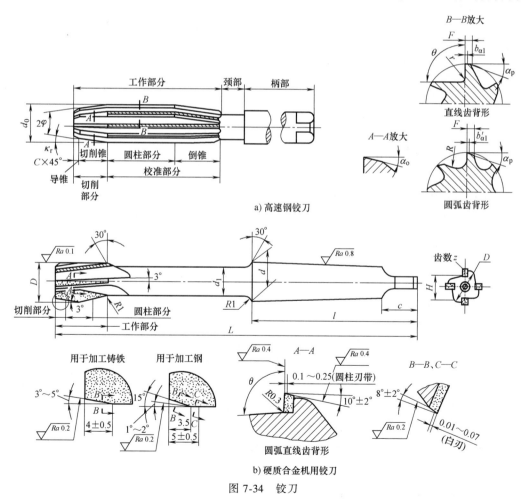

a) 高速钢铰刀

b) 硬质合金机用铰刀

图 7-34　铰刀

削部分和校准部分。切削部分由导锥和切削锥组成，机用铰刀的导锥起切削作用，手动铰刀的导锥仅起便于铰刀引入预制孔的作用；校准部分分为圆柱部分和倒锥部分，圆柱部分主要起导向、校准和修光的作用；倒锥主要起减少孔壁摩擦和防止孔径扩大的作用。颈部的作用与麻花钻颈部相同。

铰刀种类很多，按使用方式可分为手用铰刀和机用铰刀。手用铰刀分为整体式和可调式两种，前者径向尺寸不能调节，后者可以调节。机用铰刀分为带柄式和套式，分别用于直径较小和直径较大的场合；带柄式又分为直柄和锥柄两类，直柄用于小直径铰刀，锥柄用于较大直径铰刀。

铰刀按刀具材料又可分为高速钢（或合金工具钢）铰刀和硬质合金铰刀。高速钢铰刀切削部分的材料一般为 W18Cr4V 或 W6Mo5Cr4V2；硬质合金铰刀根据刀片在刀体上固定方式不同分为焊接式、镶齿式和机夹可转位式。此外，还有一些专门用途的铰刀，如用于铰削深孔的硬质合金枪铰刀和拉铰刀，用于铰削精密孔的硬质合金镗铰刀和金刚石铰刀等。

铰孔加工的主要质量问题是孔径的扩大与收缩、刀齿崩刃、孔的表面粗糙度值过大等，针对问题发生的原因，可采取以下措施提高铰孔质量。

① 孔径扩大或收缩现象的原因有多种，抑制这种现象产生的主要措施有：

a. 加工塑性材料时，避免切削速度处于产生积屑瘤的速度范围内。

b. 提高铰刀刃磨质量，减小刀齿的径向跳动。新标准铰刀出厂时，往往在外径上留有研磨量，在使用前要根据最终确定的铰刀外径进行精细研磨。

c. 严格按照刀具规定的寿命进行及时刃磨，防止由于刀具磨损超过磨钝标准而引起的工艺系统振动以及切削热猛增导致的切削温度骤升。

d. 对产生机床主轴回转误差及刀具、工件安装误差的故障、缺陷要及时排除。

e. 铰刀与机床之间采用浮动联接。

② 防止铰刀崩刃的主要措施有：

a. 根据具体加工要求和加工条件，合理确定铰削余量或修改预制孔的孔径尺寸。

b. 加工较硬的工件材料时，可采用负前角的铰刀，以增强刀齿强度。

c. 适当减少铰刀齿数，增大容屑槽容积；减小容屑槽表面粗糙度值，以减小切屑在槽中的摩擦阻力。

d. 适当增大主偏角，减小切削宽度以减小切削变形。

e. 及时刃磨刀具，提高刃磨质量。

f. 对刀具进行充分的冷却、润滑。

③ 铰孔时减小加工孔表面粗糙度值的主要措施有：

a. 合理确定孔的铰削余量，并保证预制孔有合理的加工精度和表面质量。

b. 选择合理的切削速度和进给量。铰削钢材时，一般取 $v_c = 1.5 \sim 5 \text{m/min}$，$f = 0.3 \sim 2 \text{mm/r}$；铰削铸铁时，一般取 $v_c = 8 \sim 10 \text{m/min}$，$f = 0.5 \sim 3 \text{mm/r}$。

c. 按刀具规定的寿命进行及时刃磨，并确保刃磨质量，尽量避免出现刀齿的振摆。

d. 改善刀具的排屑条件，必要时可选择或设计齿数较少的铰刀。

e. 消除使机床主轴产生回转误差的各种因素，确保机床工作平稳。

f. 正确使用切削液。选择切削液的依据主要是工件材料，铰削一般钢料时，大多使用乳化油和硫化油，铰削铸铁时用煤油。

4）复合孔加工刀具。复合孔加工刀具是由两把以上同类或不同类孔加工刀具组合而成的刀具。它的优点是生产率高，能保证各加工表面间相互位置精度，可以集中工序，减少机床台数。但复合刀具切削时的切削力大，刀具制造、重磨和调整较困难。

复合孔加工刀具按加工工艺类型可分为同类工艺复合孔加工刀具、不同类工艺复合孔加工刀具，分别如图7-35和图7-36所示。

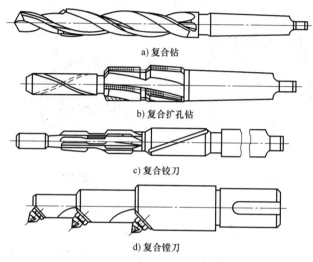

a) 复合钻

b) 复合扩孔钻

c) 复合铰刀

d) 复合镗刀

图 7-35　同类工艺复合孔加工刀具

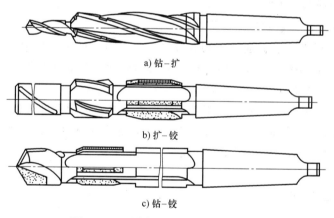

a) 钻-扩

b) 扩-铰

c) 钻-铰

图 7-36　不同类工艺复合孔加工刀具

对于进行先后切削的复合刀具，例如钻-扩-攻螺纹复合刀具，在切削时应依次相应地改变进给量，以适应各单刀的加工需要。最大直径刀具的切削速度最高，磨损最快，故应按最大直径刀具来确定切削速度。各单刀进行不同加工工艺时，需兼顾不同工艺特点，例如采用钻-铰复合刀具加工时，切削速度应低于正常的钻削速度，高于正常的铰削速度。

5）群钻。群钻在1953年由我国倪志福同志创造，经多年实践，已形成一系列先进钻型。基本型群钻的几何参数如图7-37所示。

群钻共有七条主切削刃，外形上呈现出三个尖；外缘处磨出较大顶角，形成外直刃，中

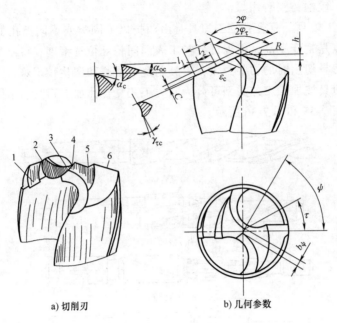

图 7-37　基本型群钻的几何参数
1—分屑槽　2—月牙槽　3—横刃　4—内直刃　5—圆弧刃　6—外直刃

段磨出内凹圆弧刃，钻心修磨横刃形成内直刃；直径较大的钻头在一侧外刃上再开一条或两条分屑槽。因此，群钻的刃形特点可概括为"三尖七刃锐当先，月牙弧槽分两边，一侧外刃开屑槽，横刃磨低窄又尖"。

与普通钻头相比，群钻的优点如下：

① 群钻的横刃长度只有普通钻头的五分之一，主刃上前角平均值增大，进给抗力下降35%~50%，转矩下降10%~30%，因此群钻的进给量比普通钻头提高了约3倍，钻孔效率大大提高，而寿命也提高了2~3倍。

② 群钻的定心作用好，故加工后工件的几何误差与表面粗糙度值也较小。

③ 群钻加工的适应性强，在加工铜、铝、有机玻璃等材料时，或加工薄板、斜面、扩孔时，通过选用不同的钻型均可改善钻孔质量，取得满意效果。

7.3.3　孔系加工方法

有相互位置精度要求的一系列孔称为孔系。孔系可分为平行孔系、同轴孔系和交叉孔系。孔系加工是箱体零件加工的关键，根据生产规模和孔系的精度要求不同，孔系加工可采用不同的加工方法。

1. 平行孔系加工

平行孔系的技术要求是保证各平行孔轴线之间，以及轴线与基面之间的尺寸精度和位置精度。孔系加工中保证孔距精度的三种方法如下：

（1）找正法　找正法是在机床上利用辅助工具找正所要加工孔的正确位置的加工方法。找正法的效率低，一般只适用于单件小批生产。

1) 划线找正法。根据图样要求在毛坯或半成品上划出界线作为加工依据,然后按线找正的方法称为划线找正法。划线找正法误差较大,加工精度低,孔距精度一般为 0.3~0.5mm。为了提高加工精度,可将划线找正法与试切法相结合,即先镗出一个孔(达到图样要求),然后将机床主轴调整到第二个孔的中心位置处,镗出一段比图样直径尺寸小的孔,测量两孔的实际中心距,根据与图样要求中心距的差值调整主轴位置,再试切、调整,经过几次试切达到图样要求后,即可将第二孔镗至规定尺寸,这种加工方法可使被加工孔的孔距精度达到 0.08~0.25mm。

2) 量块心轴找正法。图 7-38 所示为量块心轴找正法。找正时,将精密心轴插入主轴孔内(或直接利用镗床主轴),然后根据孔和定位基面的距离用量块、塞尺校正主轴位置,镗第一排孔。镗第二排孔时,分别在第一排孔和主轴孔内插入心轴,然后采用同样的方法确定镗第二排孔时的主轴位置。采用这种加工方法,孔距精度可达 0.03~0.05mm。

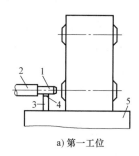 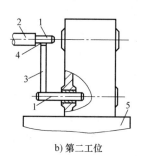

a) 第一工位　　　　　　b) 第二工位

图 7-38　量块心轴找正法
1—心轴　2—镗床主轴　3—块规　4—塞尺　5—镗床工作台

3) 样板找正法。样板找正法如图 7-39 所示,即按工件上孔距尺寸的平均值,在 10~20mm 厚的钢板上加工出位置精度很高(±0.01~±0.03mm)的相应孔系作内样板的找正方法。样板上的孔应有较高的形状精度和较小的表面粗糙度,其孔径比被加工孔径大,以便镗杆通过。找正时,将样板装在垂直于各孔轴线的端面上;在机床主轴上装一块千分表,按样板找正主轴位置,找正后即可换上镗刀。

此方法找正方便,经济性好。一般样板的成本仅为镗模成本的 1/9~1/7,孔距精度可达±0.05mm,在单件小批生产中加工较大箱体使用镗模不经济时常用此法。

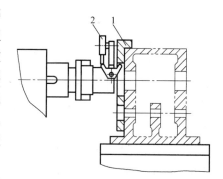

图 7-39　样板找正法
1—样板　2—千分表

(2) 镗模法　镗模法是用镗模板上的孔系保证工件上孔系位置精度的一种方法,如图 7-40 所示。工件装在带有镗模板的夹具内,镗杆支承在镗模板的支架导向套里。当用两个或两个以上的支架来引导镗杆时,镗杆与机床主轴浮动联接,这时机床精度对加工精度影响很小,孔距精度主要取决于镗模的精度,因而可以在精度较低的机床上加工出精度较高的孔系,孔距精度一般可达±0.05mm。

用镗模法加工孔系,可节省调整、找正的辅助时间,并可采用高效率的定位、夹紧装置，生产率高，广泛应用于成批大量生产中。

由于镗模自身存在制造误差，且导套与镗杆之间存在间隙与磨损，所以孔系的加工精度不可能很高。因此，镗模法加工出孔的公差等级为IT7级，从一端加工时轴线的同轴度和平行度公差可达0.02～0.03mm，从两端加工时可达0.04～0.05mm。

另外，镗模存在制造周期长、成本较高、镗孔切削速度受一定限制、加工过程中观察和测量都不方便等缺点。

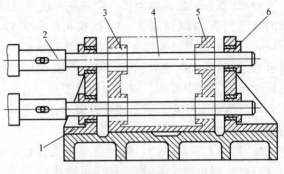

图7-40 用镗模加工孔系
1—镗架支承 2—镗床主轴 3—镗模 4—镗杆 5—工件 6—导套

（3）坐标法 坐标法是在普通卧式镗床、坐标镗床或数控镗铣床等设备上，借助于测量装置，调整机床主轴与工件在水平和垂直方向上的相对位置，来保证孔距精度的一种镗孔方法。坐标法镗孔的孔距精度主要取决于坐标的移动精度。

采用坐标法加工孔系时，坐标尺寸的累计误差会影响孔距精度，因此要特别注意选择原始孔和镗孔顺序。应把有孔距精度要求的两孔紧紧地连在一起加工，以减少坐标尺寸的累计误差对孔距精度的影响；原始孔应位于箱体的一侧，这样依次加工各孔时，工作台朝一个方向移动，可避免工作台往复移动因间隙造成的误差；原始孔应尽量选择本身尺寸精度高、表面粗糙度值小的孔，这样在加工过程中，便于校验其坐标尺寸。

2. 同轴孔系加工

在成批和大批生产中，箱体的同轴度一般由镗模保证。在单件小批生产中，其同轴度通过以下三种方法来保证。

（1）利用已加工孔作支承导向 如图7-41所示，当箱体前壁上的孔径加工好后，在孔内装一导向套，通过导向套支承镗杆加工后壁上的孔。此法对于加工箱壁距离较近的同轴孔比较合适，但需配制一些专用的导向套。

（2）利用镗床后立柱上的导向支承孔镗孔 这种加工方法中，镗杆为两端支承，刚性好。但此法调整费力，镗杆较长，故只适用于大型箱体的加工。

（3）采用调头镗 当箱壁相距较远时，可采用调头镗法。在一次装夹下，镗好工件一端的孔后，将镗床工作台回转180°，再镗另一端的孔。但由于普通镗床的回转精度不高，该方法的加工精度也不高。

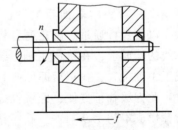

图7-41 利用已加工孔作支承导向

图7-42所示为调头镗的一个实例。当箱体上有一个较长并与镗孔轴线有平行度要求的平面时，镗孔前应先用装在镗杆上的百分表对此平面进行校正，使其和镗孔轴线平行；校正后加工孔B，加工完成后回转工作台，并用镗杆上的百分表沿此平面重新校正，这样就可保证工作台准确地回转180°；然后再加工孔A，从而保证A、B两孔同轴。

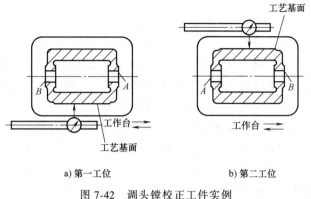

a) 第一工位　　　　　　　　　b) 第二工位

图 7-42　调头镗校正工件实例

7.4　典型箱体类零件加工工艺分析

7.4.1　箱体类零件加工工艺分析

1. 主要表面加工方法的选择

箱体的主要表面有平面和轴承支承孔。主要平面的加工，对于中、小型箱体，一般在牛头刨床或普通铣床上进行；对于大型箱体，一般在龙门刨床或龙门铣床上进行。刨削的刀具结构简单，机床成本低、调整方便，但生产率低。在大批、大量生产时，多采用铣削。当生产批量大且精度要求又较高时，可采用磨削。单件小批生产精度较高的平面时，除一些高精度的箱体仍需手工刮研外，一般采用宽刃精刨。当生产批量较大，或为保证平面间的相互位置精度时，可采用组合铣削和组合磨削，如图 7-43 所示。

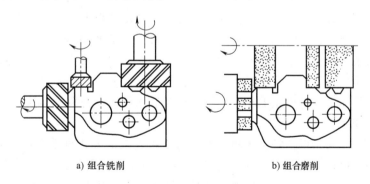

a) 组合铣削　　　　　　　　　b) 组合磨削

图 7-43　箱体平面的组合铣削与磨削

加工箱体支承孔，对于直径小于 50mm 的孔，一般不铸出，可采用"钻-扩（或半精镗）-铰（或精镗）"的方案；对于已铸出的孔，可采用"粗镗-半精镗-精镗（用浮动镗刀片）"的方案。由于主轴轴承孔精度和表面质量要求比其余轴孔高，所以，在精镗后，还要用浮动镗刀片进行精细镗。对于箱体上的高精度孔，最后精加工工序也可采用珩磨、滚压等工艺方法。

2. 工艺过程的拟订原则

（1）先面后孔的加工顺序　箱体主要由平面和孔组成，均为主要表面。先加工平面，后加工孔，是箱体加工的一般规律。这是因为主要平面是箱体装配到机器上的基准，先加工主要平面后加工支承孔，可使定位基准与设计基准和装配基准重合，从而消除因基准不重合而引起的误差。另外，应先以孔为粗基准加工平面，再以平面为精基准加工孔，这样可为孔的加工提供稳定可靠的定位基准，并且加工平面时切去了铸件的硬皮和凹凸不平层，对后续孔的加工有利，可减少钻头引偏和崩刃现象，对刀调整也比较方便。

（2）粗、精加工分阶段进行　粗、精加工分开设置的原则：对于刚性差、批量较大、要求精度较高的箱体，一般要将粗、精加工分开进行，即在主要平面和各支承孔的粗加工之后再进行主要平面和各支承孔的精加工。这样，可以消除粗加工时内应力、切削力、切削热、夹紧力对加工精度的影响，并且有利于合理地选用设备。

粗、精加工分开进行，会使机床、夹具的数量及工件安装次数增加，从而使成本提高，所以对单件小批生产、精度要求不高的箱体，常常将粗、精加工合并在一道工序进行，但必须采取相应措施，以减少加工过程中的变形。例如，粗加工后松开工件，让工件充分冷却，然后以较小的夹紧力和较小的切削用量，多次走刀进行精加工。

（3）合理地安排热处理工序　为了消除铸造后铸件中的内应力，在毛坯铸造后应安排一次人工时效处理，有时甚至在半精加工之后还要安排一次时效处理，以便消除残留的铸造内应力和切削加工时产生的内应力。对于特别精密的箱体，在机械加工过程中还应安排较长时间的自然时效（如坐标镗床主轴箱箱体的加工）。箱体人工时效的方法，除加热保温外，也可采用振动时效。

3. 定位基准的选择

（1）粗基准的选择　在选择粗基准时，通常应满足以下几点要求：第一，在保证各加工面均有余量的前提下，应使重要孔的加工余量均匀，孔壁的厚薄尽量均匀，其余部位均有适当的壁厚；第二，装入箱体内的回转零件（如齿轮、轴套等）应与箱壁有足够的间隙；第三，注意保持箱体必要的外形尺寸。此外，还应保证定位稳定，夹紧可靠。

为了满足上述要求，通常选用箱体重要孔的毛坯孔作为粗基准。由于铸造箱体毛坯时，形成主轴孔、其他支承孔及箱体内壁的型芯是装成一个整体放入的，它们之间有较高的相互位置精度，因此不仅可以较好地保证轴孔和其他支承孔的加工余量均匀，而且还能较好地保证各孔的轴线与箱体不加工内壁的相互位置，避免装入箱体内的齿轮、轴套等回转零件在运转时与箱体内壁相碰。

根据生产类型不同，以主轴孔为粗基准进行工件安装的方式也不一样。大批量生产时，由于毛坯精度高，可以直接用箱体上的重要孔在专用夹具上定位，工件安装迅速，生产率高。在单件、小批及中批生产时，一般毛坯精度较低，按上述办法选择粗基准，往往会造成箱体外形偏斜，甚至局部加工余量不够，因此通常采用划线找正的方法进行第一道工序的加工，即以主轴孔及其中心线为粗基准对毛坯进行划线和检查，必要时予以纠正，纠正后孔的余量应足够，但不一定均匀。

（2）精基准的选择　为了保证箱体零件孔与孔、孔与平面、平面与平面之间的相互位置精度和距离尺寸精度，箱体类零件精基准的选择常用以下两种原则。

1）一面两孔（基准统一原则）。在多数工序中，箱体利用底面（或顶面）及其上的两孔作定位基准,加工其他的平面和孔系,以避免基准转换引起的累积误差。

2) 三面定位(基准重合原则)。箱体的装配基准一般为平面,而它们又往往是箱体上其他要素的设计基准,因此以这些装配基准平面作为定位基准,避免了基准不重合误差,有利于提高箱体各主要表面的相互位置精度。

这两种定位方式各有优缺点,应根据实际生产条件合理确定。在中、小批量生产时,尽可能使定位基准与设计基准重合,以设计基准作为统一的定位基准;而大批量生产时,优先考虑的是稳定加工质量和提高生产率,由此产生的基准不重合误差可通过工艺措施解决,如提高工件定位面精度和夹具精度等。

另外,箱体中间孔壁上有精度要求较高的孔需要加工时,需要在箱体内部相应的地方设置镗杆导向支承架,以提高镗杆刚度;因此,可根据工艺的需要,在箱体底面开一矩形窗口,使中间导向支承架伸入箱体;产品装配时,在窗口上加密封垫片和盖板,并用螺钉紧固。这种结构形式已被广泛认可和采纳。

若箱体结构不允许在底面开窗口,而又必须在箱体内设置导向支承架,中间导向支承需用吊架装置悬挂在箱体上方,如图 7-44 所示。但吊架刚度差、安装误差大,影响孔系精度;且吊装困难,影响生产率。

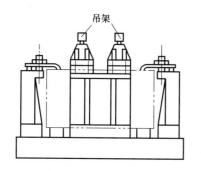
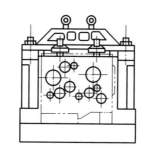
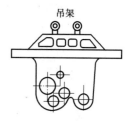

图 7-44 吊架式镗模夹具

7.4.2 主轴箱加工工艺过程

对应图 7-1 所示某车床主轴箱加工图样,表 7-5 列出该主轴箱小批量生产的工艺过程,表 7-6 列出该主轴箱大批量生产的工艺过程。

表 7-5 主轴箱小批量生产工艺过程

工序	工序内容	定位基准
10	铸造	
20	时效	
30	油漆	
40	划线。考虑主轴孔有加工余量,并尽量均匀,在面 C、A 及面 E、D 划加工线	
50	粗、精加工顶面 A	按线找正
60	粗、精加工导轨面 B、C 及侧面 D	导轨面 B、C

(续)

工序	工序内容	定位基准
70	粗、精加工两端面 E、F	导轨面 B、C
80	粗、半精加工各纵向孔	导轨面 B、C
90	精加工各纵向孔	导轨面 B、C
100	粗、精加工横向孔	导轨面 B、C
110	加工螺纹孔及各次要孔	
120	清洗、去毛刺	
130	检验	

表 7-6 主轴箱大批量生产工艺过程

工序	工序内容	定位基准
10	铸造	
20	时效	
30	油漆	
40	铣顶面 A	孔Ⅰ与孔Ⅱ
50	钻、扩、铰 2×φ8H7 工艺孔	顶面 A 及外形
60	铣两端面 E、F 及前端面 D	顶面 A 及两工艺孔
70	铣导轨面 B、C	顶面 A 及两工艺孔
80	磨顶面 A	导轨面 B、C
90	粗镗各纵向孔	顶面 A 及两工艺孔
100	精镗各纵向孔	顶面 A 及两工艺孔
110	精镗主轴孔Ⅰ	顶面 A 及两工艺孔
120	加工横向孔及各面上的次要孔	顶面 A 及两工艺孔
130	磨导轨面 B、C 及前端面 D	顶面 A 及两工艺孔
140	将 2×φ8H7 及 4×φ7.8mm 孔均扩钻至 φ8.5mm,攻螺纹 6×M10	
150	清洗、去毛刺、倒角	
160	检验	

7.4.3 分离式减速箱体加工工艺过程及分析

对于一般减速箱,为了制造与装配方便,常做成可分离式,如图 7-2 所示。

1. 分离式箱体的主要技术要求

1) 对合面对底座的平行度误差不超过 0.5mm/1000mm。

2) 对合面的表面粗糙度值小于 $Ra1.6\mu m$,两对合面的接合间隙不超过 0.03mm。

3) 轴承支承孔轴线必须在对合面上,误差不超过 ±0.2mm。

4) 轴承支承孔的尺寸公差为 H7,表面粗糙度值小于 $Ra1.6\mu m$,圆柱度误差不超过孔径公差的一半,孔距精度误差为 $\pm(0.045 \sim 0.08)$mm。

2. 分离式箱体的工艺特点分析

分离式减速箱的工艺过程见表 7-7~表 7-9。

表 7-7 箱盖加工工艺过程

工序	工序内容	定位基准
10	铸造	
20	时效	
30	涂底漆	
40	粗刨对合面	凸缘面 A
50	刨顶面	对合面
60	磨对合面	顶面
70	钻对合面联接孔	对合面、凸缘轮廓
80	钻顶面螺纹底孔、攻螺纹	对合面两孔
90	检验	

表 7-8 底座加工工艺过程

工序	工序内容	定位基准
10	铸造	
20	时效	
30	涂底漆	
40	粗刨对合面	凸缘面 B
50	刨底面	对合面
60	钻底面 4 孔、锪沉孔、铰两个工艺孔	对合面、端面、侧面
70	钻侧面测油孔、放油孔、螺纹底孔、锪沉孔、攻螺纹	底面、对合面两孔
80	磨对合面	底面
90	检验	

表 7-9 减速箱装配体加工工艺过程

工序	工序内容	定位基准
10	将箱盖与底座对准夹紧、配钻、铰两定位销孔,打入锥销,根据箱盖配钻底座、对合面的联接孔,锪沉孔	
20	拆开箱盖与底座,修毛刺、重新装配箱体,打入锥销,拧紧螺栓	
30	铣两端面	底面及两孔
40	粗镗轴承支承孔,加工孔内槽	底面及两孔
50	精镗轴承支承孔,加工孔内槽	底面及两孔
60	去毛刺、清洗、打标记	
70	检验	

由表 7-7~表 7-9 可知,分离式箱体虽然遵循一般箱体的加工原则,但是由于结构上的可分离性,在工艺路线的拟订和定位基准的选择方面均有一些特点。

(1) 工艺路线 分离式箱体工艺路线与整体式箱体工艺路线的主要区别在于，分离式箱体的整个加工过程分为两个大的阶段。第一阶段先对箱盖和底座分别进行加工，主要完成对合面及其他平面、紧固孔和定位孔的加工，为箱体的合装做准备；第二阶段在合装好的箱体上加工孔及其端面。在两个阶段之间安排钳工工序，将箱盖和底座合装成箱体，并用两销定位，使其保持一定的位置关系，以保证轴承孔的加工精度和拆装后的重复精度。

(2) 定位基准

1) 粗基准的选择。分离式箱体最先加工的是箱盖和底座的对合面。分离式箱体一般不能以轴承孔的毛坯面作为粗基准，而是以凸缘不加工面为粗基准，即箱盖以凸缘面 A、底座以凸缘面 B 为粗基准。这样可以保证对合面凸缘厚薄均匀，减少箱体合装时对合面的变形。

2) 精基准的选择。分离式箱体的对合面与底面（装配基面）有一定的尺寸精度和相互位置精度要求；轴承孔轴线应在对合面上，与底面也有一定的尺寸精度和相互位置精度要求。为了保证以上几项要求，加工底座的对合面时，应以底面为精基准，使对合面加工时的定位基准与设计基准重合；箱体合装后加工轴承孔时，仍以底面为主要定位基准，并与底面上的两定位孔组成典型的"一面两孔"定位方式。这样，轴承孔加工的定位基准既符合"基准统一"原则，也符合"基准重合"原则，有利于保证轴承孔轴线与对合面的重合度，及与装配基面的尺寸精度和平行度要求。

7.4.4 液压缸的结构特点及工艺分析

套筒类零件的加工工艺根据其功用、结构形状、材料、热处理以及尺寸大小的不同而异。根据结构形状，套筒类零件可以分为短套筒和长套筒两大类，它们在加工中的装夹方法和加工方法都有很大的差别，下面以典型的液压缸（长套筒零件）为例介绍套筒类零件加工工艺规程制订的特点。

液压缸的材料一般有铸铁和无缝钢管两种，图7-45所示为无缝钢管液压缸。为保证活

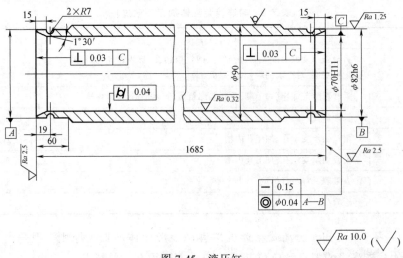

图 7-45 液压缸

塞在液压缸内移动顺利,对该液压缸内孔有圆柱度要求,对内孔轴线有直线度要求,内孔轴线与两端面间有垂直度要求,内孔轴线对两端支承外圆(ϕ82h6)的轴线有同轴度要求。除此之外,还特别要求内孔必须光洁无纵向刻痕。若材料为铸铁,则要求其组织紧密,不得有砂眼、针孔及疏松组织。液压缸的加工工艺过程见表7-10。

表7-10 液压缸加工工艺过程

工序	工序名称	工序内容	定位与夹紧
1	配料	无缝钢管切断	
2	车	车ϕ82mm外圆至ϕ88mm,车M88×1.5mm螺纹(工艺用)	三爪卡盘夹一端,大头顶尖顶另一端
		车端面及倒角	三爪卡盘夹一端,搭中心架托ϕ88mm处
		调头车ϕ82mm外圆至ϕ84mm	三爪卡盘夹一端,大头顶尖顶另一端
		车端面及倒角,取总长为1686mm(留加工余量为1mm)	三爪卡盘夹一端,搭中心架托ϕ84mm处
3	深孔推镗	半精推镗孔至ϕ68mm	一端由M88×1.5mm螺纹固定在夹具中,另一端搭中心架
		精推镗孔至ϕ69.85mm	
		精铰(浮动镗刀镗孔)至ϕ70±0.02mm,表面粗糙度值为Ra2.5μm	
4	滚压孔	用滚压头滚压孔至$\phi 70^{+0.22}_{0}$mm,表面粗糙度值为Ra0.32μm	一端由螺纹固定在夹具中,另一端搭中心架
5	车	车去工艺螺纹,车ϕ82h6至尺寸,加工R7槽	软爪夹一端,以孔定位顶另一端
		镗内锥孔1°30′及车端面	软爪夹一端,搭中心架托另一端(百分表找正孔)
		调头,车ϕ82h6至尺寸,加工R7槽	软爪夹一端,顶另一端
		镗内锥孔1°30′及车端面	软爪夹一端,顶另一端

7.4.5 套筒类零件加工的主要工艺问题

套筒类零件在机械加工中的主要工艺问题是:保证内、外圆的相互位置精度,即保证内、外圆表面的同轴度以及轴线与端面的垂直度要求);防止变形。

1. 保证相互位置精度

要保证内、外圆表面间的同轴度以及轴线与端面的垂直度要求,通常采用下列三种工艺方案:

1)在一次安装中加工内、外圆表面与端面。这种工艺方案消除了安装误差对加工精度的影响,因而能保证较高的相互位置精度。在这种情况下,影响零件内、外圆表面间同轴度,以及孔轴线与端面垂直度的主要因素是机床精度。该工艺方案一般用于零件结构允许在一次安装中加工出全部有位置精度要求表面的场合。

2)全部加工分在多次安装中进行,先加工孔,然后以孔为定位基准加工外圆表面。由于孔精加工常采用拉孔、滚压孔等工艺方案,用这种工艺方案加工套筒,生产效较高,同时可以解决镗孔和磨孔时因镗杆、砂轮杆刚性差而引起的加工误差。当以孔为基准加工套筒的外圆表面时,常用刚度较好的小锥度心轴安装工件;小锥度心轴结构简单、易于制造,心轴用两顶尖安装,其安装误差很小,因此可获得较高的位置精度。

3) 全部加工分在多次安装中进行,先加工外圆,然后以外圆表面为定位基准加工内孔。这种工艺方案,若用一般三爪自定心卡盘夹紧工件,卡盘的偏心误差较大会降低工件的同轴度;所以需要采用定心精度较高的夹具,以保证工件获得较高的同轴度精度。较长的套筒多采用这种加工方案。

2. 防止变形的方法

薄壁套筒在加工过程中,往往由于夹紧力、切削力和切削热的影响而发生变形,致使加工精度降低;需要热处理的薄壁套筒,如果热处理工序安排不当,也会造成不可校正的变形。防止薄壁套筒的变形,可以采取以下措施:

(1) 减小夹紧力对变形的影响

1) 夹紧力不宜集中于工件的某一部分,应使其分布在较大的面积上,以使工件单位面积上所受的压力较小,从而减小变形。例如,工件外圆用卡盘夹紧时,可以采用软卡爪来增加卡爪的宽度和长度。图 7-46 所示用开缝套筒装夹薄壁工件,由于开缝套筒与工件接触面大,夹紧力均匀分布在工件外圆上,工件不易产生变形。当薄壁套筒以孔为定位基准时,宜采用胀开式心轴。

2) 采用轴向夹紧工件的夹具。由于工件靠螺母端面沿轴向夹紧,故其夹紧力引起的径向变形极小。

3) 在工件上做出增强刚度的辅助凸边,加工时采用特殊结构的卡爪夹紧,如图 7-47 所示。当加工结束,再将凸边切去。

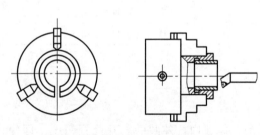

图 7-46 用开缝套筒装夹薄壁工件

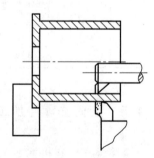

图 7-47 辅助凸边

(2) 减小切削力对变形的影响

1) 减小径向力,通常可借助增大刀具的主偏角来实现。
2) 内、外表面同时加工,使径向切削力相互抵消。
3) 粗、精加工分开进行,使粗加工产生的变形在精加工中能得到纠正。

(3) 减小热变形引起的误差　工件在加工过程中受切削热后会膨胀变形,从而影响工件的加工精度。为了减小热变形对加工精度的影响,应在粗、精加工之间留有充分的冷却时间,并在加工时注入足够的切削液。

本 章 小 结

选择合适的平面加工方法和工艺装备是机械加工工艺的重要内容之一,本章通过介绍典型的箱体类和套筒类零件加工工艺制订阐明上述内容。本章主要内容包括：常用平面加工方法及平面精密加工方法；常用铣削刀具的结构和选用；孔系加工方法，重点是镗削与钻削加工方法；对典型箱体类零件的结构和加工工艺特点进行分析；受篇幅限制，简要介绍套筒类零件加工的主要工艺问题，以及典型套筒类零件液压缸的结构特点和加工工艺。

复习思考题

7-1 孔加工方法有哪些？哪些方法适用于粗加工？哪些方法适用于精加工？

7-2 钻孔、扩孔和铰孔的刀具结构、加工质量和工艺特点有何不同？钻、扩、铰工艺可在哪些机床上进行？

7-3 加工薄壁套筒零件时，工艺上采取哪些措施可防止受力变形？

7-4 箱体类零件的结构特点及主要技术要求有哪些？这些要求对保证箱体零件在机器中的作用和机器性能有哪些影响？

7-5 什么是顺铣和逆铣？各有什么特点？应用于何种条件下？

7-6 镗模导向装置的布置方式有哪些？各有何特点？

在卧式镗床上加工箱体上的孔，可采用图示的五种方案：a) 工件进给；b) 镗杆进给；c) 工件进给，镗杆加后支承；d) 镗杆进给并加后支承；e) 采用镗模夹具，工件进给。若只考虑镗杆受切削力变形的影响，试分析各种方案加工后箱体孔的加工误差。

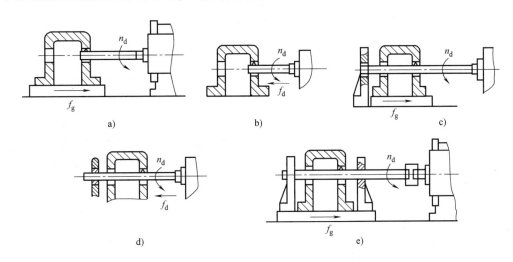

题 7-6 图

7-7 箱体类零件加工顺序安排应遵循哪些基本原则？为什么？

7-8 箱体类零件加工的粗基准选择主要考虑哪些要素？生产批量不同时，工件的安装方式有何不同？

7-9 试举例比较选择精基准时，"一面两孔"和"三面定位"两种定位方案的优缺点和适用场合。

7-10 标注图示铣床夹具简图中影响加工精度的三类尺寸。

7-11 题图 a 所示为钻孔工序简图，题图 b 所示为钻夹具简图，在夹具简图中标出影响加工精度的三类尺寸及其极限偏差。

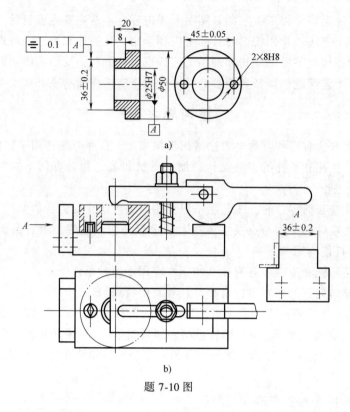

题 7-10 图

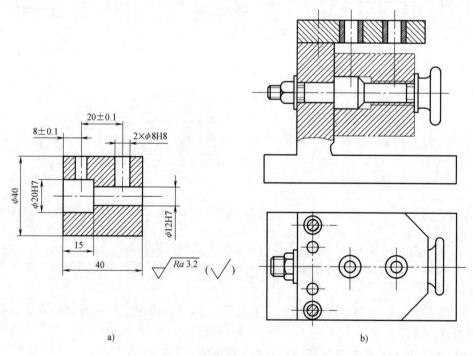

题 7-11 图

附录

常用金属切削机床类别和组、系划分

类	组	系	机床名称	主参数折算系数	主参数
车床	1	1	单轴纵切自动车床	1	最大棒料直径
	1	2	单轴横切自动车床	1	最大棒料直径
	1	3	单轴转塔自动车床	1	最大棒料直径
	2	1	多轴棒料自动车床	1	最大棒料直径
	2	2	多轴卡盘自动车床	1/10	卡盘直径
	2	6	立式多轴半自动车床	1/10	最大车削直径
	3	0	回轮车床	1	最大棒料直径
	3	1	滑鞍转塔车床	1/10	卡盘直径
	3	3	滑枕转塔车床	1/10	卡盘直径
	4	1	曲轴车床	1/10	最大工件回转直径
	4	6	凸轮轴车床	1/10	最大工件回转直径
	5	1	单柱立式车床	1/100	最大车削直径
	5	2	双柱立式车床	1/100	最大车削直径
	6	0	落地车床	1/100	最大工件回转直径
	6	1	卧式车床	1/10	床身上最大回转直径
	6	2	马鞍车床	1/10	床身上最大回转直径
	6	4	卡盘车床	1/10	床身上最大回转直径
	6	5	球面车床	1/10	刀架上最大回转直径
	7	1	仿形车床	1/10	刀架上最大车削直径
	7	5	多刀车床	1/10	刀架上最大车削直径
	7	6	卡盘多刀车床	1/10	刀架上最大车削直径
	8	4	轧辊车床	1/10	最大工件直径
	8	9	铲齿车床	1/10	最大工件直径
钻床	1	3	立式坐标镗钻床	1/10	工作台面宽度
	2	1	深孔钻床	1/10	最大钻孔直径
	3	0	摇臂钻床	1	最大钻孔直径
	3	1	万向摇臂钻床	1	最大钻孔直径
	4	0	台式钻床	1	最大钻孔直径
	5	0	圆柱立式钻床	1	最大钻孔直径

（续）

类	组	系	机床名称	主参数折算系数	主参数
钻床	5	1	方柱立式钻床	1	最大钻孔直径
	5	2	可调多轴立式钻床	1	最大钻孔直径
	8	1	中心孔钻床	1/10	最大工件直径
	8	2	平端面中心孔钻床	1/10	最大工件直径
镗床	4	1	立式单柱坐标镗床	1/10	工作台面宽度
	4	2	立式双柱坐标镗床	1/10	工作台面宽度
	4	6	卧式坐标镗床	1/10	工作台面宽度
	6	1	卧式镗床	1/10	镗轴直径
	6	2	落地镗床	1/10	镗轴直径
	6	9	落地铣镗床	1/10	镗轴直径
	7	0	单面卧式精镗床	1/10	工作台面宽度
	7	1	双面卧式精镗床	1/10	工作台面宽度
	7	2	立式精镗床	1/10	最大镗孔直径
磨床	0	4	抛光机		
	0	6	刀具磨床		
	1	0	无心外圆磨床	1	最大磨削直径
	1	3	外圆磨床	1/10	最大磨削直径
	1	4	万能外圆磨床	1/10	最大磨削直径
	1	5	宽砂轮外圆磨床	1/10	最大磨削直径
	1	6	端面外圆磨床	1/10	最大回转直径
	2	1	内圆磨床	1/10	最大磨削直径
	2	5	立式行星内圆磨床	1/10	最大磨削直径
	3	0	落地砂轮机	1/10	最大砂轮直径
	5	0	落地导轨磨床	1/100	最大磨削宽度
	5	2	龙门导轨磨床	1/100	最大磨削宽度
	6	0	万能工具磨床	1/10	最大回转直径
	6	3	钻头刃磨床	1	最大刃磨钻头直径
	7	1	卧轴矩台平面磨床	1/10	工作台面宽度
	7	3	卧轴圆台平面磨床	1/10	工作台面直径
	7	4	立轴圆台平面磨床	1/10	工作台面直径
	8	2	曲轴磨床	1/10	最大回转直径
	8	3	凸轮轴磨床	1/10	最大回转直径
	8	6	花键轴磨床	1/10	最大磨削直径
	9	0	曲线磨床	1/10	最大磨削长度

（续）

类	组	系	机床名称	主参数折算系数	主参数
齿轮加工机床	2	0	弧齿锥齿轮磨齿机	1/10	最大工件直径
	2	2	弧齿锥齿轮铣齿机	1/10	最大工件直径
	2	3	直齿锥齿轮刨齿机	1/10	最大工件直径
	3	1	滚齿机	1/10	最大工件直径
	3	6	卧式滚齿机	1/10	最大工件直径
	4	2	剃齿机	1/10	最大工件直径
	4	6	珩齿机	1/10	最大工件直径
	5	1	插齿机	1/10	最大工件直径
	6	0	花键轴铣床	1/10	最大铣削直径
	7	0	碟形砂轮磨齿机	1/10	最大工件直径
	7	1	锥形砂轮磨齿机	1/10	最大工件直径
	7	2	蜗杆砂轮磨齿机	1/10	最大工件直径
	8	0	车齿机	1/10	最大工件直径
	9	3	齿轮倒角机	1/10	最大工件直径
	9	9	齿轮噪声检查机	1/10	最大工件直径
铣床	2	0	龙门铣床	1/100	工作台面宽度
	3	0	圆台铣床	1/100	工作台面宽度
	4	3	平面仿形铣床	1/10	最大铣削宽度
	4	4	立体仿形铣床	1/10	最大铣削宽度
	5	0	立式升降台铣床	1/10	工作台面宽度
	6	0	卧式升降台铣床	1/10	工作台面宽度
	6	1	万能升降台铣床	1/10	工作台面宽度
	7	1	床身铣床	1/100	工作台面宽度
	8	1	万能工具铣床	1/10	工作台面宽度
	9	2	键槽铣床	1	最大键槽宽度
螺纹加工机床	3	0	套丝机	1	最大套丝直径
	4	8	卧式攻丝机	1/10	最大攻丝直径
	6	0	丝杠铣床	1/10	最大铣削直径
	6	2	短螺纹铣床	1/10	最大铣削直径
	7	4	丝杠磨床	1/10	最大工件直径
	7	5	万能螺纹磨床	1/10	最大工件直径
	8	6	丝杠车床	1/100	最大工件长度
	8	9	多头螺纹车床	1/10	最大车削直径
刨插床	1	0	悬臂刨床	1/100	最大刨削宽度
	2	0	龙门刨床	1/100	最大刨削宽度
	2	2	龙门铣磨刨床	1/100	最大刨削宽度

(续)

类	组	系	机床名称	主参数折算系数	主参数
刨插床	5	0	插床	1/10	最大插削长度
刨插床	6	0	牛头刨床	1/10	最大刨削长度
刨插床	8	8	模具刨床	1/10	最大刨削长度
拉床	3	1	卧式外拉床	1/10	额定拉力
拉床	4	3	连续拉床	1/10	额定压力
拉床	5	1	立式内拉床	1/10	额定拉力
拉床	6	1	卧式内拉床	1/10	额定拉力
拉床	7	1	立式外拉床	1/10	额定拉力
拉床	9	1	气缸体平面拉床	1/10	额定拉力
锯床	5	1	立式带锯床	1/10	最大锯削厚度
锯床	6	0	卧式圆锯床	1/100	最大圆锯片直径
锯床	7	1	夹板卧式弓锯床	1/10	最大锯削直径
其他机床	1	6	管接头螺纹车床	1/10	最大加工直径
其他机床	2	1	木螺钉螺纹加工机	1	最大工件直径
其他机床	4	0	圆刻线机	1/100	最大加工长度
其他机床	4	1	长刻线机	1/100	最大加工长度

参 考 文 献

[1] 万苏文. 机械制造基础 [M]. 北京：清华大学出版社，2009.
[2] 陆剑中，孙家宁. 金属切削原理与刀具 [M]. 5版. 北京：机械工业出版社，2011.
[3] 郑修本. 机械制造工艺学 [M]. 3版. 北京：机械工业出版社，2012.
[4] 倪森寿. 机械制造工艺与装备 [M]. 2版. 北京：化学工业出版社，2009.
[5] 胡传炘. 特种加工手册 [M]. 北京：北京工业大学出版社，2001.
[6] 吴国华. 金属切削机床 [M]. 2版. 北京：机械工业出版社，2001.
[7] 《职业技能鉴定教材》《职业技能鉴定指导》编审委员会. 铣工：初级、中级、高级 [M]. 北京：中国劳动出版社，1996.
[8] 劳动部职业技能开发司. 铣工工艺学 [M]. 北京：中国劳动出版社，2002.
[9] 龚雯，陈则钧. 机械制造技术 [M]. 北京：高等教育出版社，2008.
[10] 薛源顺. 机床夹具设计 [M]. 3版. 北京：机械工业出版社，2011.
[11] 顾京. 现代机床设备 [M]. 2版. 北京：化学工业出版社，2009.
[12] 赵长明，刘万菊. 数控加工工艺及设备 [M]. 2版. 北京：高等教育出版社，2015.
[13] 张超英，罗学科. 数控机床加工工艺、编程及操作实训 [M]. 北京：高等教育出版社，2003.
[14] 韩荣第. 现代机械加工新技术 [M]. 北京：电子工业出版社，2003.
[15] 张仕海. 现代制造技术与装备 [M]. 北京：机械工业出版社，2017.
[16] 黄鹤汀. 金属切削机床：上册 [M]. 北京：机械工业出版社，1998.
[17] 张世昌，李旦，高航. 机械制造技术基础 [M]. 2版. 北京：高等教育出版社，2007.
[18] 柳青松，王树凤. 机械制造基础 [M]. 北京：机械工业出版社，2017.